DELIUS KLASING

Dirk Zedler • Thomas Musch

DIE RENNRAD-WERKSTATT FÜR PROFIS

NEUAUFBAU | EINSTELLUNG
PFLEGE | WARTUNG
DEFEKTSUCHE | INSTANDSETZUNG

Delius Klasing Verlag

VOM SCHRAUBEN

KONTAKT

Sieht gut aus: Die richtige Sitzposition

LAUFRAD & CO

ANTRIEB & BREMSEN

Liebe Rennrad-Fans,
sehr geehrte Leser

Die vorliegende **RENNRAD-WERKSTATT FÜR PROFIS** ist die komplett überarbeitete und erweiterte Neufassung unseres Ratgebers, der sich seit vielen Jahren einen Platz als Standardwerk in den Bücherregalen der Rennradler gesichert hat. Vor allem durch die rasante Entwicklung der vergangenen Jahre bei den Rennradkomponenten hat sich eine Fülle neuer Tipps und Anleitungen ergeben, die jetzt erstmals gesammelt in Buchform vorliegen. Alle aktuellen Komponenten von Campagnolo, SRAM und Shimano bis hin zur deren neuer Elektronikschaltung Di2 finden Sie hier berücksichtigt. Zusammen mit den bewährten Wartungs- und Pflegeanleitungen ist die **RENNRAD-WERKSTATT FÜR PROFIS** damit eine Fundgrube sowohl für den Rennradneuling als auch für jene Technik-Fans, die schon länger mit dem Rennrad unterwegs und mit seiner Technik vertraut sind.

Wenn Sie die beschriebenen Arbeiten durchführen, sollten Sie berücksichtigen, dass die Anleitungen trotz aller Bemühungen um Aktualität nicht immer und in allen Punkten exakt für Ihr Fahrrad zutreffen können. Modellwechsel und ständige Produktänderungen lassen sich nicht vorwegnehmen, auch wenn die Arbeitsanleitungen Sonderfälle und Abweichungen so umfassend wie möglich berücksichtigen. Beachten Sie deshalb unbedingt die Anbauanleitungen der montierten Komponenten und die Benutzerhinweise vom Hersteller Ihres Fahrrades.

Denken Sie auch daran, dass die Anleitungen in diesem Buch kein Dogma darstellen – Erfahrung und handwerkliches Geschick können eine andere Vorgehensweise möglich machen oder zusätzliches Werkzeug erfordern. Deshalb: Muten Sie sich im Interesse Ihrer eigenen Sicherheit und der zuverlässigen Funktion Ihres Rades nicht zu viel zu. Fragen Sie im Zweifelsfall Ihren Fachhändler um Rat!

In diesem Sinne wünschen die Autoren viel Spaß bei der Lektüre und viel Erfolg bei allen Arbeiten am faszinierendsten Sportgerät, das sich mit Muskelkraft bewegen lässt!

Thomas Musch • Dirk Zedler

Räum-Kommando

Aufgeräumtes Werkzeug freut das Auge und macht die Arbeiten am Rad zum Vergnügen. Tipps für die richtige Werkstatteinrichtung.

Fünf nach zwei am Samstagmittag, die Trainingsgruppe ist komplett und startklar. Fast. »Wartet mal kurz, ich muss noch eben das Lenkungslager nachstellen.« Radschuhe klappern eilig über die Kellertreppe in die Werkstatt, dann bleibt es still – bis ein lauter Fluch die mittägliche Ruhe stört: »Wo ist der Fünfer-Inbus?«

Solche Szenen kennt jeder, und jeder lacht drüber – außer dem, der erfolglos die Werkstatt durchwühlt. Der Fünfer-Inbus, oder genauer: Innensechskant, ist sozusagen der Inbegriff des Rennrad-Werkzeugs. Weil man ihn quasi dauernd und für alles benötigt, hat man mehrere davon – aber nie dort, wo man gerade einen braucht. Unordnung und wartende Trainingskumpels sind

allerdings nicht der einzige Ärger im Zusammenhang mit Werkzeug. Wenn man den teuren Messschieber oder den Gewindebohrer achtlos unter alten Fahrradteilen und anderen Werkzeugen auf der Arbeitsplatte vergräbt, wird daraus schnell unbrauchbares Altmetall. Also lautet die Devise: Die anderen machen dumme Sprüche, wir räumen auf.

Wer eine Heimwerkstatt zweckmäßig einrichten möchte, benötigt eine freie Fläche an einer Wand und zumindest so viel Platz davor, dass am aufgestellten oder aufgehängten Fahrrad ohne Platzangst montiert werden kann. Auch Licht sollte nicht knapp sein. Beim trüben Schein einer 25-Watt-Birne, die von der Decke baumelt, kann man vielleicht noch Reifen aufpumpen, aber sicher kein Laufrad zentrieren. Eine oder besser zwei große Neonröhren im Arbeitsbereich sind deshalb unbedingt erforderlich.

Für viele Arbeiten ist eine solide Arbeitsfläche in angenehmer Höhe sinnvoll. Zum Sägen, Feilen oder Bohren ist zudem ein Schraubstock unerlässlich, der mit der Arbeitsfläche fest verschraubt wird. Perfektionisten stellen sich zu diesem Zweck eine solide Werkbank mit mehrfach verleimter Arbeitsplatte und Unterschränken aus dem Fachhandel in die Werkstatt. Fast so solide und ebenfalls sehr praktisch sind gebrauchte Schreibtische, wie sie bei Behörden und Firmen regelmäßig aussortiert und für wenig Geld verkauft werden. Wenn die Platte des Tisches zu dünn ist und sich bei Belastung durchbiegt, kann sie einfach mit einer passend zugeschnittenen Platte aus dem Baumarkt aufgedoppelt werden. Das Holz sollte eine glatte Oberfläche haben, aber kein Kunststoff- oder Holz-Furnier. Das kann absplittern, wenn mit scharfkantigen Gegenständen darauf gearbeitet wird.

Steht im künftigen Werkstattraum nur wenig Platz zur Verfügung, kann ein ungefähr dreißig Zentimeter schmales und drei bis vier Zentimeter starkes Brett als Not-Tisch dienen. Perfekt wird die Raumausnutzung, wenn man ein solches Brett mit Scharnieren an der Wand befestigt, um es bei Nichtgebrauch wegklappen zu können.

Sowohl Schreibtische als auch Werkbänke bieten durch die Schubladen nützlichen Stauraum für die vielen Kleinteile rund ums Rad. In die Schubladen sollte man mit Holzleisten Unterteilungen hineinzimmern, damit die Teile nicht herumrutschen, wenn die Schubladen auf- und zugezogen werden. Im Baumarkt gibt's aber auch fertige Fachsysteme aus Kunststoff, die man für den persönlichen Bedarf kombinieren kann. Wenn man in solchen Fächern Schrauben, Muttern, Beilagscheiben, Ventilkappen und vor allem Zug-Endkappen vorrätig hält, muss man bei Schraubereien am Rad jedesmal vor Freude grinsen.

Hindern Schrauben an der Flucht: diverse Klebstoffe für Arbeiten am Rad.

Häufig benötigte Schlüssel, Schraubendreher und Zangen hängt man jedoch am besten an eine Wand. Für diesen Zweck gibt es in Baumärkten spezielle Wandsysteme mit Haken, die sehr flexibel sind. Eine selbstgebaute Werkzeugwand ist allerdings preiswerter, oft auch praktischer, und es macht mehr Spaß.

Im Zentrum des Geschehens steht, besser: hängt natürlich das Rad – am sinnvollsten in einem speziellen Montageständer. Das erlaubt eine Arbeitshöhe, bei der man zum Schrauben nicht in die Knie gehen muss. Kurbeln und Laufräder können frei gedreht werden, ein Helfer zum Hochheben wird dann nicht mehr benötigt. Für den Hobby-Schrauber ist das Modell »Profi« von Kettler für weniger als 100 Euro eine sehr gute Wahl. Der Ständer ist höhenverstellbar, von ansprechender Qualität, und er bietet ein ausgezeichnetes Preis-Leistungsverhältnis. Das Modell »Repair Station« von Wrench Force ist mit Zentrierständer, Lenkerhalter und Werkzeugbox vollständig ausgestattet und erfüllt auch die Ansprüche von Berufs-Schraubern. Für den Freizeit-Mechaniker daheim

Kettlers Montageständer »Profi« leistet auch Hobby-Schraubern gute Dienste.

Säubern, fetten, wachsen, ölen: Ein Sortiment an Pflegemitteln gehört dazu.

Schont den Boden und runterfallende Teile: die Profi-Arbeitsmatte zum Aufrollen.

unterwegs wird der Ständer durch die Klappvorrichtung zusätzlich attraktiv. Zusammengelegt verschwindet das Gerät in der mitgelieferten Tasche, ist mit rund 250 Euro allerdings nicht ganz billig.

Hängen kann man sein Rad aber nicht nur an einen Montageständer, sondern auch an die Decke. Mit verzinkten Ketten aus dem Baumarkt, drei Decken-Haken mit Dübeln und drei kunststoffummantelten Haken für die Aufnahme von Sattelgestell und Lenker, kann man eine einfache und platzsparende Montagevorrichtung bauen. Ein Haken wird über, beziehungsweise leicht hinter dem Sattel in die Decke gebohrt, die zwei Haken für die Ketten, die vorne den Lenker halten, sollten jedoch in einigem Abstand voneinander links und rechts des Lenkers angebracht werden. Wenn die Ketten schräg von der Decke zu Sattel und Lenker verlaufen, pendelt das Rad nicht so stark in der Aufhängung. Damit sich der Lenker samt Gabel nicht ständig gegenüber dem Rahmen verdreht, kann man das Vorderrad mit einem Pedalriemen am Unterrohr des Rahmens fixieren.

Schmutz und Ölflecken am Boden sind ein steter Quell des Ärgers, vor allem, wenn man Reste und Spuren davon im Schuhprofil aus der Werkstatt in die Wohnung trägt. Mit einem großzügig unter dem Montageständer ausgebreiteten Radversandkarton vom Radhändler, einem Teppich-Reststück oder, ganz professionell, mit einer speziellen Auffangmatte, geht man dem

aus dem Weg. Wer dann noch nach vollbrachter Reparatur zum Besen greift und Werkbank und Boden sauber fegt, macht sich bei Lebensgefährten, Familienmitgliedern und Mitbewohnern dauerhaft beliebt.

Ein weiteres Detail, an das man besser vor Beginn der Arbeit denkt, ist ein Vorrat an Lappen zum Säubern verschmutzter Teile. Baumwoll-Lappen aus alten T-Shirts oder Leintüchern wischen gut und saugen Flüssigkeiten auf, Kunstfaser schmiert nur. Lassen Sie alte Trikots lieber im Schrank hängen.

Einen festen Platz in der Werkstatt brauchen noch ein paar weitere Hilfsmittel: Schuhkartons werden auf diese Weise zur Heimstatt umherirrender Schmiermittel-Dosen, von Kettenöl und Fett, Wachs (gegen Korrosion) und Spiritus (zum Entfetten oder Entfernen von Klebstoffresten), sowie Sekunden- und Zweikomponenten-Kleber, Schraubensicherungs-Kleber und Klebstoff für Welle-Nabe-Verbindungen.

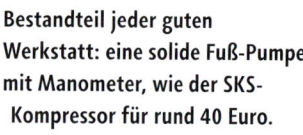

Bestandteil jeder guten Werkstatt: eine solide Fuß-Pumpe mit Manometer, wie der SKS-Kompressor für rund 40 Euro.

Die Werkzeugwand

1 Legen Sie das Werkzeug auf der Holzplatte aus. Die am häufigsten benutzten Werkzeuge sollten im Zentrum angebracht werden, damit sie einfach und schnell erreichbar sind. Achten Sie beim Auslegen darauf, dass genügend Abstand zwischen den Werkzeugen bleibt. Beachten Sie auch, dass manche Werkzeuge die Position verändern, wenn das Brett aufgestellt wird. Zangen, die unterhalb des Gelenks aufgehängt werden, spreizen etwas auf, wenn keine Sicherung vorgesehen ist. Zeichnen Sie die Befestigungspunkte an, wenn alle Teile in ihre Endposition gerückt sind.

2 Verwenden Sie zur Befestigung Holzschrauben oder Schnellbauschrauben, die einfach und schnell mittels Bit-Vorsatz in Bohrmaschine oder Akkuschrauber eingedreht werden. In einem mit Metallwinkel rechtwinklig angebrachten Brett werden Schraubendreher, Innensechskante und ähnliches aufgehängt. Sortieren sie Schlitz- und Kreuzschlitzdreher in separaten Reihen und der Größe nach. Bohren Sie die Löcher einen halben Millimeter größer als die Außenmaße des Werkzeugs.

3 Bevor Sie die Werkzeugtafel mit mindestens vier massiven Schrauben an die Wand dübeln, sollten Sie die Umrisse der Werkzeuge anzeichnen. Durch diese unmissverständliche Kennzeichnung wird auch später immer wieder sofort klar, wenn Werkzeug fehlt oder falsch aufgehängt wurde.

Rüstzeug

Know-How allein reicht selten aus – aber welches Werkzeug hilft bei aktuellen High-Tech-Rennern wirklich weiter? So stellen Sie Ihre Heimwerkstatt zusammen.

Moderne Fahrräder sind so konzipiert, dass selbst für regelmäßige Wartungsarbeiten nur wenig Werkzeug notwendig ist – und das kann größtenteils sogar mitgenommen werden. Der Haken an der Sache: Man muss es sorgfältig aussuchen. Die historisch begründete Unart in der Fahrradbranche, von Land zu Land weder einheitliche Maße noch Größenbezeichnungen zu verwenden, ist noch längst nicht ausgerottet. Verlockend erscheinen da die Werkzeug-Komplett-Sets, wie sie von Elite, Park Tool und anderen angeboten werden. Schön aufgeräumt in praktischen Falttaschen oder Boxen, vermitteln sie den Eindruck, als sei neben den Standards auch das notwendige Spezial-Werkzeug an Bord – doch das muss man überprüfen. Sind eines oder mehrere Teile nicht zu verwenden, kann es günstiger sein, wenn man die Sonder-Werkzeuge einzeln kauft.

Neben dem speziellen Fahrradwerkzeug ist ein Grundstock an Maulschlüsseln, Schraubendrehern und anderem notwendig. Oft kann Spezialwerkzeug auch nur in Verbindung mit Standardwerkzeug verwendet werden. Auch bei den grundlegenden Werkzeugen sollte man auf Qualität

Die einfache Werkstatt

	WERKZEUGBEZEICHNUNG	HERSTELLER/ANBIETER	PREIS
	Laufrad-Wartung		
1	Einfacher Schraubstock, selbst gebauter Zentrierständer aus alter Fahrradgabel		ab 20 Euro
2	Zentrierschlüssel für Vierkant- und Mavic-Nippel	Spokey Mavic	4 Euro Laufradzubehör
	Allgemeine Montage		
3	Maulschlüssel, z. B. 10 mm (Cantileverbremsen) und 24 mm (Zahnkranz-Demontage)		14 Euro 9 Euro
4	Drehmomentschlüssel mit Biteinsätzen	Syntace Torque Tool Bitset	108 Euro 26,80 Euro
5	Tretlagerwerkzeug für Shimano Hollowtech und Campagnolo Ultra Torque	Shimano TL-FC 32	anfangs Shimano-Zubehör, jetzt 10 Euro
6	Torxschlüssel für neuere Campa-Gruppen und Dura-Ace Kettenblattschrauben 2009		8 Euro
7	Gummihammer		4 Euro
8	Inbus-Dreizack 2/2,5/3 + 4/5/6	Parktool AWS 1	10 Euro
9	Schraubendrehersatz Kreuz 0/1/2 und Schlitz		8 Euro
10	Inbusschlüsselsatz 2–10 (12)		8 Euro
11	Kombizange, Seitenschneider, Zange für Zugaußenhüllen		je 15 Euro, 25 Euro
	Antrieb, Kettenmontage und Kontrolle		
12	Verschleißlehre	Rohloff	16,50 Euro
13	Nietendrücker	Shimano TL-FC 23	15 Euro
14	Kettenpeitsche	Selbstbau aus alter Kette und Flachstahl	
15	Zahnkranz-Verschlussringwerkzeug	Shimano	12 Euro
16	Kettenöl	Dynamic	8 Euro
	Allgemeine Arbeiten		
17	Messer		3 Euro
18	Schere		5 Euro
19	Gliedermaßstab	Werbegeschenk	
20	Messschieber		20 Euro
21	Montageständer	Kettler Profi	100 Euro

und Maßhaltigkeit Wert legen. Passt ein Schraubendreher nicht exakt zum Kopf der Schraube oder ist das Material zu weich, wird die Schraube schnell vermurkst.

Schönes, hochwertiges Werkzeug macht natürlich Spaß – aber der Drang, die Teile zu besitzen, geht schnell ins Geld. Man sollte sich deshalb gut überlegen, was man wirklich braucht. Radfahrer, die nur die Bremsen nachstellen und in Notfällen einen Schlauch wechseln wollen, kommen mit einem Basis-Set zurecht. In der ersten »Ausbau-Stufe« erlaubt die sinnvolle Ergänzung dieses Sortiments schon größere Wartungsarbeiten: Lenkungs- und Nabenlager einstellen und fetten, sowie Züge, Kette und Zahnkranz ersetzen. Die umfangreichste Ausstattung erlaubt es schließlich, Teile zu ersetzen und ein Fahrrad komplett aufzubauen, vorausgesetzt, die Lagersitze und die Gewinde im Rahmen sind entsprechend vorbereitet, die Lenkungslagerschalen eingepresst und der Konus ist auf die Gabel aufgeschlagen.

Die Basis

Das Werkzeug-Set für unterwegs.

**Minitools sollten
nur im Notfall unterwegs eingesetzt werden.**

Unterwegs auf einer Tour, aber auch bei einer Reise ins Trainingslager, genügt bei geschickter Auswahl wenig Werkzeug, das fast vollständig in einem Reifentäschchen Platz findet. Besonders pfiffig sind Multifunktionswerkzeuge, die zumindest mit Innensechskantschlüsseln von 2,5 bis 8 Millimetern, Schraubendrehern, Kettennieter und inzwischen auch mit cinem Torxschlüssel (z. B. für die Brembelag-Justage bei neueren Campagnolo-Gruppen) ausgerüstet sein sollten. Empfehlenswert sind die 30 bis 40 Euro teuren Miniwerkzeuge von Park Tool, Cool Tool und Topea. Minouras »Handy«-Serie ist ebenfalls bewährt.

Obwohl viele Kombi-Werkzeuge Reifenmontierhebel und Zentrierschlüssel integrieren, sind zwei einzelne Montierhebel aus Kunststoff und ein separater Zentrierschlüssel die bessere Wahl. Materialschonend und einfach in der Handhabung ist der Syntace »Speedlever« (7,80 Euro), der ähnlich einer Reifenmontage-Maschine funktioniert. Eine gute Wahl ist der rund 4 Euro teure »Spokey«-Zentrierschlüssel: Er umschließt die Nippel auf besonders großem Umfang und über die gesamte Länge, das schont den Vierkant, wichtig vor allem bei Alunippeln. Bei Aerolaufrädern sind die Speichennippel oft in der Felge versenkt – da muss man im Einzelfall das richtige Werkzeug zur Behebung eines Seitenschlages auswählen.

Der Standard

Werkzeug zur Wartung.

Der Nachteil von immer mehr Gängen am Rad ist der rasante Kettenverschleiß. Rohloffs »Caliber 2« oder Park Tools »CC2«-Kettenprüfer zeigen präzise an, wann ein neuer Gliederstrang fällig ist.

Vernietwerkzeuge, wie sie auch in Fachwerkstätten verwendet werden – zum Beispiel das Werkzeug von Shimano für 20 Euro – erleichtern den Kettenwechsel im Vergleich zu den Minitools. Bei modernen, schmalen Ketten ohne Schloss oder speziellem Nietstift ist der Rohloff »Revolver 2« unverzichtbar. Nur er garantiert, dass der Niet aufgeweitet wird und nicht selbsttätig aus der Lasche schlüpft.

Mit einem Zahnkranzabzieher, einem Gabel- oder Ringschlüssel, sowie einer Kettenpeitsche, um das Ritzelpaket fest zu halten, kann die Verschlussmutter geöffnet werden, damit die Ritzel vom Freilaufkörper abgenommen werden können. Kostenpunkt ohne Maulschlüssel etwa 10 Euro. Der Zahnkranzabzieher von Velora (im Set mit einer weiteren Kettenpeitsche etwa 28 Euro), bei dem der am langen Hebel sitzende Abzieher von einem Dorn geführt wird, der in die Hohlachse eingreift, kann

**Kette und Zahnkranz
müssen öfter
getauscht werden,
hier lohnt Profi-
Werkzeug.**

Ring- und Maulschlüssel sind schön fürs Auge, werden beim Rennrad jedoch selten benötigt.

Spezielle Pedalschlüssel und Innensechskantschlüssel dürfen weder in der Werkstatt noch im Trainingslager fehlen.

nicht abrutschen – was Hände und Nerven schont.

An vielen Teilen des Fahrrades können Muttern oder Schrauben mit Sechskantkopf vorhanden sein. Ein Set mit Schlüsseln in abgestuften Größen ist da von Nutzen. Empfehlenswert sind Maul- und Ringschlüssel, beziehungsweise Kombinationen davon. Ringschlüssel umfassen den Schraubenkopf auf größerem Umfang, dadurch werden die Schlüsselflächen geschont und korrodieren nicht so schnell.

Bei einigen Fahrradkomponenten – manchen Pedalen zum Beispiel – sind die Schlüsselflächen sehr schmal, übliche Schlüssel können da nicht eingesetzt werden. Gerade die Pedale lassen sich mit speziellen Pedalschlüsseln, die einen längeren Hebel haben, einfacher montieren als mit einem Innensechskant von der Achsseite her oder mit einem handelsüblichen Maulschlüssel, sofern der passt. Das Modell von Park Tool (45 Euro) ist besonders lang, damit bleiben die Hände in sicherem Abstand zu den Zahnspitzen des Kettenblattes.

Ebenfalls handfreundlich sind die Konusschlüssel von tacx. Die Kunststoffumhüllung schont die Hände, der längere Griff spart Kraft. Klassische Lenkungslager werden immer seltener, doch wer sie fährt, muss sie präzise einstellen und ordentlich kontern, damit sie sich nicht lösen und zerstört werden. Elites Einstell-Set (Paarpreis rund 25 Euro) schont die Handflächen durch Kunststoffkanten. In vielen Fällen ist

es sinnvoll, die Kontermutter mit einem handelsüblichen Maulschlüssel anzuziehen, da diese eine größere Fläche aufweisen und so weniger hässliche Abdrücke in den Oberflächen hinterlassen.

Bei der Montage von Bowdenzügen vermeiden Kabelschneider, zum Beispiel von Shimano oder Park Tool, dass die Außenhüllen zerquetscht werden und der Innenzug aufspleißt.

Wer oft und gerne am Rad schraubt, gelangt mit den Schlüssel-Sets schnell an die Grenzen. Die kompakte Bauform verhindert den optimalen Zugang zu manchen Schrauben. Außerdem besteht die Gefahr, dass alle Schrauben mit der gleichen Kraft angezogen werden, da immer derselbe Hebel zur Verfügung steht. Kleine Schrauben können überdreht werden, bei großen Durchmessern sind die erforderlichen Anzugskräfte dagegen kaum zu leisten.

Sets mit Innensechskanten bieten angepasste Hebelverhältnisse, und es gibt Modelle mit Kugelköpfen am langen Ende, die es erlauben, dass der Schlüssel etwas schräg in der Schraube angesetzt werden kann. Zum Festziehen der Schraube muss allerdings ein normaler Schlüssel verwendet werden, sonst leiden Schraube und Werkzeug. Schlüssel-Sets mit diesen Eigenschaften werden ab 20 Euro angeboten. Beim besonders praktischen Set von Wiha sorgen Federringe in den Kugelköpfen dafür, dass auf den Kugelkopf aufgesetzte Schrauben in versteckte Löcher gefädelt werden können.

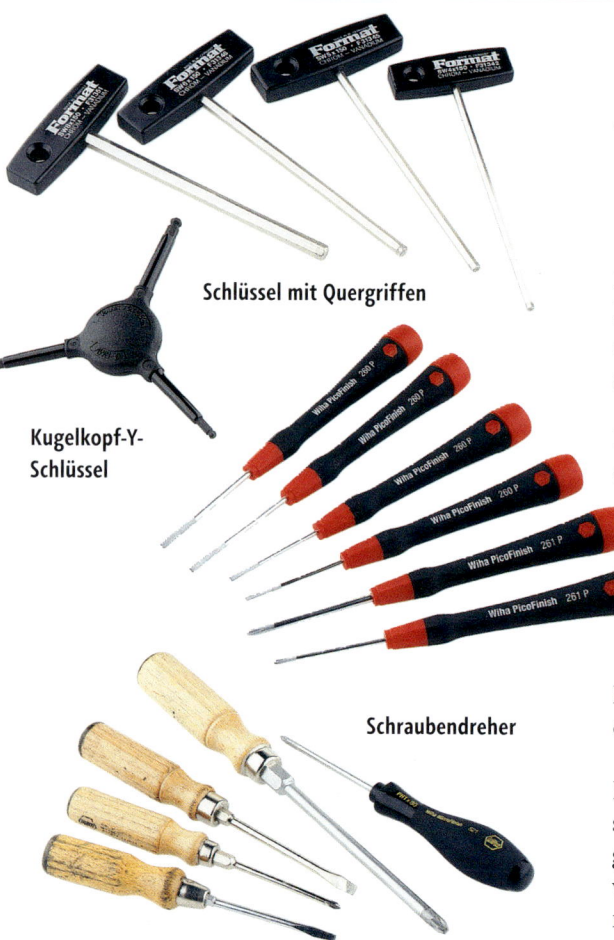

Schlüssel mit Quergriffen

Kugelkopf-Y-Schlüssel

Schraubendreher

Die Extras
Teiletausch und Radmontage

Einfache Kurbelabzieher gibt es ab 8,50 Euro, zusätzlich benötigt man einen Maulschlüssel, um die Spindel zu drehen. Der Park-Tool-Abzieher für 19 Euro erspart durch seine integrierte Spindel einen Handgriff.

Für die Montage und Demontage von Kompakt-Innenlagern gibt es ab 6 Euro die einfachen Werkzeuge. Der Velora-Abzieher greift ebenfalls mit seinem Keilwellenprofil in die Lagerschale, wird aber durch eine federbelastete Spindel gegen Abrutschen gesichert, die in die Innenlagerwelle eingedreht wird. Der lange Hebel erlaubt den nötigen hohen Krafteinsatz. Rund 70 Euro kostet das pfiffige Werkzeug.

Nachdem sich Patronenlager auf breiter Front durchgesetzt haben, gehörte das Einstellen von Innenlagern eigentlich der Vergangenheit an. Mit den Dura-Ace-Lagern von Shimano (Modelljahre 1997 bis 2003) musste wieder umgedacht werden. Während die Japaner den Schlüssel für die Lagerschale mitliefern, muss der Außenring mit Hakenschlüsseln oder Ähnlichem gekontert werden. Park Tools neuer Schlüssel sichert den Eingriff über den gesamten Umfang und verhindert so, dass das empfindliche Aluminiumteil zerkratzt wird.

Beim Sturz auf die rechte Seite, oder auch schon, wenn das Rad im Stand umfällt, verbiegt leicht das Gewindeauge am Ausfallende. Mit einem Schaltaugen-Richtwerkzeug gelingt die Rückverbiegung einfach und präzise.

Spitze Zangen zur Demontage von Sicherungsringen ermöglichen die Wartung vieler Lagereinheiten, wobei zwei Ausführungen für Innenringe und für Außenringe (zusammen ab 15 Euro) gebräuchlich sind.

Mit Drehmomentschlüsseln können die empfohlenen Schraubenanzugsmomente bei sensiblen Bauteilen präzise eingehalten werden, was eine hohe Betriebssicherheit

Der Kugelkopf-Y-Schlüssel Park Tool »AWS-8« eignet sich als Ergänzung zu den Multiwerkzeugen für unterwegs, um die Schraubgeschwindigkeit zu erhöhen.

Optimal handlich und übersichtlich wird die Ausstattung mit einem Innensechskant-Set mit Kugelköpfen und einem Set Schlüssel mit Quergriffen.

Schraubendreher sollten eine durchgehende Klinge haben – so kann man einer festsitzenden Schraube getrost mit dem Hammer einen lösenden Schlag versetzen. Mit einem Sechskant, der am Übergang zum Griff angeformt ist, lassen sich über Maul- oder Ringschlüssel hohe Drehmomente einleiten. Feine Schlitz- und Kreuzschlitzschraubendreher werden zum Batteriewechsel bei Radcomputern und Pulsmessern benötigt, sind aber auch hilfreich, wenn Dichtlippen an Naben oder ähnlichem bewegt werden müssen.

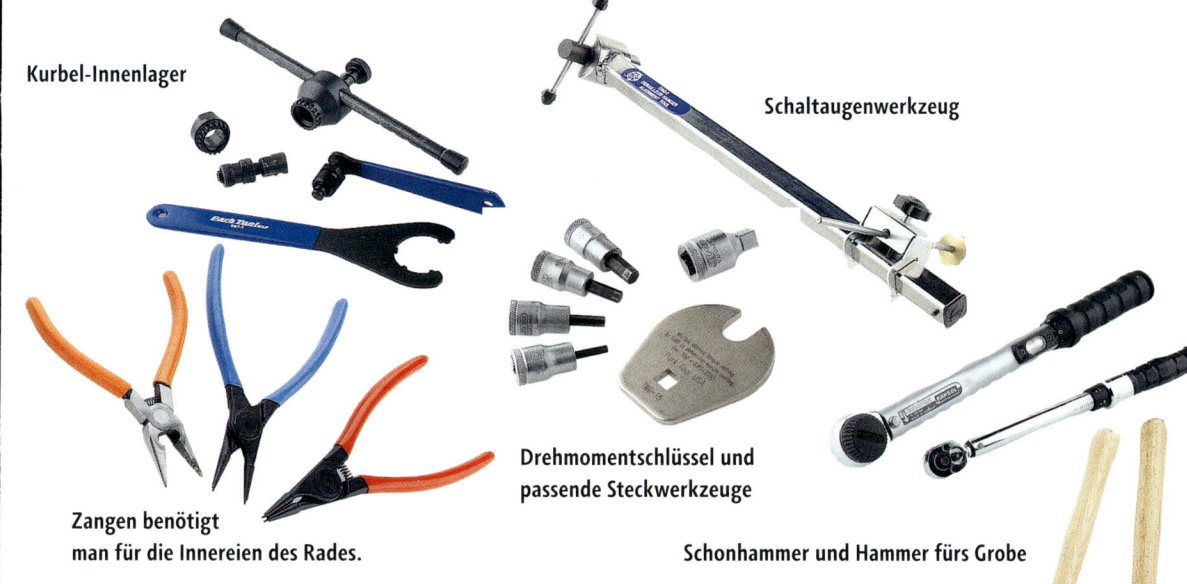

Kurbel-Innenlager

Schaltaugenwerkzeug

Drehmomentschlüssel und passende Steckwerkzeuge

Zangen benötigt man für die Innereien des Rades.

Schonhammer und Hammer fürs Grobe

ergibt. Preiswerte Schlüssel, bei denen ein langer Zeiger die Verbiegung des Schlüssels und damit das Schraubenanzugsmoment auf einer Skala anzeigt, liefern nur Näherungswerte. Empfehlenswert sind die Versionen, die abschalten oder deutlich hörbar knacken, wenn das vorher eingestellte Moment erreicht wird. Fürs Fahrrad gut geeignet sind die Modelle von Syntace (Torque Tool, in zwei Ausführungen, 100 bzw. 110 Euro).

Benötigt werden üblicherweise Innensechskant-Aufsätze mit 4, 5, 6, 8 Millimetern und in manchen Fällen auch Maulschlüsselvorsätze, etwa mit 15 Millimetern für die Pedale.

Mit der Knarre und einem Satz Steckschlüsseln lässt sich besonders schnell schrauben – und die Einsätze können ersatzweise als Dorn verwendet werden,

wenn Lager in Naben eingepresst werden sollen. Zur Auswahl stehen 1/4-, 3/8- und 1/2-Zoll- Vierkantantriebe für verschiedene Schlüsselweiten. Durch Zwischenstücke lassen sich die verschiedenen Vierkanteinsätze untereinander und mit Drehmomentschlüsseln kombinieren.

Grobe Arbeiten erfordern gelegentlich doch den Einsatz eines Schlosserhammers, bei filigranen Bauteilen ist derart deftiger Umgang wenig sinnvoll. Gummi- oder Kunststoffhammer (ab 4 Euro) verleihen einem festsitzenden Konus auch den nötigen Nachdruck, hinterlassen aber keine unschönen Spuren im Material. Schonhämmer (ab 13 Euro) ermöglichen präzise Schläge, da sie rückschlagfrei sind und nach dem Schlag nicht zurückfedern.

Rahmen- und Sattelhöhe, Abstand des Lenkers zum Sattel und Radumfang sind nur ein Teil der Werte, die benötigt werden, wenn ein Rad oder ein Radcomputer eingestellt werden sollen. Zusätzlich zum Meterstab gehört ein präziser Messschieber für rund 15 Euro in die Werkstatt.

Vor dem Teiletausch können so die Schrauben-, Lenker- und Sattelstützendurchmesser exakt ermittelt werden.

Gute Ergänzung der Spezialwerkzeuge: Knarren-Kasten.

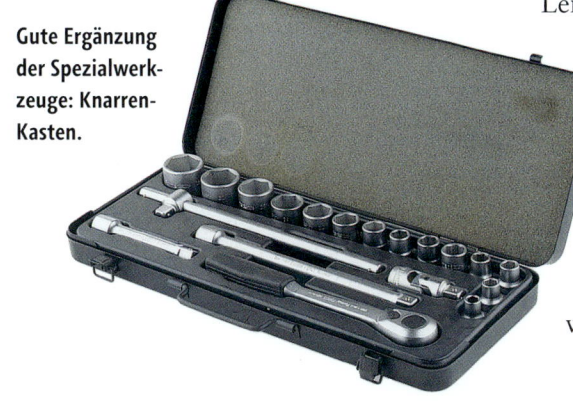

Die Profiwerkstatt

NR.	WERKZEUGBEZEICHNUNG	HERSTELLER/ANBIETER
	Laufradwerkstatt	
1	Konusschlüssel	Parktool, Gedore
2	Lagerspiel-Werkzeug	Mavic
3	Zentrierschlüssel, z.B. Mavic, Shimano, FSA, Vierkant klassisch/Campagnolo	Parktool SW-13 P&K Lie, etc.
4	Fixierschlüssel für Aerospeichen	Mavic
5	Achshalter AV-4 für Schraubstock	Parktool AV-4
6	Schaltaugen-Richtlehre	Parktool DG-1
7	Messgerät für Speichenspannung	DT Swiss
8	Zentrierständer	P&K Lie
9	Drehbarer Schraubstock	Garant

Bezugsadressen

B&W International GmbH, 0 54 51/89 46-0, www.b-w-international. com; **Campagnolo Deutschland GmbH,** 02 14/2 06 95 30, www.campagnolo.com; **Van Bokhoven,** (Dynamic) 07 51/7 69 63-30, www.bokhoven.de; **Merida & Centurion Germany GmbH,** (DT Swiss), 0 71 59/94 59 30, www. mcg-parts.de; **Gedore Tool Center KG,** 0 21 91/5 96-900, www.gedore.de; **Garant,** Hoffmann GmbH, 0 89/83 91-0, www.hoffmann-group.com; **Kern & Sohn GmbH,** 0 74 33/99 33-0, www.kern-sohn.

Allgemeine Montage

10	Parktool Profi-Cutter, Flachzange, Seiten-schneider, verstellbare Zange	Parktool CN-10
11	Schere und Messer	
12	Schonhammer und normaler Hammer	Werkzeughandel
13	Inbus-Schlüsselsatz 1,5–10 mit Kugelkopf	WiHa, Parktool
14	Gabelschlüsselsatz 6–17	Parktool
15	Rollgabelschlüssel	Werkzeughandel
16	Drehmomentschlüssel 2–20 Nm	Stahlwille »Quickselect«
17	Drehmomentschlüssel 20–100 Nm	Stahlwille »Quickselect«
18	Schraubendreher-Set/Feinmechaniker/Bit-Einsätze für Drehmoment/Pinzette	Werkzeughandel

Messen und Wiegen

19	Digitale Feinwaage	Kern »Basic«
20	Hängewaage	Kern
21	Digitaler Messschieber	Mitutoyo
22	Gliedermessstab	Werbegeschenk

Antrieb

23	Pedalschlüssel	Parktool PW-4
24	Zahnkranz-Verschlussringwerkzeug	Shimano
25	Kettenpeitsche/Ritzelabnehmer	Parktool SR-2
26	Lagerschalenwerkzeug (Shimano Hollowtech, Campa mit Justierschraube)	Parktool BBT-9
27	Lagerschalenwerkzeug (Shimano Hollowtech, Campa mit Vierkant)	Shimano / Campagnolo
28	Montagewerkzeug für BB 30	Cannondale
29	Kurbelabzieher, Vierkant und Oktalink	Parktool CCP-2
30	Kettenblattschlüssel	Shimano TL-FC 20
31	Messwerkzeug für Kettenverschleiß	Shimano CN 41
32	Kettennietendrücker	Shimano CN 32/Campa

Rahmen und Gabel

33	Tretlager-Gewindeschneider	Parktool BTS-1
34	Tretlager-Planfräser	Parktool BFS-1
35	Aufschläger für Gabelkonus 1-1/8 u. 1,5 Zoll	Parktool CRS-1/CRS-15
36	Steuersatz-Lagerschalen Demontage	Parktool RT-2
37	Steuersatz-Lagerschalen Einpresswerkzeug	Parktool HHP-2
38	Sägelade zum Kürzen von Rohren	Parktool SG-7
39	Aufschläger für Gabelkralle	Parktool TNS
40	Abzieher für Gabelkonus	Parktool CRP-1
41	Feilen-Set	Werkzeughandel
42	Säge	Werkzeughandel

Schmieren, Pflegen, Reinigen

43	Carbonmontagepaste/Kettenöl/Montage-fett/Fahrradreiniger/Handreiniger	Dynamic/Shimano/TipTop
44	Standpumpe	SKS Rennkompressor
45	Montageständer Ultimate	Ultimate Pro Elite
46	Montageständer Parktool	Parktool PRS 20
47	Werkzeugkoffer/Laufradtasche/Tasche für Workstand	BWH/DT Swiss Ultimate Altimate

com; **Kettler GmbH**, 0 29 38/81-0, www.kettler-bike.de; **MAVIC Deutschland**, 0 80 33/30 52 10, www.mavic.de; **SKS Metaplast GmbH**, 0 29 33/8 31-0, www.sks-germany.com; **Eduard Wille GmbH & Co. KG**, 02 02/47 91-0, www.stahlwille.de; **Syntace GmbH**, 0 86 34/6 66 66, www.syntace.com; **Park Tool**, Grofa GmbH, 0 64 34/10 08-0, www.grofa.de; **P & K Lie GmbH**, 0 40/43 17 47-39, www.pklie.de; **Shimano und Ultimate**, Paul Lange & Co, 07 11/25 88-02, www.paul-lange.de; **Wiha Werkzeuge GmbH**, 0 77 22/9 59-0, www.wiha.com

Moment mal

Schrauben und Drehmomentschlüssel wollen mit Sachverstand bedient werden. TOUR gibt Tipps.

Nach fest kommt ab: Dieser flapsige Mechanikerspruch über das abrupte Ende eines Schraubenlebens gilt in der modernen Fahrradwelt mehr denn je. Die Jagd nach dem letzten Gramm macht nämlich auch vor Schrauben nicht Halt. Wo sonst Stahlschrauben mit soliden acht Millimetern Durchmesser die Stellung hielten, müssen inzwischen oft mehrere fünf Millimeter zarte Titanschräubchen ihre Köpfe hinhalten.

Da bleibt nicht viel Spielraum zwischen zuverlässigem »Fest« und gefährlichem »Ab«. Hersteller sollten deshalb Schraubverbindungen mehr Aufmerksamkeit widmen. Oft wird beispielsweise eine Konstrukteurs-Faustregel vernachlässigt, die besagt, dass bei harten Alu-Werkstoffen die Einschraubtiefe einer Schraube mindestens das 1,4-fache ihres Durchmessers betragen muss.

Auch wenn Sie das erforderliche Drehmoment kennen: Bei einer rostigen Schraube braucht man schon einige Kraft, nur um sie zu bewegen, während eine neue, mit hochwertigem Montagefett geschmierte Schraube, kaum reibt. Bis auf wenige Ausnahmen sollten alle Schrauben am Rad gefettet werden – es sei denn, der Hersteller verbietet es ausdrücklich. Bedenken Sie auch, dass sich Bauteile setzen: Werden Komponenten verschraubt, passen sich die Teile im Betrieb an, die Fugen werden kleiner, die Spannkraft der Schraube lässt nach. Deshalb muss man schon kurze Zeit nach der Montage den festen Sitz der Teile kontrollieren.

TIPP

▸ Entspannen Sie den Drehmomentschlüssel nach der Arbeit. Wenn Sie ihn länger nicht benutzt haben, lösen Sie ihn mehrfach aus, damit sich der Schmierstoff im Inneren verteilen kann.

Richtig schrauben

1 Kontrollieren Sie den Zustand der Schraubverbindung. Die Bauteile müssen genau zueinander passen. Sattelstützen müssen sich ohne Kraft in das Sitzrohr schieben lassen, dürfen jedoch kein fühlbares Spiel aufweisen. Bestehen Sattelstütze und/oder Rahmen aus Carbon, darf nicht gefettet werden, sonst lässt sich die Stütze nicht mehr klemmen und wird zerstört.

2 Prüfen Sie vor dem Festziehen, ob Schraube und Mutter die richtige Länge haben. Ein Klassiker: Die Hülsenmutter für den Bremsbolzen ist oft zu kurz für die Montage an einer Carbongabel. Zählen Sie deshalb die Umdrehungen: Die Mutter sollte mindestens sechs volle Umdrehungen greifen – andernfalls muss ein längeres Exemplar her.

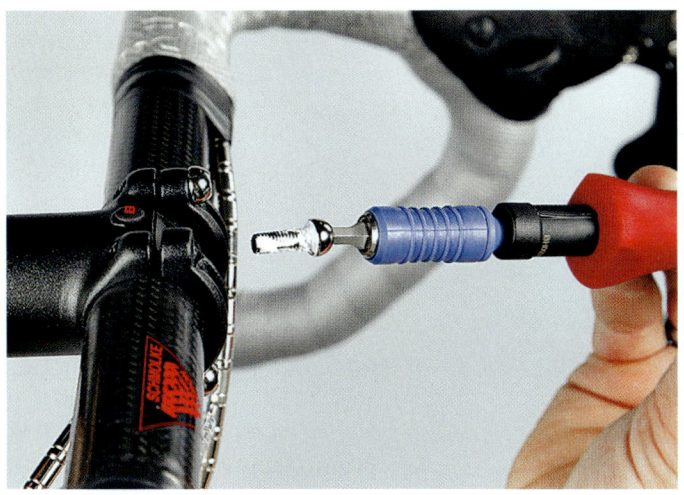

3 Fast alle Schrauben am Rad sollten gefettet werden, damit's nicht reibt und rostet. Wichtig ist Schmierstoff nicht nur am Gewinde, sondern auch unter dem Schraubenkopf. Dort entstehen sehr hohe Flächenpressungen, welche die Oberfläche des Bauteils beschädigen können.

Richtig schrauben

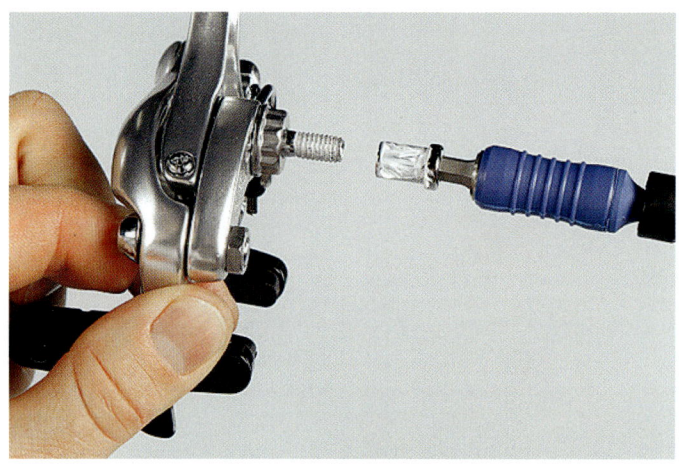

4 Mit Schraubenklebstoff versehene Schrauben sollten nicht gefettet werden – etwa die Bolzen an den Bremskörpern. Hier empfiehlt es sich (bei Metall-Rahmen), nur die Außenseite der Hülsenmutter zu fetten. Lagerschalen von Kompakt-Innenlagern sollten Sie trotz Schraubenkleber innen und außen fetten, sonst können sie knacken und korrodieren.

5 Um Herstellungskosten zu sparen, sind Schraubenköpfe oft unpräzise gefertigt und bieten dem Werkzeug keine ausreichende Stützfläche. Setzen Sie das Werkzeug mit Bedacht ein, damit es nicht verkantet.

6 Halten Sie das Werkzeug für ein korrektes Ergebnis am Griff fest und ziehen Sie die Verschraubung aus der Drehung heraus an, bis der Schlüssel den entsprechenden Wert anzeigt, knackt oder auslöst. Damit nicht die Haftreibung der Schraube gemessen wird, sondern das tatsächliche Drehmoment, muss die Schraube mindestens eine Umdrehung gelöst werden.

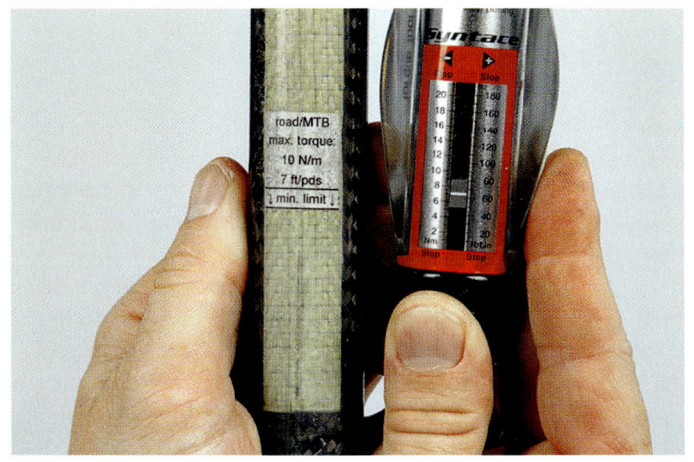

7 Dremoment-Vorgaben bezeichnen meistens Obergrenzen – nähern Sie sich diesem Wert schrittweise über niedrigere Werte, beginnen Sie bei etwa zwei Dritteln des Maximalwertes. Überprüfen Sie zwischendurch den festen Sitz des Bauteils. Bevor Sie einen höheren Wert einstellen, lösen Sie die Schraube wieder eine halbe Umdrehung. Notieren Sie die Werte.

8 Achten Sie bei der Montage auf Warnsignale. Schließt sich eine Klemmung so weit, dass die Flächen aufeinander liegen, klemmt die Schraubenkraft nicht mehr, sondern verformt die Bauteile. Prüfen Sie, ob das Teil eventuell schon bei deutlich geringeren Anzugsmomenten sicher geklemmt wird. Andernfalls stimmt die Passung zwischen den Teilen nicht.

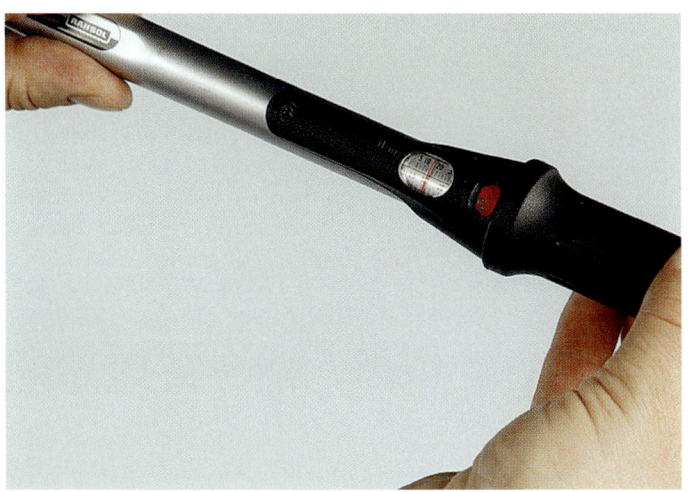

9 Kontrollieren Sie die Verschraubungen nach 200 bis 400 Kilometern und dann mindestens alle 2000 Kilometer. Entspannen Sie den Drehmomentschlüssel nach der Arbeit zur Schonung und lösen Sie ihn nach längerem Nichtgebrauch mehrfach aus, damit sich der Schmierstoff im Inneren verteilen kann.

Kraftanleitung

Um die Betriebssicherheit des Fahrrades zu gewährleisten, müssen die Verschraubungen der Bauteile sorgfältig festgedreht und regelmäßig überprüft werden. Am besten eignet sich hierzu ein Drehmomentschlüssel, der knackt oder abschaltet, wenn das gewünschte Schraubendrehmoment erreicht ist. Tasten Sie sich von unten in kleinen Schritten (0,5 Nm) an das vorgeschriebene maximale Schraubendrehmoment heran und prüfen Sie dazwischen immer wieder den festen Sitz des Bauteils. Überschreiten Sie das vom Hersteller angegebene maximale Schraubendrehmoment nicht!

Für Teile, bei denen keine Angaben vorliegen, beginnen Sie mit 2 Nm. Halten Sie sich an die angegebenen Werte und beachten Sie die beiliegenden Anleitungen der Komponentenhersteller.

TIPP

▸ Auf einigen Bauteilen stehen die Schraubendrehmomente aufgedruckt. Benutzen Sie einen Drehmomentschlüssel und überschreiten Sie die maximalen Schraubendrehmomente nicht! Wenn Sie sich nicht absolut sicher sind oder Fragen haben, wenden Sie sich an Ihren Fahrrad-Fachhändler.

Bauteil	Verschraubungen	Shimano* (Nm)	SRAM/Avid** (Nm)	Campagnolo *** (Nm)
Schaltwerk	Befestigung (am Rahmen/ am Schaltauge)	8 – 10	5 – 7	15
	Zugklemmung	5 – 7	5 – 7	6
	Leitrollen	2,5 – 3		
Umwerfer	Befestigung am Rahmen	5 – 7	5 – 7	5 (Schelle) 7 (Direktmontage)
	Zugklemmung	6 – 7	5	5
Brems-/ Schaltgriffe	Befestigung am Lenker Flatbar	6 – 8	6 – 8	10 6
Nabe	Bedienhebel des Schnellspanners	5 – 7,5		
	Kontermutter der Lagereinstellung bei Schnellspann-Naben	15 – 17		
	Zahnkranzpaket-Sicherungsring	30 – 50	40	40 (11-fach) 50 (10-fach)
Tretkurbel	Kurbelbefestigung (fettfreier Vierkant)			32 – 38
	Kurbelbefestigung (Shimano Octalink)	35 – 50		
	Kurbelbefestigung (Shimano Hollowtech II)	12 – 15		
	Kurbelbefestigung (Isis)		31 – 34	
	Kurbelbefestigung (Gigapipe)		48 – 54	
	Vielzahn			42
	Wellenbefestigungsschraube Ultra Torque			42 – 60
	Kettenblattbefestigung	8 – 12	12 – 14 (Stahl) 8 – 9 (Alu)	8

Bauteil	Verschraubungen	Shimano* (Nm)	SRAM/Avid** (Nm)	Campagnolo *** (Nm)
Gedichtetes Cartridge- Innenlager	Gehäuse (Vierkant)	50 – 70		70
	Gehäuse (Shimano Hollowtech II, SRAM Gigapipe)	35 – 50	34 – 41	
	Octalink	50 – 70		
Pedal	Pedalachse	35 – 55	47 – 54	0
Schuh	Pedalplatte (»Cleat«)	5 – 6		
Bremse	Bremskörperbefestigung	8 – 10	8 – 10	10
	Zugklemmung	6 – 8	6 – 8	5
	Bremsschuh-Befestigung	5 – 7	5 – 7	8
	Belag-Fixierung	1 – 1,5		
Sattelstütze	Patentklemmung (Sattel am Stützenkopf)	20 – 29		18 – 22

Die sind Richtwerte der genannten Komponentenhersteller. Beachten Sie die Werte in den Anleitungen, sofern sie den Produkten beiliegen. Diese Werte sind nicht auf die Bauteile anderer Hersteller übertragbar.

* www.paul-lange.de

** www.sram.com

*** www.campagnolo.com

Empfohlene Schraubendrehmomente für Scheibenbremsen

Bauteil	Shimano (Nm)	Avid (Nm)
Bremssattelbefestigung am Rahmen/Gabel	6 – 8	9 – 10 (IS-Adapter) 8 – 10 (Bremssattel)
Bremsgriffbefestigung am Lenker Ein-Schrauben-Klemmung Zwei-Schrauben-Klemmung	6 – 8	4 – 5 (Juicy 5) 2,8 – 3,4 (Juicy 7/Carbon)
Überwurfschrauben der Leitung am Griff und normale Leitung am Bremssattel	5 – 7	5
Bremsleitungsstutzen am Bremssattel (Disc tube-Leitung)	5 – 7	
Ausgleichsbehälterdeckel	0,3 – 0,5	
Gewindestift (Entlüftungsbohrung)	4 – 6	
Bremsscheibenbefestigung (6-Loch)	2 – 4	
Bremsscheibenbefestigung (Centerlock)	40	

Volle Packung

Hier gibt's Tipps und Tricks für mehr Geschmeidigkeit am Rad – und wichtige Hinweise, wie man Bauteile aus Carbon richtig fettet.

Fett ist nicht gleich Fett: Das ist keine neue Erkenntnis, aber eine, die viele Rennradler für nicht besonders wichtig halten. Sie verwenden rund ums Rad ein einziges Schiermittel, ganz gleich, ob sie eine Schraube fetten oder ein Lager schmieren. Dabei werden von Schmierstoffen ganz unterschiedliche Fähigkeiten verlangt. Die verschiedenen Farben der Fette deuten zwar deren Unterschiede an, verraten aber noch nicht, wofür sie geeignet sind. In den sogenannten Wälzlagern (Steuersatz, Pedale, Innenlager, Naben, Freilauf) rollen Kugeln oder Nadeln ab und erzeugen dabei sehr hohe punktuelle oder linienförmige Lasten auf den Laufbahnen. Diesem hohen Druck muss der Schmierstoff standhalten und zugleich am Wälzkörper haften bleiben, damit der dauerhaft von Schmiere umsorgt wird; das ist die Domäne spezieller Lagerfette.

Schraubverbindungen, aber auch Klemm-Passungen wie bei der Sattelstütze, verlangen nach einem Schmierstoff, der aufeinander gleitende Oberflächen voneinander trennt und vermeidet, dass sie angegriffen werden. Der schlimmste Fall ist das »Fressen«: Dann sind die Oberflächen so zerstört, dass sie sich verbinden – kalt verschweißen, nennt das der Fachmann. Vor allem Aluminium-Komponenten, die weicher sind als ihre Stahlschrauben, sowie Titan, das eine hohe Reibung aufweist, müssen mit spezieller Montagepaste oder speziellem Fett behandelt werden.

Gemeinsam ist beiden Schmierstofftypen, dass sie an Carbonteilen nichts zu suchen haben. Die falsch eingefetteten Teile finden kaum Halt in einer Klemmung, Schrauben müssen so stark angezogen werden, dass die Carbonfasern gequetscht und beschädigt werden können. Der spätere Bruch kann auf diese Weise schon programmiert sein.

Carbon gar nicht zu fetten, ist allerdings auch nicht ideal. Abhilfe schafft die Montagepaste für Carbon und Aluminium der Marke Dynamic: Der Hersteller mengt einer relativ dünnflüssigen Trägerkompo-

nente kleine Festkörper aus Kunststoff bei. Die dringen etwas in die Oberfläche des Carbons ein und erhöhen die Reibung in der Passung, damit die Schraubenkräfte niedrig bleiben können. Hoher Druck und die Scherkräfte einer Verschraubung hingegen zerreiben die Körnchen.

Im TOUR-Test anhand einer Carbonsattelstütze zeigte sich, dass das Anzugsmoment der Schraube bei Verwendung der Dynamic-Paste im Vergleich zur trockenen Montage fast halbiert werden konnte. Mit üblichem Fett oder einer Standard-Montagepaste muss die Schraube mit mehr als der doppelten Kraft angezogen werden, um die Stütze sicher zu klemmen. Bei einer Aluminiumstütze bestätigte sich die gleiche Tendenz. Für die Montage von Lenkern und Sattelstützen aus Carbon oder von Vorbauten auf Carbongabelschäften ist die Dynamic-Paste daher empfehlenswert; für alle anderen Fette und Schmierstoffe gilt aber weiterhin: für Carbon ungeeignet!

Richtig schmieren, richtig fetten

1 Schrauben müssen im Gewinde und auch an der Auflagefläche des Kopfes gleichmäßig gefettet werden. Am besten gelingt dies mit einem Pinsel.

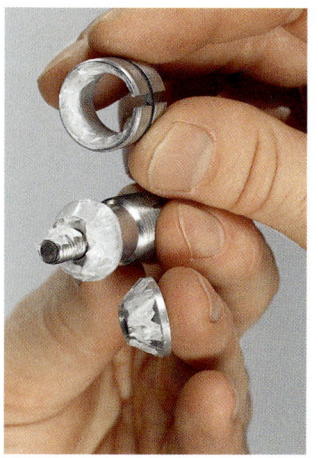
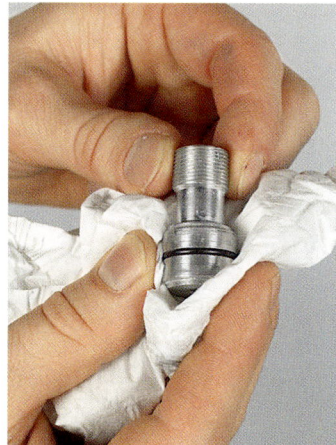

2 Zerlegen Sie den Klemmkonus zur Einstellung des Lenkungslagers und bestreichen Sie dünn die innen aufeinander gleitenden Flächen und die Schraube (linkes Foto). Bauen Sie den Mechanismus wieder zusammen und wischen Sie überschüssigen Schmierstoff gründlich ab.

3 Fetten Sie auch die anderen Gewinde dünn ein, damit die innere Reibung deutlich reduziert wird. Die Einstellung des Lenkungslagers gelingt dann leicht und präzise.

4 Bestreichen Sie dünn die Sattelstützen-Klemmschelle innen und das Sitzrohr außen, um Knackgeräusche zu vermeiden.

5 Bei Patronen-Innenlagern gehört Montagepaste nicht nur auf das Gewinde der Befestigungsschalen, sondern auch innen in die Schale und auf die Lagereinheit.

6 Schrauben und Scheiben, die Teil des Abziehermechanismus einer Kurbel sind, sollten auf beiden Seiten geschmiert werden. Tut man dies nicht, entsteht beim Lösen viel Reibung im System.

Carbon-Montagepaste richtig verwenden

1 Entfetten Sie die Klemmflächen der zu montierenden Bauteile mit Spiritus oder Reinigungsbenzin.

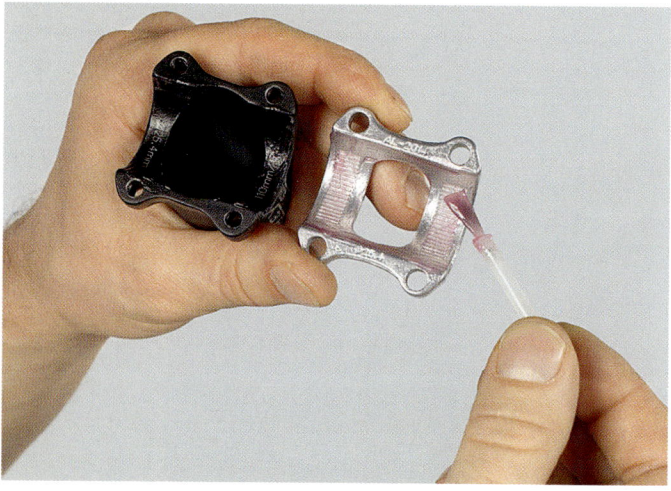

2 Bestreichen Sie Vorbaukorpus, -deckel und den Carbonlenker selbst. Auch hier sollten alle Schrauben sorgfältig geschmiert werden.

3 Wenn Sie Gabelschaft und Schaftklemme des Vorbaus behandeln, beugen Sie zerdrückten Carbonschäften und sich lockernden Lenkungslagern vor.

4 Bestreichen Sie das Sitzrohr innen und die Sattelstütze selbst dünn mit der Dynamic-Montagepaste. Fetten Sie die Klemmschraube, und montieren Sie die Stütze.

Hier gehört Lagerfett hin

1 Geöffnete oder teilweise demontierte Lager können Sie mit Lagerfett auffüllen. Sparsam müssen Sie damit nicht umgehen, denn aufgrund der relativ geringen Drehzahlen beim Fahrrad bremst ein Zuviel an Lagerfett nicht spürbar.

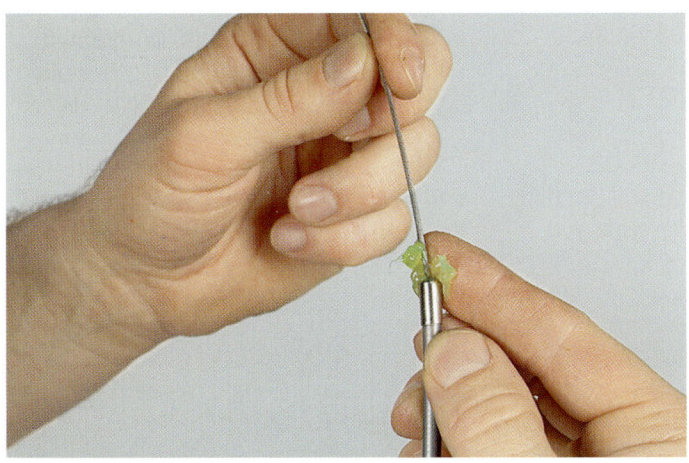

2 Reinigen Sie Bowden-Innenzüge mit einem Lappen von anhaftendem Schmutz und ziehen Sie den Innenzug beim Einfädeln durch die gefetteten Finger.

Platz da!

Sattel, Lenker und Pedale sind die Kontaktpunkte von Mensch und Maschine – damit daraus eine optimale Sitzposition wird, müssen auch Sattelstütze und Vorbau korrekt montiert und eingestellt werden. Hier finden Sie alle wichtigen Anleitungen für das Positions-Ensemble.

Beobachtet man Radrennfahrer dabei, wie sie ihr Tagwerk verrichten, gewinnt man den Eindruck, als seien sie mit ihren Rädern gleichsam verwachsen. Es scheint, als säßen sie »in« ihrem Rad: Das Umgreifen vom Oberlenker in die Unterlenkerbeuge, der Griff zu den Bremsen, das Aufstehen zum Wiegetritt – alles wirkt harmonisch und wie selbstverständlich. Die Streckung der Beine, die ruhige Haltung des Beckens, die leicht angewinkelten Arme, die jederzeit schnelles Reagieren ermöglichen: ein perfektes Bild. Natürlich resultiert diese innige Verbindung zwischen Fahrer

und Rad aus der tagtäglichen Nutzung über mehrere zehntausend Kilometer pro Jahr; aber es liegt auch daran, dass die Rennfahrer ihre Position auf dem Rad mit äußerster Akribie einstellen und kontrollieren. Und das ist einer der Punkte, in dem es sich für Freizeit-Sportler nun wirklich lohnt, den Stars nachzueifern.

So unterschiedlich, wie Menschen gebaut sind, gibt es kein Patentrezept und keine Einstell-Norm, allenfalls Anhaltspunkte – aber die sollten beachtet werden.

Ziel aller Bemühungen ist ein möglichst optimaler Tretvorgang. Dabei sollen die

Knie annähernd durchgestreckt werden und die Hüfte darf nicht seitlich kippen, wenn die Pedale abwechselnd den tiefsten Punkt des Tretkreises durchlaufen. Die Höhe des Sattels wird kontrolliert, indem der Radfahrer, auf dem Sattel sitzend, in Radschuhen mit der Ferse auf das am tiefsten Punkt stehende Pedal tritt, das Bein dabei fast gestreckt. Die Position stimmt, wenn man ins Pedal einklickt und das Knie dann noch leicht angewinkelt ist.

Die Position finden

Vor allem Rennrad-Neulinge sollten nicht versuchen, die konsequent aerodynamische Sitzposition der Profis zu kopieren – sonst schmerzen schon bei der ersten Ausfahrt Genick, Handgelenke und Gesäß. Alle Griffpositionen – Oberlenker, Unterlenker, Bremsgriffe – sollten bequem erreichbar und über längere Zeit erträglich sein. Wer die Hände stets am Oberlenker lässt und mit durchgestreckten Ellenbogen jede Fahrbahnunebenheit bis ins Gehirn weiterleitet, hat mit Sicherheit den Lenker zu tief und wahrscheinlich einen zu langen Vorbau montiert. Zu Beginn sollten Sie den Vorbau so hoch wie möglich einstellen: Die Satteloberkante sollte nur unwesentlich höher liegen als der Oberlenker. Mehr als zehn Zentimeter Sattelüberhöhung fahren allenfalls hartgesottene Profis.

Der korrekte horizontale Abstand zwischen Sattel und Lenker lässt sich am besten in Unterlenkerhaltung feststellen, die der aerodynamisch günstigsten Position entspricht. Ober- und Unterarm bilden einen rechten Winkel, während die Knie bei der Tretbewegung knapp an den Ellenbogen vorbeilaufen. Berühren sich Knie und Ellenbogen, deutet dies auf einen zu kurzen Vorbau hin – es sei denn, Sie möchten in Oberlenkerhaltung betont aufrecht sitzen. Mit einem Blick zur Seite während der Fahrt in eine Schaufensterscheibe kann man seine Position gut überprüfen.

Änderungen an der Sitzposition kann man mit dem Bordwerkzeug auch unterwegs ausführen; sicherer ist es, wenn man

TIPPS

▶ Montieren Sie Ihr Rad auf eine Trainingsrolle und stellen Sie es vor einen großen Spiegel. So können Sie die Position bequem und praxisgerecht einstellen. Achten Sie dabei aber darauf, dass Ihr Rad waagerecht steht; eventuell müssen Sie zum Höhenausgleich ein Brett oder Buch unters Vorderrad legen.

Tipps für Pedalplatten

▶ Kunststoffplatten müssen regelmäßig ersetzt werden. Zeichnen Sie vor dem Tausch den Umriss der alten Platten auf die Sohle, dann ist es einfacher, die neuen Platten zu montieren.
▶ Bei vielen Pedalen lässt sich der Widerstand, bei dem der Schuh freigegeben wird, über kleine Schrauben einstellen. Im Uhrzeigersinn wird meist mehr, entgegen weniger vorgespannt. Gibt es keine Anzeige, zählen Sie die Klicks oder die Umdrehungen mit. So erzielen Sie an beiden Pedalen die gleiche Spannung.

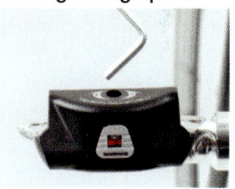

▶ Kontrollieren Sie die Schrauben nach 100 bis 300 Kilometern. Die Platten arbeiten sich in die Sohle hinein, die Spannkraft der Schrauben lässt nach. Sind die Platten lose, kann dies dazu führen, dass Sie den Schuh nur mühsam oder gar nicht aus dem Pedal lösen können.
▶ Knarrende Pedalplatten nerven. Wenn nicht Verschleiß der Grund ist, versuchen Sie es mit etwas Lagerfett an der Plattenspitze und der hinteren Spannklappe.

sein Rad in einer Werkstatt umbaut, in der auch ein Drehmomentschlüssel zur Verfügung steht, mit dem die vorgeschriebenen Anzugskräfte der Schrauben eingehalten werden können.

Details zum Lenker

Zu Zeiten, als Namen wie »Merckx« und »Gimondi« oder »Poulidor« für Rennradlenker Pate standen, brauchte man sich über die Auswahl nur wenig Gedanken machen. Inzwischen sind die Formen komplexer geworden, die Bezeichnungen komplizierter. Nüchtern betrachtet, sind die Aufgaben eines Lenkers zwar überschaubar, doch ein unpassendes Modell kann den Fahrspaß schlimmstenfalls mit Hand- und Rückenschmerzen einschränken. Was man ständig in der Hand und im Blickfeld hat, sollte in jeder Hinsicht passen.

Grundsätzlich ist die aktuelle Vielfalt an Formen und Abmessungen für den Rennradler prima, um eine perfekte Sitzposition zu erreichen. Die dafür wichtigen Lenkermaße neben der Breite heißen »Reach« und

Die wichtigsten Lenker-Maße

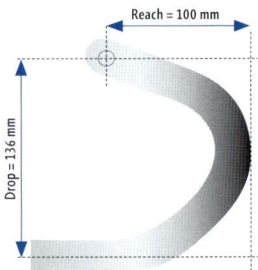

BREITE Gemessen außen an den Lenkerenden; sie sollte der Schulterbreite entsprechen. FSA misst ab Rohrmitte, außerdem ist die Kompaktversion am Unterlenker etwas nach außen gestellt – bei den Herstellerangaben beachten!

REACH waagerecht, Mitte Oberlenker bis zum vordersten Punkt des Bogens.

DROP senkrecht vom Oberlenker bis zum Lenkerende, jeweils Rohrmitte

KLEMMMASS Durchmesser der Lenkerklemmung, sie muss zum Vorbau passen. Verbreitet sind 26,0 und 31,8 mm (Oversize). Ausnahme: Bei Deda beträgt das Oversize-Maß 31,7 mm.

Die drei Lenker-Grundformen

Hersteller	Modelle	**CLASSIC** Reach	Drop	Größe*	Modelle	**ANATOMIC** Reach	Drop	Größe*
3T	Rotundo	83	139	m	–			
Deda	Newton Shallow, Campione	80	135	m	Newton, Big Piega, Mara, Sfida	110	135	m
FSA	Traditional (nur Energy)	90	145	g/m	–			
Ritchey	Classic	82	135	m	Logic/Superlogic/Evo	125–144	72–82	k–g
					Biomax	127	75	k–m
Syntace	–				Racelite	100	136	m
					Racelite 2 Carbon (XL)	100 (110)	145 (151)	m–g
					Racelite CDR (XL)	90 (100)	129 (133)	k–m

*geeignet für folgende Handgrößen: g = große Hände, m = mittlere Hände, k = kleine Hände

»Drop« – zu Deutsch sind das die Lenkertiefe und Lenkerhöhe (siehe nebenstehenden Kasten). Drei Grundformen begegnen uns immer wieder: »Classic«, »Anatomic« und »Ergo«. Erstere ist bei Profis immer noch sehr beliebt. Mit dem gleichmäßigen Radius und gleichbleibenden Rohrdurchmesser ist der Lenker flexibel im Griff, und aus dem Unterlenker kommt man hier am leichtesten an die Bremshebel. Allerdings ist die Auswahl schon leicht eingeschränkt: FSA und Ritchey bieten nur Alu-Modelle.

Am weitesten verbreitet ist die anatomische Form mit wechselnden Radien und geraden Griffstücken, außerdem ist sie optimiert für Schaltbremshebel. Die jüngste Variante, Ergo- oder Wing-Form genannt, versucht, mit dem zu den Lenkerenden wachsenden Radius die Vorzüge der beiden zu verbinden. Von der Biegung hängt auch ab, wie gut die Hebel an den Lenker passen. Je nach Reach bieten Lenker und Bremsgriffkörper zusammen eine bis zu 15 Zentimeter lange, beinahe plane Auflagefläche für die Hände. *Mitarbeit: Jens Klötzer*

K-Force von FSA mit Ergo-Form: Lenkerenden waagerecht, Bremshebel senkrecht – bei aktuellen Kombis entsteht der nahtlose Übergang ganz von selbst.

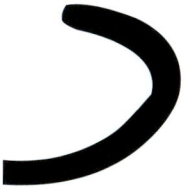

Klassische Form bei Rotundo von 3T: Passt die Kombination Lenker und Hebel noch nicht perfekt, hilft oft ein leichtes Drehen des Lenkers nach oben, während man die Hebel wieder etwas nach unten versetzt.

ERGO

Modelle	Reach	Drop	Größe*
Ergonova	89	128	k
Ergosum	77	123	k
Presa, Fluida, Nuova Sfida, Zero 100	80	135	m
New Ergo (viele Modelle)	80	150	m/g
Compact (viele Modelle)	80	125	k
Curve	73	128	k
–			

Eine besonders ausgeprägte anatomische Form hat der Lenker Biomax von Ritchey.

Sattelstütze montieren

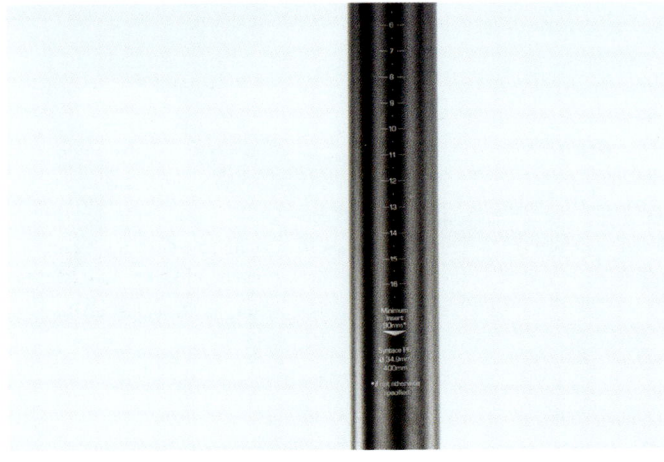

1 Sattelstützen können nicht beliebig weit herausgezogen werden. Beachten Sie unbedingt die Markierung für die maximale Auszugslänge. Das Ende der Sattelstütze im Sitzrohr muss mindestens bis unter das Oberrohr reichen. Mit einer zu kurzen Stütze kann der Rahmen brechen.

2 Verwenden Sie bei der Montage in Carbonrahmen oder bei der Montage einer Carbonstütze spezielle Carbon-Montagepaste. Sie erhöht die Reibung in der Klemmung, sodass die Klemmschraube weniger fest angezogen werden muss. Das schont Stütze und Rahmen.

3 Ziehen Sie die Sattelstützen-Klemmschraube mit einem Drehmomentschlüssel an. Beginnen Sie mit der Hälfte des vom Hersteller angegebenen Drehmoments. Liegen keine Angaben vor, beginnen Sie mit 2,5 Newtonmetern (Nm).

4 Versuchen Sie, den Sattel gegen den Rahmen zu verdrehen, um die Klemmung zu kontrollieren. Dreht sich die Stütze zur Seite, erhöhen Sie das Drehmoment um 0,5 Nm und kontrollieren Sie erneut. Überschreiten Sie das angegebene Drehmoment auf keinen Fall. Ist kein Wert vorgegeben, sind 5 Nm das Maximum.

5 Schieben Sie den Sattel nicht ganz nach hinten. Klemmt das Sattelgestell in oder am Beginn der Biegung, kann es abrupt brechen. Weist das Gestell eine Skalierung auf, verschieben Sie nur innerhalb dieser Skala; bei Gestellen ohne Skala sollte vor und hinter der Klemmung je ein Zentimeter bis zur Biegung Platz sein.

6 Sattelstützen gibt es nicht nur in verschiedenen Längen, sondern auch mit unterschiedlicher Kopfposition. Allein die Wahl der Stütze kann 40 Millimeter Spielraum für die horizontale Sattelposition bringen.

Sattelklemmung bei Patent-Stützen

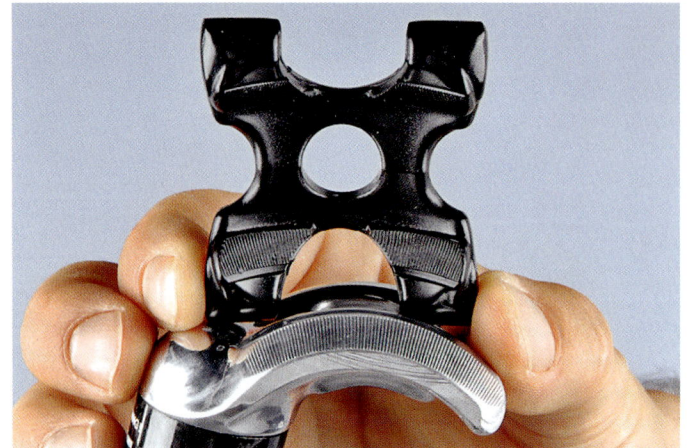

1 Mit keilförmigen Auflagen oder Verzahnungen zwischen Kopf und Stütze wird die Sattelneigung eingestellt. Je feiner die Verzahnung, desto besser. Eine zentrale Schraube klemmt die Verbindung.

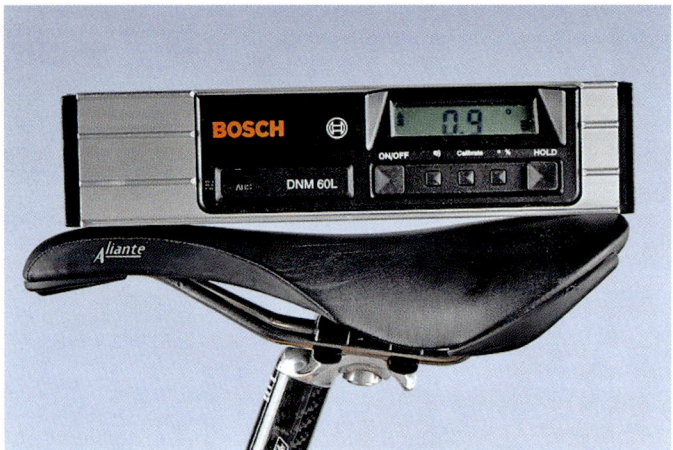

2 Zur Montage müssen Sie die Klemmung selten komplett demontieren. Öffnen Sie die zentrale Schraube einige Umdrehungen und verdrehen Sie die obere Halbschale, damit sie durch das Sattelgestell gleiten kann. Drehen Sie die Schale wieder zurück, damit die Aussparungen das Gestell umgreifen. Legen Sie auf die Satteloberkante eine Wasserwaage, um den Winkel einzustellen.

3 Steht die Satteloberkante waagerecht, drehen Sie die zentrale Schraube mit einem Innensechskant langsam an, damit die Verzahnung ineinandergreifen kann. Sitzt der Klemmkopf passgenau auf Stütze und Gestell, nehmen Sie den Drehmomentschlüssel und erhöhen Sie das Anzugsdrehmoment auf den vom Hersteller vorgegebenen Wert.

Patent-Stützen mit zwei Schrauben

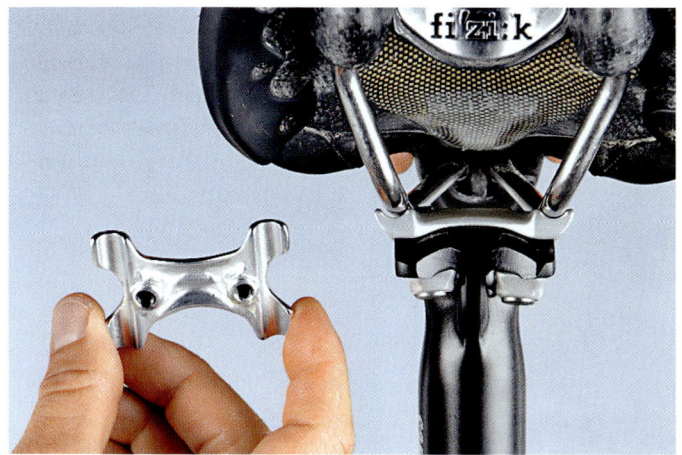

1 Vorteil dieser Technik ist die geringere Bruchanfälligkeit der zwei Schrauben. Demontieren Sie beide Schrauben so weit, dass Sie die obere Halbschale abnehmen können. Legen Sie erst das Sattelgestell auf die untere Halbschale und dann die obere Halbschale wieder darauf.

2 Drehen Sie die gefetteten Schrauben abwechselnd ein, damit das Sattelgestell beidseitig aufgenommen wird. Halten Sie dabei Klemmkopf und Sattel in Position, damit, sofern vorhanden, die Verzahnung ineinandergreifen kann.

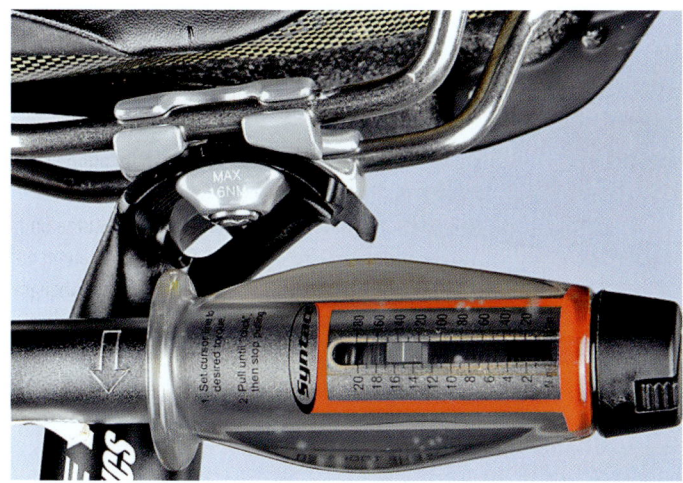

3 Ziehen Sie beide Schrauben mit dem Drehmomentschlüssel zuerst mit der Hälfte des vom Hersteller angegebenen Drehmoments fest. Danach erhöhen Sie das Drehmoment beidseitig auf die Herstellerangaben.

Stützen mit Joch-Klemmung

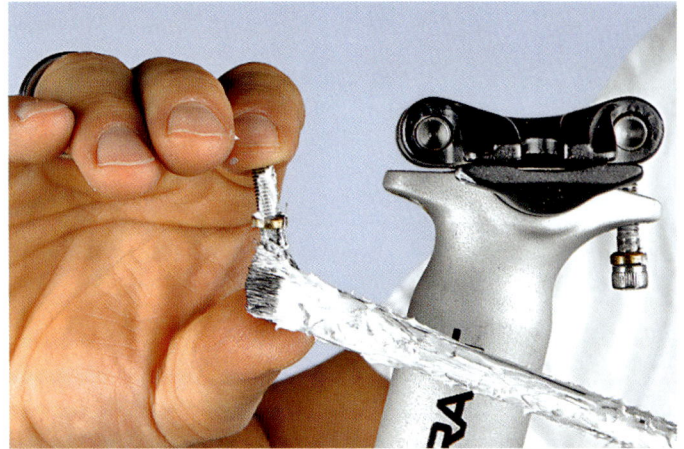

1 Auf der eigentlichen Stütze liegt eine bewegliche Halbschale, die das Sattelgestell aufnimmt. Die obere Halbschale wird über zwei Schrauben nach unten gezogen. Wird die vordere Schraube eingedreht, senkt sich die Sattelnase ab, dreht man hinten, senkt sich das Heck. Ungefettete Schrauben sollten Sie ausbauen und an Gewinde und Kopfauflage fetten. Schieben Sie die untere Halbschale seitlich heraus, um das Sattelgestell zu platzieren.

2 Schieben Sie die untere Halbschale wieder hinein und drehen Sie die beiden Schrauben abwechselnd und schrittweise, um stets die Sattelneigung zu kontrollieren. Stimmt die Neigung nicht, müssen Sie zuerst die vordere (oder hintere) Schraube lösen, bevor Sie die hintere (oder vordere – also die jeweils andere) nachziehen. Stimmt die Sattelstellung, drehen Sie die Schrauben mit dem Drehmomentschlüssel gemäß Herstellerangaben fest.

TIPPS

▸ Gestellauflagen, die kürzer sind als 40 Millimeter, belasten leichte Sattelgestelle aus Titan, Titanrohr oder Carbon überdurchschnittlich stark – es besteht Bruchgefahr! Auch scharfe Kanten können dem Material schaden.

▸ Prüfen Sie den sicheren Sitz der Schrauben der Sattelstütze mit dem Drehmomentschlüssel nach 100 bis 300 Kilometern und danach alle 2000 Kilometer.

▸ Kontrollieren Sie, ob Ihr Sattel noch schwingt. Manche Gestellklemmen bauen so hoch, dass die Satteldecke fast aufliegt. Zwei Zentimeter Abstand sichern Federweg und damit Komfort.

▸ Beachten Sie die Markierung für die maximale Auszugshöhe der Sattelstütze: Sie muss unbedingt im Inneren des Sitzrohres bleiben.

▸ Der Verstellbereich variiert je nach Sattel und Abstützlänge der Klemmung der Sattelstütze. Beachten Sie vorhandene Markierungen und schieben  Sie den Sattel keinesfalls so weit, dass die Klemmung direkt am vorderen oder hinteren Bogen des Gestells angreift.

Sattelstützen mit teilverdeckter Joch-Klemmung

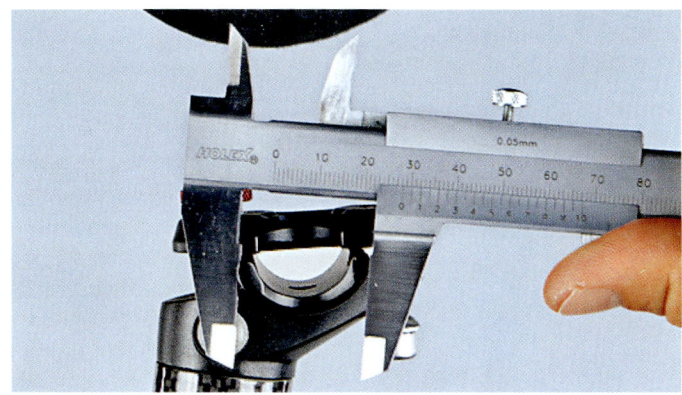

1 Hier liegt die vordere Schraube genau in der Mittelachse der Stütze. Vorteil: Die Stütze weist Versatz auf, der Sattel kann weiter nach hinten geschoben werden. Nachteil: Die vordere Schraube ist nur schwer zu erreichen. Öffnen Sie beide Schrauben so weit, dass Sie die untere Halbschale herausziehen können.

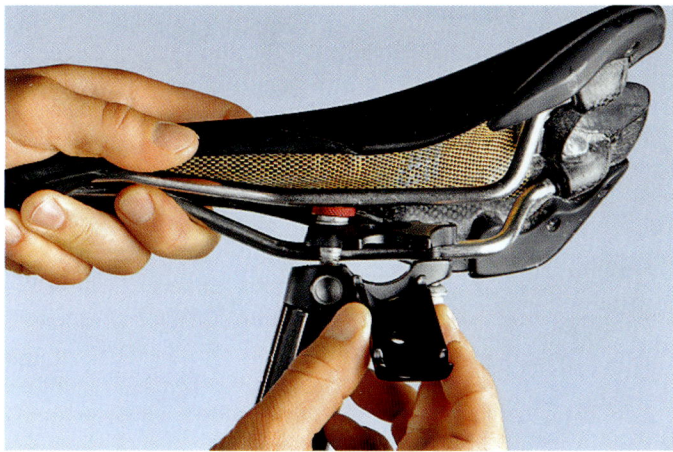

2 Schieben Sie die Halbschale unter das Sattelgestell und drehen Sie die vordere Schraube in Position. Drehen Sie dann die hintere Schraube so weit an, dass diese am Gestell anliegt. Ist die Oberkante nicht waagerecht, müssen Sie die hintere Schraube wieder lösen und vorne nachdrehen. Bis die Position stimmt, können einige Versuche notwendig sein.

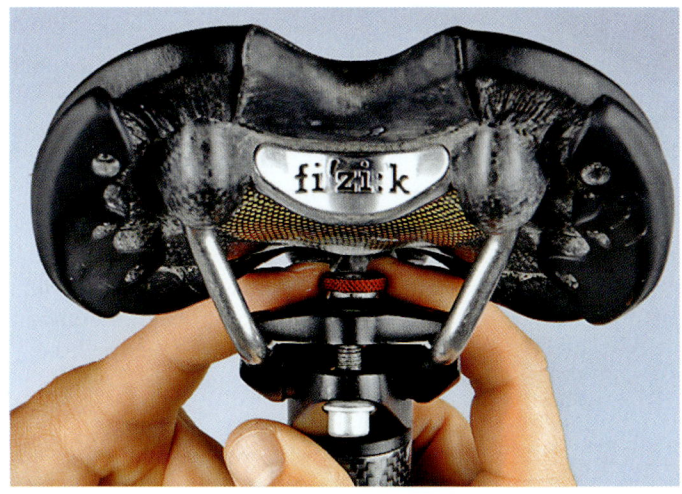

3 Achten Sie darauf, dass Schrauben die Muttergewinde ganz ausfüllen, sonst kann die Klemmung versagen. Bei diesem Stützentyp ist das schwierig, weil man die vordere Schraube von außen nicht sehen kann. Zählen Sie zur Sicherheit nach: Die Schraube sollte mindestens sechs volle Umdrehungen eingedreht sein.

Sattelposition justieren

1 Öffnen Sie die Schraube der Stützenklemmung zwei bis drei Umdrehungen, dann sollte sich die Stütze leicht bewegen lassen. Wenn nicht, wenden Sie keine Gewalt an, sonst wird die gesamte Sattelstütze beschädigt. Öffnen Sie die Schraube lieber etwas weiter. Hilft auch das nicht, muss das Rad zurück zum Händler. Lässt sich die Sattelstütze leicht bewegen, schieben Sie diese hinein oder heraus – je nach Bedarf.

2 Peilen Sie von oben über die Sattelspitze und das Oberrohr zum Tretlagergehäuse. Liegen diese drei Punkte mittig übereinander, können Sie die Sattelstützenschraube anziehen. Passt die Stütze genau zum Rahmen, müssen Sie nicht viel Kraft aufwenden, um die Klemmschraube anzuziehen. Halten Sie sich an die Bedienungsanleitung des Herstellers.

3 Packen Sie dann den Sattel kraftvoll vorne und hinten und versuchen Sie, ihn gegen den Rahmen zu verdrehen. Gelingt dies trotz geschlossener Stützenklemmung, müssen Sie die Stütze noch einmal für den nächsten gezeigten Montageschritt demontieren. Sehr häufig ist dies der Fall, wenn Stütze oder Klemmung aus Carbon bestehen. Montieren Sie Carbonstützen grundsätzlich ohne Fett; verwenden Sie stattdessen Carbon-Montagepaste.

Vorbau montieren

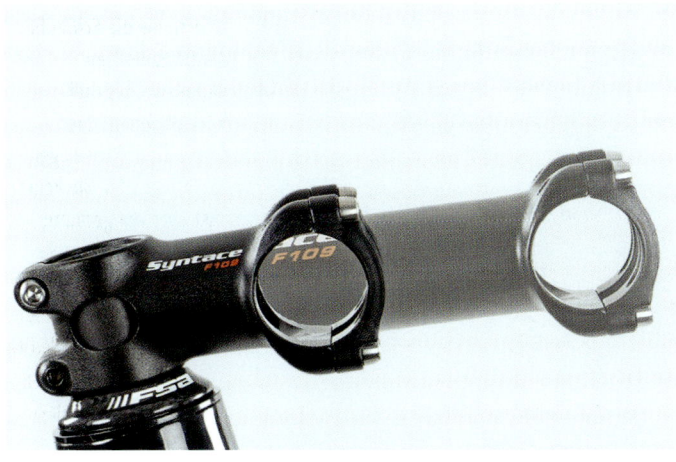

1 Anstatt den Sattel weit nach hinten zu schieben, hilft oft ein längerer Vorbau dabei, die Sitzposition angenehmer zu gestalten. Vorbauten gibt es von etwa 60 bis 140 mm Länge.

2 Carbongabeln sind eher ungeeignet dafür, den Lenker mittels vieler Distanzringe (Spacer) höher zu platzieren. Viele Hersteller empfehlen, an den empfindlichen Carbonschäften höchstens 50 Millimeter mit Spacern zu überbrücken.

3 Besser: Drehen Sie den Vorbau um. Fast alle aktuellen Vorbauten sind als »Flipflop«-Modelle in beiden Positionen montierbar. Das bringt je nach Vorbaulänge einen Höhenunterschied des Lenkers von knapp 15 bis zu 35 Millimeter.

Vorbau montieren

4 Wenn das nicht hilft, kommen Vorbauten in Frage, die von den klassischen Winkeln abweichen. Ein 17-Grad-Vorbau in 120 Millimeter Länge legt den Lenker nochmals rund zwei Zentimeter höher als ein nach oben gedrehter Sechs-Grad-Vorbau.

5 Stellen Sie sicher, dass die Züge einen längeren, höheren oder umgedrehten Vorbau mit anderem Winkel zulassen. Die Bögen zu Vorderbremse und Zuganschlägen am Rahmen müssen weit verlaufen. Schlagen Sie den Lenker ein, so können Sie prüfen, ob der hintere Bremszug lang genug ist. Andernfalls müssen Sie andere Züge montieren.

6 Bei der Montage von Lenker und Vorbau sollten Sie dünn Carbon-Montagepaste auftragen – und zwar auf den Klemmbereich des Gabelschaftes, in die Klemme des Vorbaus sowie auf den Klemmbereich des Lenkers, in die Lenkeraufnahme und den Deckel des Vorbaus. Das Festschrauben geschieht analog zur Sattelstütze.

Montage der Griffe am Lenker

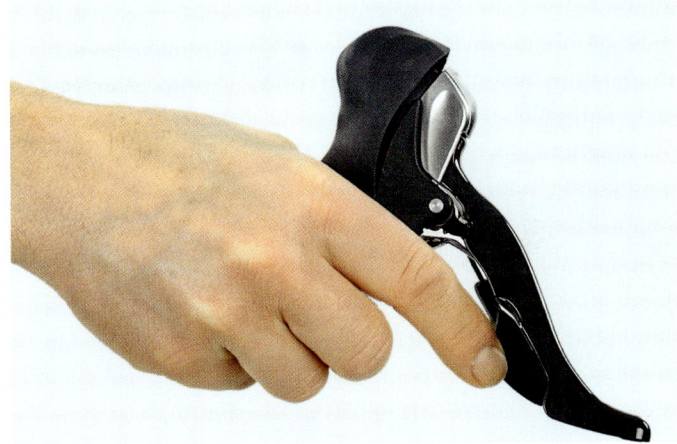

1 Entspannen Sie die Schalthebel vollständig, indem Sie die Bedientasten zum kleineren Kettenrad hin bei beiden Schaltbremsgriffen wiederholt drücken. Nur so können Sie die Züge später an die richtige Stelle der Schaltzugtrommeln einsetzen.

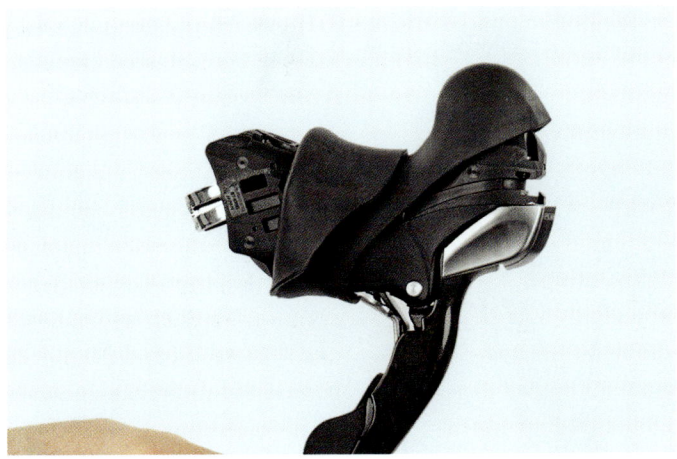

2 Schieben Sie den Griffgummi über den Höcker nach hinten und schlagen Sie die hintere Seite um.

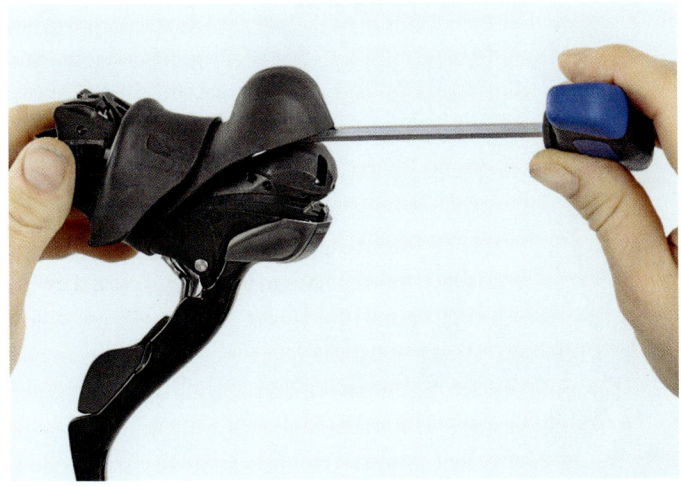

3 Schieben Sie einen langen Innensechskant unter den Griffgummi, sodass dieser in die Schraube der Befestigungsschelle eingreift. Drehen Sie die Schraube entgegen dem Uhrzeigersinn, bis die Schelle gelöst ist.

Montage der Griffe am Lenker

4 Bestreichen Sie den Montagebereich von Griff und Schelle am Lenker dünn und gleichmäßig mit Carbon-Montagepaste, zum Beispiel von Dynamic.

5 Schieben Sie die Schelle richtig herum (bei Campa Pfeil nach oben) auf den Lenker. Führen Sie Schelle und Griff erst an der Stelle zusammen, wo der Hebel sitzen soll. Drehen Sie den Innensechskant, bis die Schraube in der Schelle greift und der Griff leicht befestigt ist.

6 Bei modernen Lenkerformen bietet es sich an, die Oberseite des Griffkörpers in einer Linie mit der Oberkante des Oberlenkers auszurichten. Gleichen Sie abschließend die Position beider Griffe mit einer Leiste als Orientierungshilfe an.

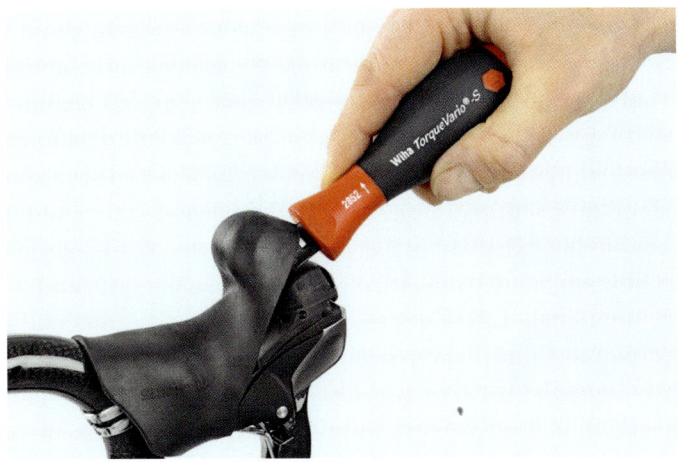

7 Drehen Sie die Befestigungsschraube mit dem Drehmomentschlüssel an, halten Sie dabei die Vorgabe des Lenkerherstellers ein. Sollten dazu keine Angaben vorliegen, fragen Sie nach. Generell sollte bei Carbonlenkern die Grenze (sechs Newtonmeter), welche die Griffhersteller angeben, nicht überschritten werden.

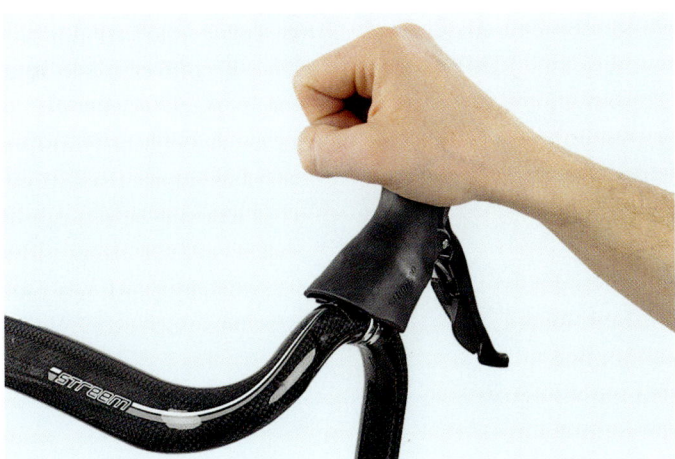

8 Kontrollieren Sie den festen Sitz indem Sie versuchen, den Griff gegen den Lenker zu verdrehen. Sitzt der Griff nicht fest, erhöhen Sie nicht das Drehmoment – der Lenker könnte beschädigt werden! Versuchen Sie es mit mehr Carbonpaste oder wählen Sie im Zweifelsfall ein anderes Lenkermodell.

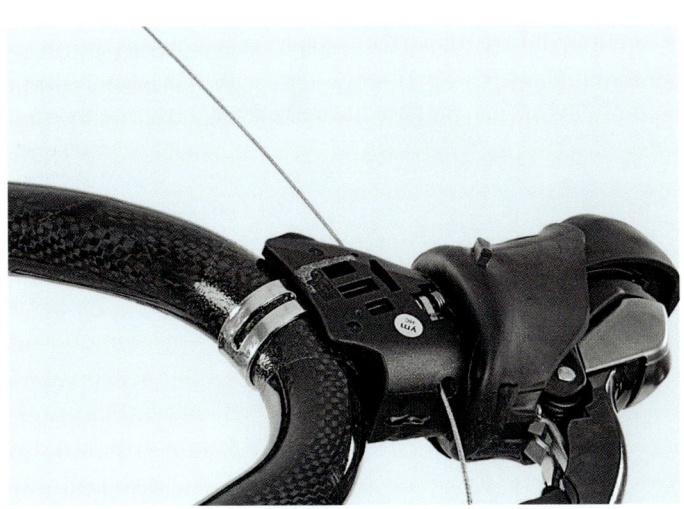

9 Ziehen Sie den Gummiüberzug nach vorne, bis die Öffnung für den Schaltzug frei liegt. Schieben Sie den Schaltzug durch die Öffnung an der Unterseite des Griffkörpers, bis dieser oben austritt.

Montage der Griffe am Lenker

10 Bei neuen Shimano-Griffen müssen Sie zum Einsetzen des Bremszuges die Abdeckkappe abschrauben. Nehmen Sie dann die Blende ab. Wird die Blende bei einem Sturz zerkratzt, lässt sie sich auch entsprechend einfach austauschen.

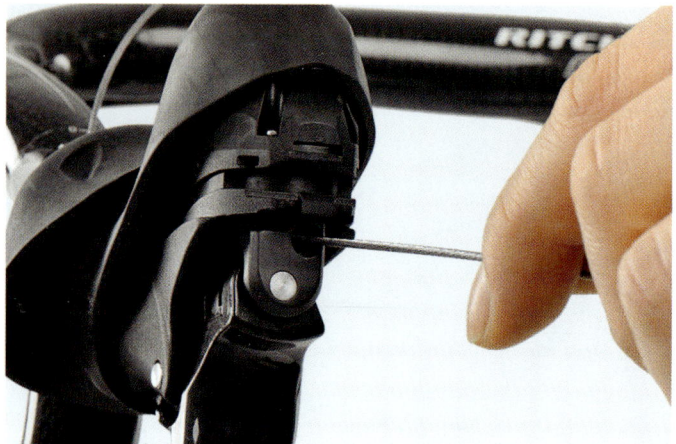

11 Ziehen Sie bei allen Modellen den Bremshebel und schieben Sie den Bremszug durch die Öffnung im gezogenen Hebel nach hinten durch, bis er die Öffnung im Griffkörper durchläuft. Schieben Sie die Außenhüllen ohne Endkappe auf die Bremszüge auf. Bei Shimano- und SRAM-Schaltzügen muss zum Griff hin eine Metallkappe montiert werden, bei Campagnolo nicht.

12 Richten Sie die Züge so aus, wie sie am Lenker verlaufen sollen. Kontrollieren Sie, ob am oberen Ende des Griffkörpers eine Kante zum Lenker entsteht. Polstern Sie den Übergang gegebenenfalls mit zugeschnittenen Lenkerbandstücken oder einem Silikonpad.

Lenkerneigung einstellen

1 Lösen Sie die Schrauben vorne am Vorbaudeckel zwei bis drei Umdrehungen. Der Lenker muss sich jetzt ohne Widerstand verdrehen lassen. Richten Sie den Lenker so aus, dass die Lenkerenden parallel zum Boden oder leicht nach unten zeigen. Die Oberkanten der Bremsgriffe sollten waagerecht ausgerichtet sein und keinesfalls nach unten zeigen.

2 Ist der Lenker ausgerichtet, kontrollieren Sie, ob er noch in der Mitte des Deckels liegt. Erkennbar ist dies an punkt- oder linienförmigen Markierungen auf dem Lenker, die beiderseits des Vorbaus zu sehen sein müssen. Drehen Sie die Schrauben des Deckels oben und unten gleichmäßig an.

3 Die Spalten müssen gleich groß sein und in sich parallel. Drehen Sie die Schrauben an – bei einer vorgegebenen Drehmoment-Spanne beginnen Sie mit dem niedrigeren Wert. Ziehen Sie Vier-Schrauben-Vorbauten über Kreuz an. Versuchen Sie mit kräftigem Druck, den Lenker nach unten zu drehen. Gelingt dies, erhöhen Sie das Anzugsmoment. Reicht das auch nicht, entfetten Sie Lenker und Vorbau und bringen Carbon-Montagepaste auf.

Lenkerhöhe einstellen

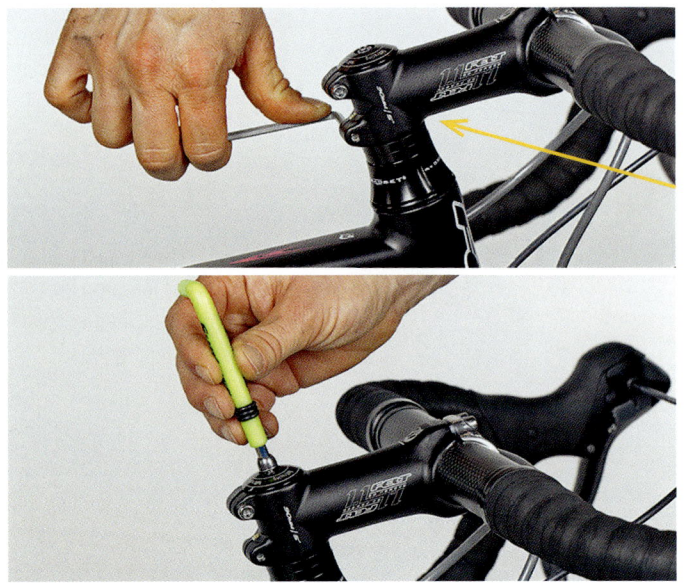

4 Beim gewindelosen Gabelschaft kann man die Lenkerhöhe nur mit Zwischenringen zwischen oberem Lager und Vorbau verstellen. Lösen Sie die Klemmschrauben seitlich am Vorbau, bis der sich leicht gegenüber der Gabel verdrehen lässt; meist genügen zwei bis drei Umdrehungen. Drehen Sie die oben liegende Schraube mitsamt dem Deckel ganz heraus. Beachten Sie, dass die Gabel jetzt, nachdem Sie die Schraube gelöst haben, nicht mehr fest ist. Wenn das Rad im Montageständer hängt, kann die Gabel unvermittelt aus dem Rahmen gleiten.

5 Schauen Sie sich die Position des Vorbaus zum Gabelschaft an. Die Oberkante des Gabelschafts muss immer etwa zwei bis drei Millimeter unterhalb der Oberkante des Vorbaus liegen, sonst kann das Lenkungslager nicht mehr eingestellt werden.

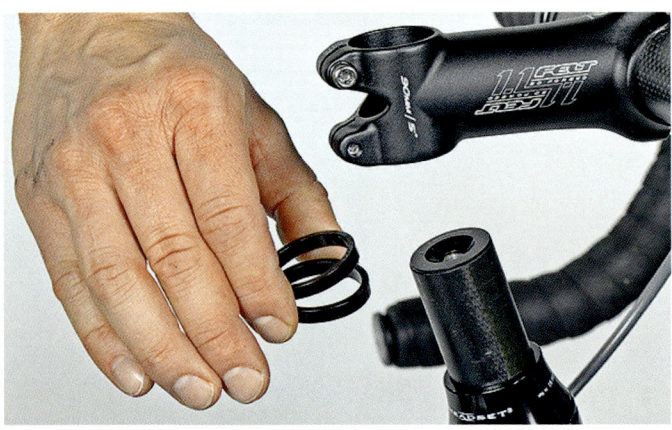

6 Ziehen Sie den Vorbau vom Gabelschaft. Jetzt können Sie Zwischenringe (Spacer) von unten nach oben und umgekehrt tauschen. Die Reihenfolge ist beliebig, weglassen oder hinzufügen kann man aber keinen. Legen Sie mindestes einen dünnen Ring unter den Vorbau, damit er nicht direkt auf die obere Lagerschale drückt.

7 Schieben Sie den Vorbau auf den Gabelschaft, legen Sie die Abdeckkappe auf und drehen Sie die Schraube zunächst nur lose hinein! Heben Sie das Rad an, bis das Vorderrad frei drehbar ist und kontrollieren Sie, ob es leichtgängig von links nach rechts schwenkt. Drehen Sie die Einstellschraube schrittweise an, bis ein erster Widerstand spürbar wird. **Tipp:** Mehrere Spacer über dem Vorbau sehen nicht schön aus. Lassen Sie stattdessen die Gabel kürzen, wenn Ihre Sitzposition passt.

8 Setzen Sie das Rad ab, ziehen Sie die Vorderbremse. Bringen Sie Gewicht auf den Sattel, schieben Sie das Fahrrad vor und zurück und kontrollieren Sie mit der anderen Hand, ob sich die Lagerschalen gegeneinander verschieben. Wenn ja, hat das Lager noch Spiel. Drehen Sie die Schraube erneut leicht an, kontrollieren Sie, ob sich die Gabel leicht dreht.

9 Stimmt das Lagerspiel, richten Sie den Vorbau gerade aus und ziehen die Klemmschrauben gleichmäßig an. Verwenden Sie einen Drehmomentschlüssel und halten Sie sich an die vorgegebenen Werte. Kontrollieren Sie zum Schluss den verdrehsicheren Sitz, indem Sie das Vorderrad zwischen die Knie klemmen und versuchen, den Lenker seitlich zu drehen.

Pedalplatten montieren

1 Stehen Sie locker und bequem und beachten Sie dabei Ihre Fußstellung, die Sie auf das Pedalsystem übertragen sollten. Bei den meisten Menschen stehen die Fersen leicht nach innen, die Füße bilden ein nach vorne offenes V.

2 Ob der Fuß fest oder seitlich beweglich im Pedal stehen soll, obliegt Ihrer individuellen Vorliebe. Look bietet Platten mit 0 Grad (schwarz), 4,5 Grad (grau) und 9 Grad (rot) Fersenfreiheit an. Bei Shimano gibt es ebenfalls eine fixe (rot) und eine bewegliche Version (gelb). Time lässt systembedingt immer etwas seitliches Spiel zu.

3 Gleich ist bei all diesen Systemen die Anbringung am Schuh. Sie werden mit drei Schrauben an das Bohrungsmuster des Look-Standards geschraubt. Kontrollieren Sie dennoch, ob die Platte sich der Sohlenkrümmung anpasst. Ist ein größerer Lichtspalt zu sehen, kann sich die Platte beim Festschrauben verziehen, was Probleme beim Ein- oder Ausstieg verursachen kann.

4 Passen die Konturen zusammen, legen Sie zuerst die Metall-Formteile ein. Achten Sie darauf, dass die Senkung der Einlegeplättchen bzw. deren Bund so orientiert ist, dass die Schrauben sauber aufliegen. Drehen Sie die Schrauben, wenn möglich mit den Fingern, zwei bis drei Umdrehungen an. Dies muss ohne Widerstand gelingen.

5 Justieren Sie die Pedalplatten zunächst in und quer zur Fahrtrichtung in der Mitte der Langlöcher. Legen Sie dann den kurzen Schenkel eines Winkels an die für den Einrastvorgang relevante Kante an. Die Ausrichtung des Schuhs zum langen Schenkel zeigt, wie der Schuh zur Fahrtrichtung stehen würde. Variieren Sie die Ausrichtung zur Fahrtrichtung nach Ihren Bedürfnissen.

6 Wer mit stark nach innen gedrehten Fersen fährt, sollte für die nötige Fersenfreiheit den Schuh im Bereich des Ballens weit außen positionieren, die Platten müssen also zur Schuh-Innenseite geschoben werden. Ist alles zusammengefügt, drehen Sie die Schrauben abwechselnd und gleichmäßig fest, am besten mit Drehmomentschlüssel und dem angegebenen Anzugsmoment.

Pedalplatten montieren

7 Erst wenn alle Schrauben gleichmäßig festgedreht sind, sollten Sie mit einem Fuß ins Pedal einrasten und überprüfen, dass weder Ferse noch Knöchel mit der Kurbel kollidieren.

8 Schauen Sie auch, dass der Fußballen mittig über der Pedalachse steht. Sollte er nicht richtig platziert sein, müssen Sie die Platte nochmals lösen und besser ausrichten.

9 So können Sie kontrollieren, ob die Pedalplatten an beiden Schuhen gleich montiert sind: Liegen die Pedalplatten bündig aneinander, sollten die Schuhfersen genau aufeinandertreffen.

Extra: Speedplay

1 Bei Schuhen mit entsprechenden Sohlenbohrungen können die Speedplay-Platten zusammen mit einer Edelstahlplatte als Zubehör direkt auf die Sohle montiert werden. Dann muss das Plattenunterteil mit der Drei-Loch-Befestigung entfernt werden. Demontieren Sie den Plattenverbund auf einer Tischplatte, denn es sind einige kleine Muttern vorhanden, die dabei verloren gehen könnten.

2 Bei Schuhen mit Look-Standard legen Sie die Grundplatte auf und kontrollieren Sie von der Seite her den Verlauf der beiden Konturen. Ist ein Lichtspalt vorhanden, müssen Sie diesen mithilfe der verschiedenen mitgelieferten Adapterstücke und Keile möglichst eng anpassen. Probieren Sie der Reihe nach die verschiedenen Varianten für vorne und hinten aus.

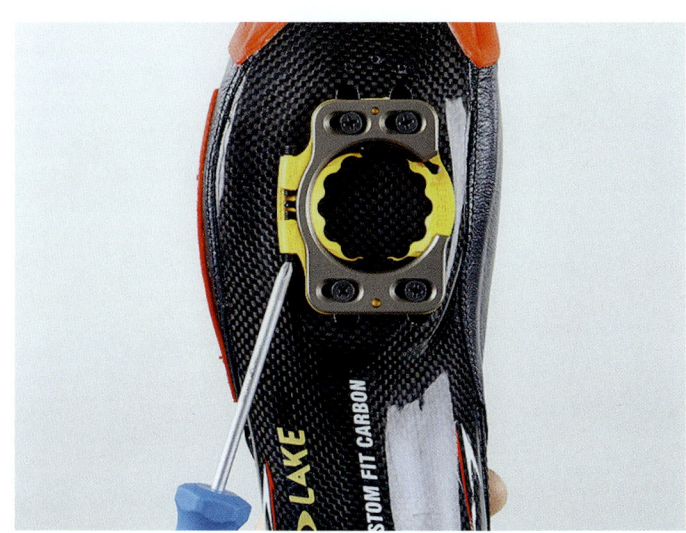

3 Beim Modell Zero lässt sich die Winkelfreiheit einstellen. Mit der in Fahrtrichtung vorne liegenden Schraube wird die Fußfreiheit nach innen zur Kurbel hin begrenzt. Mit der hinten Liegenden die nach außen. Wird die Beweglichkeit nach außen groß gestellt, muss der Fuß weiter gedreht werden, bis das Pedal den Fuß freigibt.

Gummikunde

Um die Reifen dreht sich alles beim Rennradfahren. Wir erklären die Unterschiede und zeigen, wie man die diversen Reifentypen richtig montiert.

Gäbe es für Rennräder eine Pannenstatistik, würde darin der Plattfuß mit großem Abstand Platz eins belegen. Mögliche Ursachen für einen Reifenschaden gibt es viele, oft entsteht ein Defekt sogar im Inneren des Systems aus Reifen, Schlauch, Felgenband und Felge. Das Zusammenspiel dieser vier Bestandteile ist komplex, die Anforderungen sind vielfältig und teilweise widersprüchlich. Die Räder sollen möglichst leicht und aerodynamisch sein, gut abrollen, auf dem Asphalt haften und Stöße abfedern, außerdem robust sein und lange halten.

Wichtigstes Kriterium zur Vermeidung von Pannen ist der korrekte Reifendruck. Wird der Reifen zu schwach aufgepumpt, droht beim schnellen Überfahren von Kanten ein Durchschlag: Der Schlauch wird zwischen Reifen und Felgenhorn gequetscht. Zwei kleine, längliche Löcher im Abstand der Felgenbreite sind das charakteristische Bild dieses Defekts, der als »snake bite« (Schlangenbiss) bekannt ist. Die Luftdruck-Kontrolle vor jeder Fahrt, am besten mittels einer Standpumpe mit Manometer, ist daher unerlässlich. Rahmen- oder Minipumpen sind dafür weniger geeignet, damit erzielt man den erforderlichen Luftdruck

nur mühsam und ungenau. Wie hoch der Druck im Reifen sein muss, hängt von Reifengröße und Fahrergewicht ab. Ein erster Anhaltspunkt ist das eigene Körpergewicht, geteilt durch zehn: ein 65 Kilogramm schwerer Fahrer ist mit einem Reifendruck von 6,5 bar gut unterwegs. Leichtere Fahrer erzielen einen guten Kompromiss, wenn sie ein bis zwei Bar unterhalb des Maximaldrucks bleiben, den der Reifenhersteller auf der Reifenflanke angibt; bei weniger als fünf bar allerdings steigt das Pannenrisiko wieder an. Schwerere Fahrer sollten den maximal möglichen Druck ausnutzen. Reifen härter aufzupumpen, bringt nichts, denn sie rollen dadurch nicht leichter; stattdessen leidet der Komfort, und das Risiko steigt, dass der Reifen abspringt.

Lagenbericht

Zum Schutz gegen äußere Verletzungen sollten möglichst viele Schichten feinen Gewebes unter der Lauffläche liegen. Standard sind drei Gewebelagen, besser wird der Schutz durch ein bis zwei zusätzliche Lagen Nylon- oder Kevlargewebe. Der Begriff »Kevlar« kann allerdings in die Irre führen: Er bezeichnet oft die faltbare Version eines Reifens, bei dem sich statt der

Drahtringe Stränge aus Kevlar im Reifenfuß befinden. Meistens wird der Reifen dadurch auch um rund 50 Gramm leichter.

Schläuche gibt es aus unterschiedlichen Materialien, wobei Butyl, das an seiner schwarzen Farbe leicht erkennbar ist, aufgrund ausgewogener Eigenschaften den sinnvollen Standard darstellt. Der Schlauch muss zur Reifengröße passen, sonst besteht die Gefahr, dass er bei der Montage bereits verletzt oder zu stark gedehnt und dadurch pannenanfällig wird. Schläuche verschiedener Hersteller und Preislagen unterscheiden sich hauptsächlich in Wandstärke und Länge des Ventils. Standardschläuche wiegen rund 100 Gramm, Exemplare mit weniger als 80 Gramm sind anfälliger gegen Durchschläge. Achten Sie beim Kauf auf die Länge des Ventils, vor allem, wenn Sie an Ihrem Rad Aerofelgen fahren. Wenn Sie im Reifentäschchen einen Schlauch mit kurzem Ventil spazierenfahren, ist die Fahrt nach einer Panne zu Ende, wenn Sie den defekten Schlauch nicht flicken können.

Hier hat ein zu großes und zudem scharfkantiges Ventilloch in der Felge das Ventil aus dem Schlauch gestanzt.

Dieser Schlauch war auf einer glatten Felge ohne Felgenband montiert und ist am Übergang von der Ventilverstärkung zum Ventil geplatzt.

Schon geübt?

Felgenbänder sollen den empfindlichen Schlauch von Speichen, Nippeln und scharfen Kanten der Felge fernhalten. Bewährt haben sich eingeklebte Textilgewebebänder. Kunststoff-Endlosbänder erfüllen ebenfalls ihre Funktion, allerdings nur, wenn sie in der Breite exakt zum Felgenboden passen. Gummi-Felgenbänder oder Isolierband sind bei Rennradreifen fehl am Platz!

Um unterwegs keine Überraschung zu erleben, ist es in doppelter Hinsicht empfehlenswert, die Reifendemontage und das Wechseln eines Schlauches zu Hause zu üben, auch wenn die Reifen in Ordnung sind. Dabei können Sie auch gleich den Felgenboden auf scharfkantige Stellen und das Felgenband auf passenden Sitz kontrollieren. Zwei wichtige Details, die von Herstellern leider oft übersehen werden.

WERKZEUG

Reifenmontierhebel, Luftpumpe, Senker, Schraubendreher
HILFSSTOFFE: Felgenband, Isolierband, Ventilverlängerungen

Laufrad aus- und einbauen

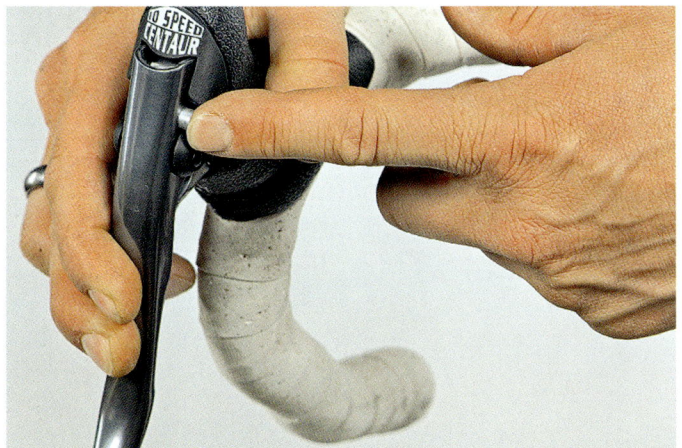

1 Öffnen Sie die Bremse. Bei Campagnolo dient dazu der kleine Riegel im Ergopower-Schaltbremsgriff. Ziehen Sie den Bremshebel leicht und schieben Sie den Stift zur anderen Seite, also von innen nach außen.

2 Shimano-Fahrer drehen den Entspannhebel direkt an der Bremse nach oben, damit die Bremsbeläge den Reifen durchlassen.

3 Zum Öffnen des Schnellspanners ziehen Sie am Hebel und stützen gleichzeitig die Hand mit dem Daumen am Rad ab.

Vorderrad

1 Beim Vorderrad müssen Sie anschließend die gegenseitige Mutter einige Umdrehungen öffnen, damit der Schnellspanner an den Ausfallsicherungen der Gabel vorbeigleiten kann.

2 Stellen Sie sich zum Einbau vor das Fahrrad, halten Sie es an der Gabel etwas hoch und stellen Sie die Ausfallenden der Gabel auf die Achse der Vorderradnabe. Der Hebel des Schnellspanners liegt rechts. Drehen Sie die Mutter wieder an, bis der Hebel beim Schließen deutlichen Widerstand aufbaut und kontrollieren Sie, dass das Rad in der Mitte zwischen den Gabelbeinen steht. Schließen Sie den Entspannhebel der Bremse.

TIPPS

▶ Üben wirkt Wunder – spielen Sie den Laufradwechsel auch mal ohne Not durch.

▶ Der Begriff »Schnellspanner« sagt's: Sie müssen sicher klemmen und so ausgerichtet werden, dass man schnell zugreifen kann.

▶ Radwechsel heißt immer: Bremsprobe vor der Weiterfahrt! Vergessen Sie nicht, den Entspannmechanismus der Bremse zu schließen.

Falsch

Richtig

Hinterrad ausbauen (1)

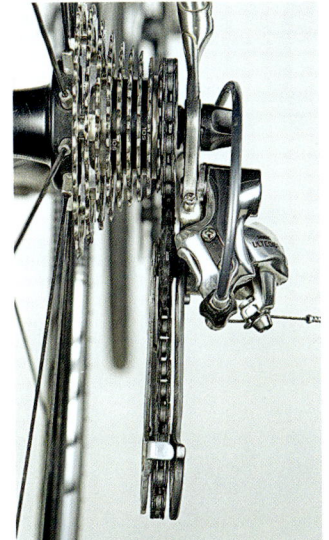

1 Bevor Sie den Schnellspanner öffnen, schalten Sie die Kette auf das kleinste Ritzel und das kleine Kettenblatt – so behindert der Gliederstrang den Radwechsel am wenigsten. Rennfahrer machen das übrigens beim Ausrollen, das spart Zeit!

2 Öffnen Sie den Schnellspanner. Fassen Sie den Rahmen an der Sattelstütze oder oben an den Sitzstreben und heben Sie das Hinterrad hoch. Geben Sie dem Laufrad einen Klapps von oben und leicht nach vorn. Das Laufrad springt aus den Ausfallenden und kann aus der Kette gefädelt werden.

3 Um das Hinterrad einzubauen, stellen Sie sich seitlich hinter das Fahrrad und fassen die linke Sitzstrebe. Heben Sie den Rahmen so weit hoch, dass Sie das Hinterrad von hinten einfädeln können. Führen Sie Rahmen und Laufrad so zusammen, dass die Kette auf dem kleinsten Ritzel zu liegen kommt.

4 Fassen Sie das Schaltwerk vorne am Parallelogramm und drücken Sie mit dem Daumen auf den Käfig des Schaltwerks, sodass dieses den Platz für das Ritzelpaket freigibt – die Achse gleitet in die Ausfallenden. Halten Sie den Rahmen weiter fest und ziehen Sie das Laufrad ganz in die Achsaufnahmen. Kontrollieren Sie, ob die Felge mittig zwischen den Hinterbaustreben steht, schließen Sie Schnellspanner und Bremsen-Entspannhebel.

Hinterrad ausbauen (2)

1 Bei nach hinten offenen Ausfallenden geht der Laufradwechsel am besten, wenn man das Rad in einen Montageständer hängt. Unterwegs ist es hilfreich, den Sattel des Rades an Zaun oder Mauer anzulehnen. Kette aufs kleinste Ritzel schalten, Bremse und Schnellspanner öffnen. Halten Sie den Hinterbau des Rahmens fest und ziehen Sie das Laufrad nach hinten aus den Ausfallenden heraus, um die Achse dann gleich nach vorne und unten hin am Schaltwerk vorbeizuführen.

2 Gelingt das nicht in einem Schwung, stellen Sie das Laufrad auf dem Boden ab und fassen das Schaltwerk vorne am Parallelogramm. Drücken Sie mit dem Daumen den Leitrollenkäfig nach unten. Das so gespannte Schaltwerk gibt eine Lücke frei, durch die der Achsstummel samt Schnellspannermutter schlüpfen kann, wenn Sie das Laufrad von hinten etwas anschieben, etwa mit dem Knie.

3 Spannen Sie zum Einbau das Schaltwerk wie unter Punkt 2 beschrieben und setzen Sie die Kette auf das äußerste Ritzel. Wichtig ist, dass das Parallelogramm dabei nicht nach innen schwenkt. Klemmen Sie das Hinterrad mit den Knien und führen Sie den Rahmen zuerst nach vorne, dann nach unten und wieder nach hinten, sodass die Achse in die Aufnahmen gleitet. Kontrollieren Sie, ob die Felge mittig steht, schließen Sie Schnellspanner und Bremse.

Reifen demontieren

1 Schrauben Sie die Ventilkappe ab, öffnen Sie die Rändelmutter oben am Ventil und drücken Sie diese in den Ventilkörper, bis die Luft vollständig entwichen ist. Drücken Sie beide Flanken der Reifendecke über den gesamten Radumfang zusammen, sodass der Reifenfuß in der tiefsten Stelle des Felgenbetts liegt.

2 Schieben Sie einen Reifenmontierhebel neben dem Ventil unter den Reifenfuß. Arbeiten Sie beim Hinterrad auf der Gegenseite des Zahnkranzes, so vermeiden Sie Verletzungen, falls Sie abrutschen. Die stumpfe Seite des Hebels zeigt zum Schlauch. Hebeln Sie den Reifen über die Felgenflanke, bevor Sie den zweiten Hebel rund zehn Zentimeter daneben ansetzen. Hebeln Sie auch hier die Flanke über die Bremsfläche.

TIPPS

▸ Beste Pannenvorsorge: Angepasster Reifendruck, den Sie regelmäßig einmal pro Woche kontrollieren sollten.
▸ Viele Pannen entstehen von innen, wenn Felgenbänder verrutschen und die Kanten der Speichenlöcher freigeben. Prüfen Sie regelmäßig deren korrekten Sitz.
▸ Verwenden Sie zur Reifenmontage nur Reifenheber aus Kunststoff!

3 Halten Sie Hebel 1 fest und schieben Sie Hebel 2 unter der Reifenflanke über den gesamten Umfang herum. Gelingt dies nicht, ziehen Sie Hebel 2 heraus und setzen ihn zehn Zentimeter weiter erneut an. Ziehen Sie den Schlauch zur Seite heraus, lassen Sie aber das Ventil noch im Ventilloch der Felge stecken: So finden Sie die entsprechende Defektstelle in der Reifendecke leichter.

Schlauch austauschen

4 Führen Sie den aufgepumpten Schlauch am Ohr vorbei – wo Sie ein Zischen hören, befindet sich die defekte Stelle. Liegt das Loch auf der zur Felge gewandten Seite, können schlechtes Felgenband, ein Grat an der Felge oder ein von der Fertigung stammender Span die Ursachen gewesen sein. Zeigt das Loch zur Fahrbahn, hat ein scharfkantiger Gegenstand den Reifen durchstochen. Zwei längliche Löcher seitlich deuten auf einen Durchschlag hin. Entfernen Sie den defekten Schlauch.

5 Pumpen Sie den Ersatzschlauch leicht an, bis er eine runde Form annimmt. Vergewissern Sie sich, dass im Inneren der Reifendecke keine Fremdkörper mehr sind. Setzen Sie die Felge nicht mehr auf der Erde sondern auf Ihren Schuhen ab, damit kein Schmutz ins Reifeninnere gelangt. Stecken Sie das Ventil ins Ventilloch und schieben Sie den Schlauch auf beiden Seiten gleichmäßig in die Reifendecke. Der Schlauch darf dabei nicht gedehnt, gestaucht oder gefaltet werden.

6 Liegt der Schlauch sauber im Reifen, drücken Sie die Reifenseitenwand mit den Fingern über die Bremsfläche der Felge. Beginnen Sie an der dem Ventil gegenüberliegenden Seite und arbeiten Sie sich gleichmäßig nach beiden Seiten voran.

Reifen montieren

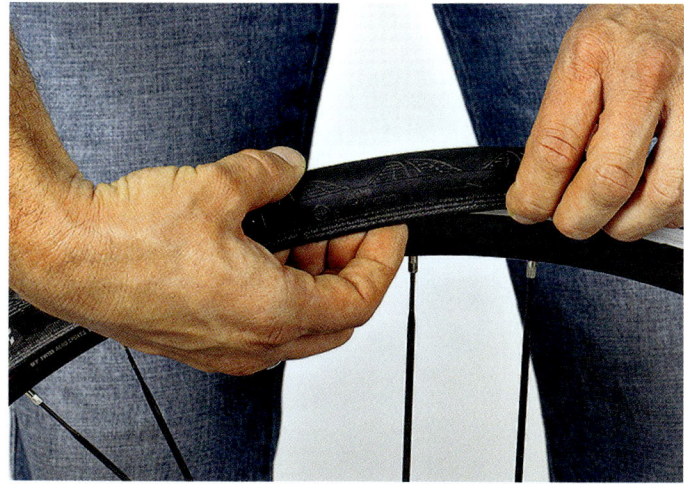

7 Schieben Sie den Schlauch gleichmäßig in den Reifen hinein, damit er nicht zerquetscht wird. Wenn noch 20 bis 30 Zentimeter zu bewältigen sind, stellen Sie die Felge auf den Fußspitzen ab. Das Ventil sollte unten liegen.

8 Ziehen Sie den Reifen mit beiden Händen kräftig nach unten zum Ventil hin. Halten Sie den Reifen in dieser Stellung an der Felge fest und stützen Sie das Rad in der Hüftbeuge ab. Drücken Sie die Reifenflanke vollständig in das Reifenbett hinein.

9 Gelingt dies nicht von Hand, schieben Sie den Schlauch sicherheitshalber nochmals ins Innere. Setzen Sie dann zwei Reifenmontierhebel mit der abgerundeten Seite zum Schlauch an. Hebeln Sie den Reifen mit beiden Montagehilfen gleichzeitig über das Felgenhorn. Klappt auch das nicht, ist der Reifen vermutlich zu klein für Ihre Felge. Versuchen Sie Reifen eines anderen Herstellers.

Reifen montieren

10 Drücken Sie das Ventil kurz in den Reifen hinein. Dadurch wird der Schlauch unter dem Reifenfuß hervorgeholt, falls Sie ihn bei der Montage eingeklemmt haben. Pumpen Sie den Schlauch nur so weit auf, dass sich der Reifen noch seitlich hin und her bewegen lässt.

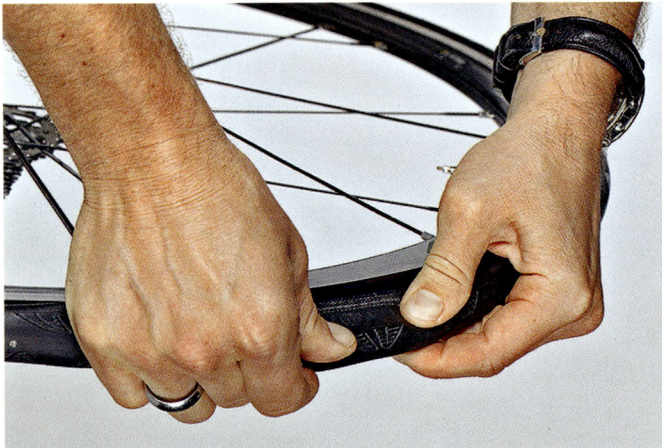

11 Walken Sie den Reifen über den gesamten Umfang hin und her und schauen Sie nach, dass der Schlauch an keiner Stelle zwischen dem Fuß des Reifens und der Felge eingeklemmt ist. Pumpen Sie den Reifen abschließend auf. Den zulässigen Reifendruck vermerken die Hersteller auf dem Etikett oder auf dem Gummi der Reifenflanke.

12 Versetzen Sie zum Schluss das Laufrad in langsame Drehung. Betrachten Sie dabei den Kontrollring auf der Reifenflanke in der Nähe der Felgenkante. Er muss auf beiden Seiten in gleichmäßigem Abstand zur Felgenkante verlaufen. Ist dies nicht der Fall, müssen Sie die Luft nochmals ablassen und den Sitz des Reifens kontrollieren, sonst wird eventuell der Schlauch eingeklemmt, und die nächste Panne ist da.

Tipps für schlauchlose Reifen

1 Die Ventilmutter muss bei schlauchlosen Reifen regelmäßig auf festen Sitz kontrolliert werden. Ist das Ventil lose, verliert der Reifen schnell Luft.

2 Bei der Montage schlauchloser Reifen müssen der Reifenfuß und die Felgenhörner auf beiden Seiten mit spezieller Lösung befeuchtet werden. In der Regel tut's auch mit Wasser verdünntes Spülmittel. Nur so rutscht der Reifen in sein Bett und wird luftdicht.

3 Die Montage entspricht der von Drahtreifen. Beginnen Sie an der dem Ventil gegenüberliegenden Seite und drücken Sie den Reifen so weit es geht mit den Händen ohne Werkzeug in das Felgenbett. Richten Sie den Reifen gleichmäßig aus.

Tipps für schlauchlose Reifen

4 Schlauchlose Reifen bei der Neumontage mit einer Minipumpe aufzupumpen ist aussichtslos; auch mit einer Standpumpe sind die Chancen gering – damit können Sie schlauchlose Reifen aber nachpumpen. Lediglich ein elektrischer Kompressor, eventuell auch eine CO_2-Patrone, schafft den plötzlichen Druckanstieg, der nötig ist, damit der Reifen sauber und dicht ins Felgenbett springt. Signalisiert wird dies durch einen deutlich hörbaren Knall.

5 **Tipp:** Blasen Sie den Reifen mit Reparaturspray für unterwegs auf – so ist der Pannenschutz schon integriert. Schieben Sie dazu den Spraykopf auf das Ventil. Richten Sie die Flasche so aus, dass die Öffnung des Kopfes sauber mit dem Ventil fluchtet. Halten Sie mit einem Finger den Kopf oben fest und drücken Sie die Flasche gegen den Kopf – etwa zwei Minuten lang. Ziehen Sie sie dann ruckartig vom Ventil. Fahren Sie anschließend ein paar Kilometer, damit sich die Latexmilch im Reifen verteilt.

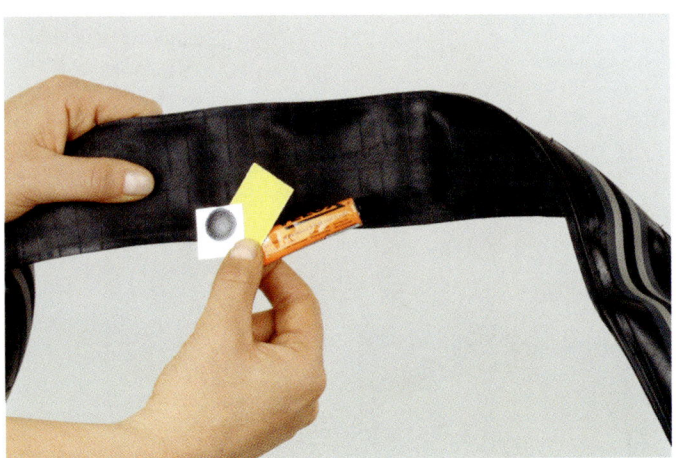

6 Bei Löchern können Sie den Reifen von innen so reparieren wie einen Schlauch. Hatten Sie zuvor Latexmilch eingefüllt, müssen Sie die an der Reparaturstelle allerdings gründlich entfernen, sonst hält der Flicken nicht. Blasen Sie den Reifen anschließend wieder mit dem Spray auf. Bei kleinen Schäden reicht es, wenn Sie nur das Spray einsetzen. Üben Sie den Einsatz des Sprays zu Hause, die Handhabung ist nicht ganz einfach!

Schlauchreifen aufkleben

1 Neue Felgen können sehr glatt sein, Carbonfelgen sogar klar lackiert. Rauen Sie deshalb die Oberfläche mit grobem Schmirgelleinen etwas an. Säubern Sie das Felgenbett mit Spiritus oder Reinigungsbenzin von Fett oder Öl. Lassen Sie das Lösungsmittel vollständig verdampfen, bevor Sie mit der Montage der Reifen beginnen.

2 Bei bereits benutzten Felgen muss das Klebstoffbett gleichmäßig und glatt sein. Wenn nicht, schleifen Sie die Oberfläche mit grobem Schmirgelleinen weitgehend eben.

3 Pumpen Sie den Reifen leicht rund, stecken Sie das Ventil in das Loch der Felge. Drücken Sie den Reifen vom Ventil ausgehend beidseitig gleichmäßig in das Reifenbett, wie dies ab Bild 6 auf Seite 70 beschrieben wird.

Vorbereitungen

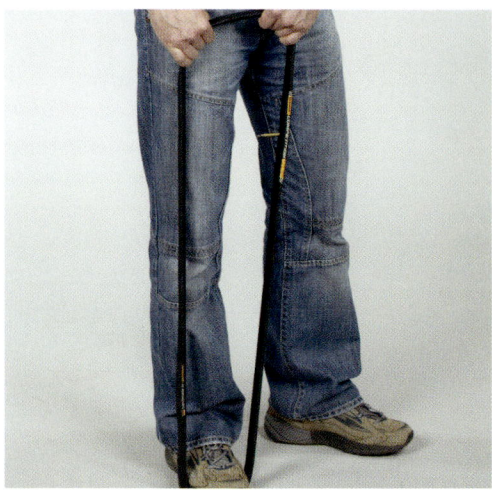

4 Lässt sich der Reifen nicht oder nur mit großem Kraftaufwand ganz auf die Felge schieben, muss der Reifen erst gedehnt werden, sonst klappt eine saubere Montage nicht. Lassen Sie die Luft wieder ab und dehnen Sie den Reifen wie gezeigt mehrmals über den gesamten Umfang. Prüfen Sie anschließend erneut, ob sich der Reifen gut montieren lässt.

5 Versetzen Sie das Rad mit aufgezogenem Reifen in Drehung und überprüfen Sie den Rundlauf. Ist zum Beispiel der Ventilaustritt am Reifen verdickt, ist ein Höhenschlag die Folge, das Rad holpert. Entgraten oder senken Sie das Ventilloch vorsichtig mit einer Rundfeile an. Führen Sie die Feile nur von außen nach innen und nicht zurück, sonst lösen sich eventuell Fasern aus der Kunststoffmatrix. Versiegeln Sie die Stelle mit Klarlack oder Sekundenkleber.

6 Überprüfen Sie die Ventillänge: Der Ventilschaft muss mindestens 10 bis 15 Millimeter aus der Felge ragen, damit alle denkbaren Pumpenköpfe darauf passen.

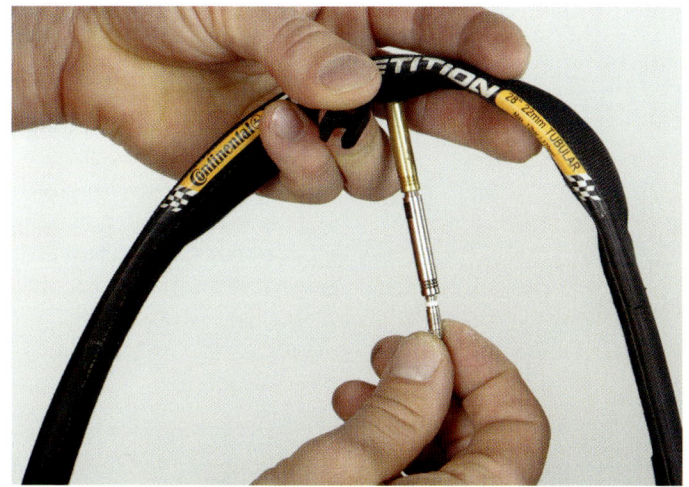

7 Montieren Sie andernfalls eine Ventilverlängerung, diese wird von vielen Laufradherstellern mitgeliefert. Lässt sich das Originalventil herausschrauben, sind eingeschraubte Verlängerungen als Zwischenstück die bessere Wahl. Bei Hülsen, die über das Ventil geschraubt werden, muss ansonsten die Rädelmutter offen bleiben oder die Verlängerung jedes Mal zum Pumpen erst abgeschraubt werden, um die Mutter zu öffnen.

8 Damit es später nicht bei jeder Radumdrehung rhythmisch klappert, wickeln Sie auf Höhe des Felgenloches einige Lagen Klebeband um den Ventilschaft. Stellen Sie aber sicher, dass das Ventil noch durchs Loch passt!

9 Ideal ist es, die so vorbereiteten neuen Reifen auf den Felgen im aufgepumpten Zustand einige Tage abzustellen. Das erleichtert die Montage.

Reifen aufkleben

1 Am einfachsten lässt sich der Kleber aufbringen, wenn das Laufrad in einem Zentrierständer oder in einer alten, im Schraubstock eingespannten Gabel hängt. Wer schon geübt ist, kann direkt aus der Tube kleben, allen anderen erleichtert ein Pinsel mit steifen Borsten die Arbeit.

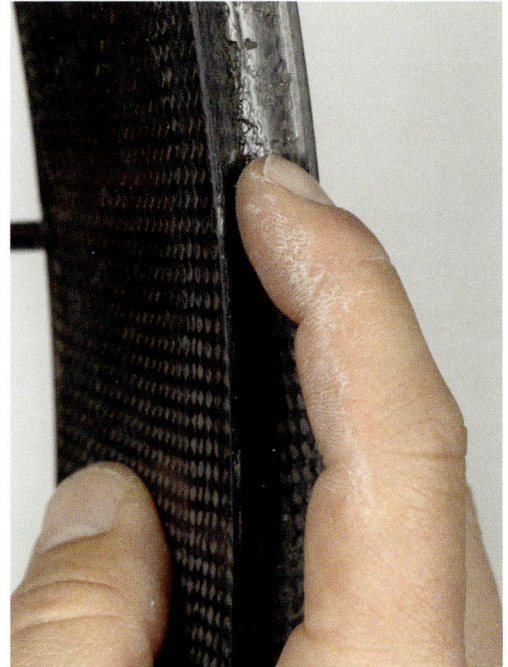

2 Um mit flüssigem Reifenkitt einen gut haftenden Untergrund zu schaffen, sind mehrere Lagen notwendig. Verteilen Sie den Reifenkitt gleichmäßig und möglichst dünn über nahezu den gesamten Umfang der Felge. Auf der dem Ventil gegenüberliegenden Seite lassen Sie fünf bis zehn Zentimeter frei, damit Sie später einen Angriffspunkt haben, um den Reifen wieder abzuziehen.

3 Lassen Sie den Reifenkitt so lange antrocknen, bis er sich auf Fingerdruck nicht mehr klebrig-feucht anfühlt. Das kann mehrere Stunden dauern.

4 Bringen Sie auf diese Weise zwei weitere dünne Schichten Kleber auf die Felge, und zum Schluss eine Schicht auf das Nahtschutzband des Reifens. Lassen Sie Felge und Reifen in diesem Zustand über Nacht stehen.

5 Bevor Sie den Reifen montieren, vervollständigen Sie das Klebstoffbett mit einer letzten Schicht Kitt. Streichen Sie auch das Nahtschutzband des Schlauchreifens mit Klebstoff ein. Wenn der Kitt kurz abgelüftet hat, stellen Sie die Felge mit dem Ventilloch nach oben auf den Boden. Wenn Sie den Kitt gegenüber dem Ventil weggelassen haben, bleiben Reifen und Felge dort sauber. Stecken Sie das Ventil des leicht angepumpten Reifens ins Ventilloch der Felge und drücken Sie es fest an.

6 Achten Sie darauf, dass die Reifenflanken das Kittbett nicht berühren, sonst sieht der Reifen sofort schmutzig aus. Umgreifen Sie den Reifen mit den Händen gleichmäßig jeweils etwa 10 bis 15 Zentimeter links und rechts des Ventils und ziehen Sie ihn sehr kräftig zur Seite und dann nach unten.

Kleben

7 Heben Sie den Reifen so Stück für Stück ins Felgenbett. Mit einer leichten Drehbewegung rollt der Reifen gleichsam in das Bett. Fahren Sie gleichmäßig fort, bis unten noch etwa 20 Zentimeter verbleiben.

8 Ziehen Sie den Reifen, abermals oben am Ventil beginnend, nach unten, bis Sie an die noch zu montierende Stelle gelangen. Halten Sie den Reifen unter Spannung, indem Sie die Finger an der Felge und die Daumen am Reifen abstützen, und setzen Sie das Laufrad in der Hüftbeuge ab. Drücken Sie den Reifen mit beiden Daumen über den Felgenrand.

9 Nachdem der Reifen im Bett sitzt, muss er zentriert werden, da er in den seltensten Fällen sofort rund läuft. Spannen Sie das Laufrad dazu wieder in die Montagehilfe ein und drehen Sie es. Sitzt die Lauffläche nicht mittig, oder taumelt der Reifen seitlich, heben Sie die betreffende Stelle hoch und lassen Sie diese leicht verdreht wieder los.

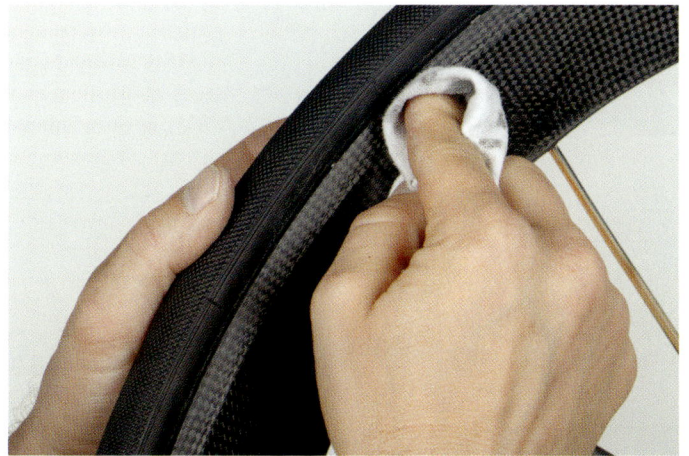

10 Wischen Sie Klebstoffreste von der Felgenflanke und von der Seitenwand des Reifens mit Reinigungsbenzin ab. Wenn der Reifen ohne Seitenschlag läuft und sauber ist, nehmen Sie das Laufrad aus der Halterung und pumpen Sie den Reifen bis etwa zur Hälfte des Nenndrucks auf.

11 Belasten Sie das Rad über die Achsenenden und den Schnellspanner und schieben Sie es mehrere Meter über den Boden. Rollen Sie das Rad senkrecht und auch einige Umdrehungen in Schräglage ab. Läuft der Reifen bei der abschließenden Kontrolle rund, pumpen Sie den Reifen mit dem maximalen Druck auf und warten Sie mindestens acht Stunden, besser jedoch einen ganzen Tag, bevor Sie das erste Mal damit starten.

Demontieren

Drücken Sie den Reifen auf der dem Ventil gegenüberliegenden Stelle zur Seite, bis sich ein Spalt bildet. Schieben Sie einen Kunststoff-Montierhebel in diesen Spalt und hebeln Sie den Reifen dann herunter.

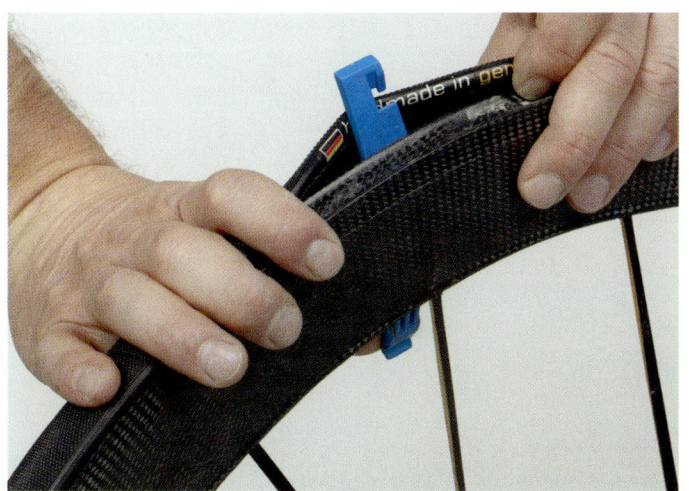

Kleine Ventilkunde

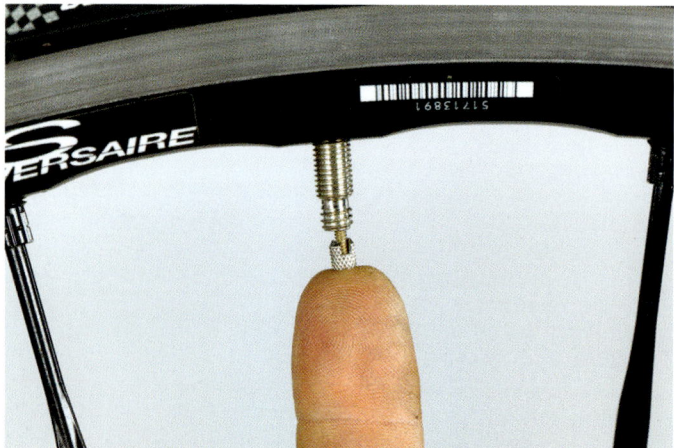

1 Dass ein Rennventil losgedreht werden muss, damit Luft ins Schlauchinnere gepumpt werden kann, hat sich mittlerweile herumgesprochen. Mancher Pumpversuch scheitert jedoch, weil die leicht festklebenden Ventilkegel nicht so weit hineingedrückt werden, bis der Durchstrom frei ist.

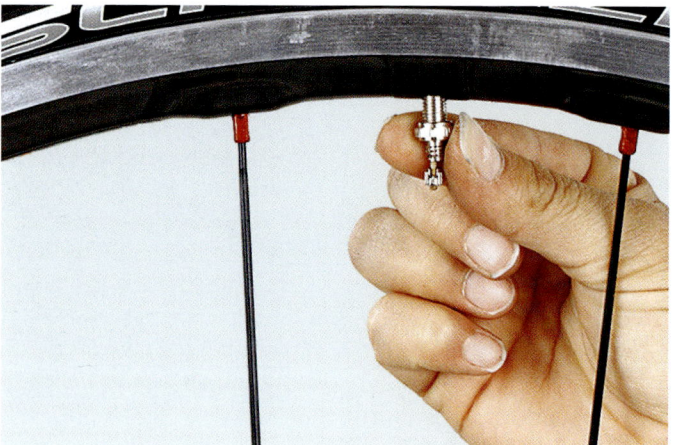

2 Ventilmuttern bieten Vor- und Nachteile. Eigentlich sind sie unnötig, wenn die Ventilbohrung im Durchmesser zum Ventil passt. Beim Aufpumpen können Ventilmuttern hilfreich sein, damit das Ventil nicht nach innen gedrückt und der Schlauch beschädigt wird. Danach können Sie die Mutter wieder abdrehen.

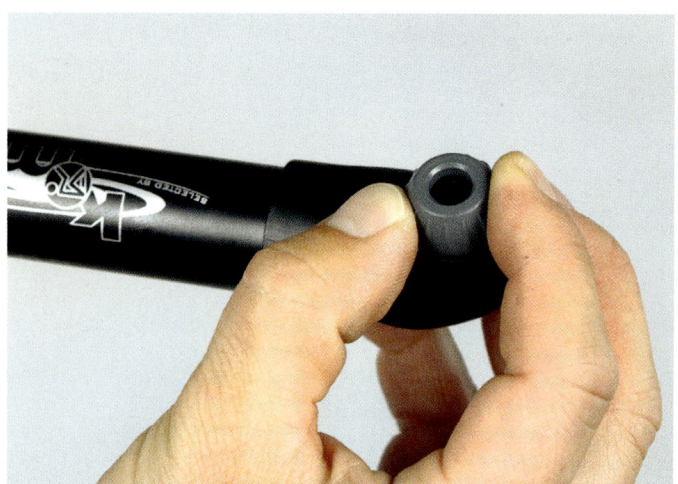

3 Zischt bei jedem Pumpstoß Luft am Ventil vorbei ins Freie, liegt das am verschlissenen Dichtgummi im Pumpenkopf. Die Verbindung wird oft wieder dicht, wenn Sie den Haltering drehen, denn dann wird der Pumpengummi gequetscht, und die kleinere Öffnung umschließt den Ventilkörper wieder fest.

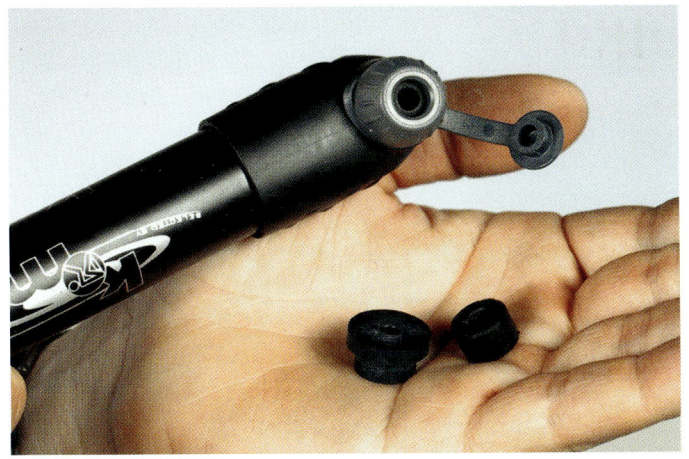

4 Pumpengummis sind Verschleißteile, weshalb man diese eigentlich bei jeder Hand- und Standpumpe ersetzen kann. Beschaffen Sie sich rechtzeitig Ersatz im Fachhandel.

5 Platten entstehen oft durch Quetschungen des Schlauchs beim Überfahren einer Kante oder eines Schlaglochs. Abhilfe: Angepasster Reifendruck, den Sie regelmäßig kontrollieren sollten. Faustregel: Fahrergewicht (plus evtl. Gepäck), geteilt durch 10, in bar. Die Druckobergrenze vermerken die Hersteller entweder auf dem Typenetikett oder auf der Reifenflanke.

6 Leichter Luftverlust deutet nicht zwingend auf einen beschädigten Schlauch hin. Wenn das Ventil des Schlauches aus einem Schaft mit eingedrehtem Einsatz besteht, kann die Luft an der Einschraubstelle entweichen. Kontrollieren Sie mit einem Ventilwerkzeug aus dem Fachhandel oder notfalls einer kleinen Zange (vorsichtig!), ob das Ventil festgedreht ist.

Kleine Ventilkunde

7 Wenn ein Fremdkörper gegen das Ventil stößt, verbiegt leicht der filigrane Gewindestift, auf dem die gerändelte Mutter gedreht wird. Besonders häufig treten diese Defekte etwa beim Versand auf, wenn man die Laufräder verpackt oder stapelt. Schrauben Sie deshalb zum Transport Staubkappen auf.

8 In manchen Felgen ist die Ventilbohrung etwas zu groß geraten, weshalb Ventile schräg stehen können. Ziehen Sie nicht am Ventil, sondern lassen Sie die Luft ab und demontieren Sie eine Reifenflanke. Richten Sie den Schlauch neu aus, sodass das Ventil gerade steht und hebeln Sie den Reifen wieder ins Felgenbett.

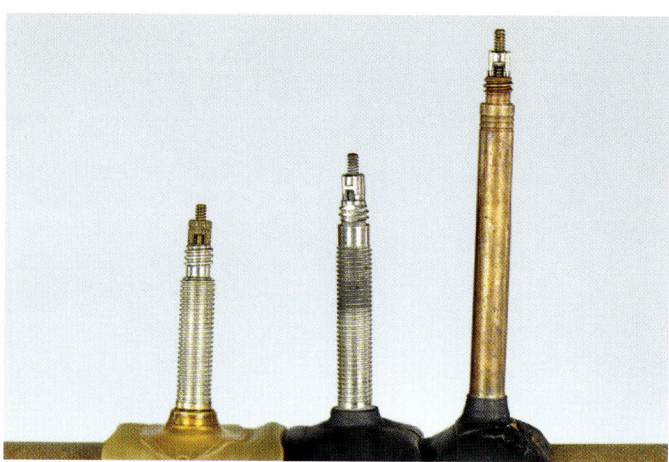

9 Felgen unterscheiden sich stark in der Höhe der Profile. Mittlerweile führt fast jeder Hersteller Schläuche mit unterschiedlich langen Ventilen von 35 bis 65 Millimeter. Um ordentlich pumpen zu können, sollte das Ventil etwa 20 Millimeter aus der Felge ragen, gemessen bis zum Ende des Gewindestifts. Manche Schläuche, vor allem aber Schlauchreifen können durch Ventilverlängerungen angepasst werden.

 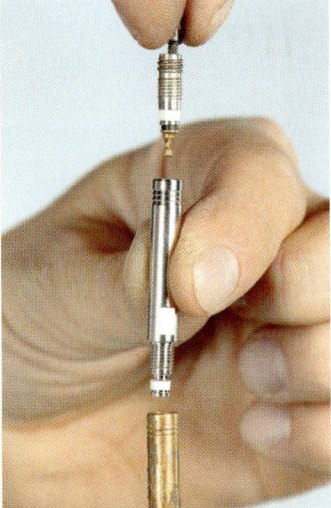

10 Funktionelle Variante (rechts): Verlängerung, die zwischen Ventileinsatz und -körper geschraubt wird. Das Ventil bleibt dicht, Handhabung wie gewohnt. Weniger praktisch (links): Röhrchen, die aufs Ventil geschraubt werden. Sie sind nicht so dicht, das Pumpen wird erschwert, weil das Ventil aufgedreht werden muss, bevor die Verlängerung aufgeschraubt wird, und es kann im Gebrauch schwergängig werden. Dann müssen Sie die Rändelmutter mit einer Speiche oder Ähnlichem hineindrücken.

11 Lange Ventile in Aerofelgen neigen dazu, bei jeder Umdrehung gegen den Lochrand zu kippen und dabei nervtötend zu klappern. Kleben Sie auf Höhe des Kontaktbereiches zur Felge zwei bis drei Lagen Isolierband um den Ventilkörper. Das Geräusch wird Geschichte sein.

Laufrad-Kontrolle

1 Lassen Sie Luft ab, demontieren Sie den Reifen. Prüfen Sie, ob das montierte Felgenband gleichmäßig auf dem Felgenboden sitzt und alle Löcher abdeckt. Es darf auch nirgends seitlich am Felgenrand hochgeschoben sein.

2 Das Felgenband darf nicht eingerissen, gespalten oder umgeklappt sein. Insbesondere Bänder aus Polypropylen verspröden. Oft ist das Loch fürs Ventil im Band zu groß oder ungünstig geformt. Tauschen Sie schadhaftes Band aus.

3 Ist die Ventilbohrung zu groß, zerren Sie das Ventil nicht in Position: Lassen Sie die Luft ab, demontieren Sie eine Reifenflanke und richten Sie den Schlauch aus. Ein Felgenband mit kleinerem Loch kann das Ventil zusätzlich senkrecht halten.

Neue Felgen kontrollieren

1 Scharfkantige Ventil-bohrungen können Schlauchventile regelrecht ausstanzen. Entgraten Sie an neuen Felgen die Bohrung mit einem Handsenker oder einem genügend großen Bohrer und glätten Sie den Bereich mit Schmirgelleinen.

2 Überprüfen Sie neue Felgen gründlich, entfernen Sie Grate und scharfe Kanten mit einem Dreikantschaber oder Handsenker. Kontrollieren Sie auch den Felgenstoß; unsaubere Kanten können Reifen-flanke oder Schlauch aufschneiden.

3 Kleben Sie auf Felgen ohne Speichenlöcher einen etwa zehn Zenti-meter langen Felgen-bandstreifen über die Ventilbohrung. Das schützt den Schlauch und seinen Ventilbereich vor der scharfen Kante der Ventilbohrung.

Endlos-Felgenbänder

1 Kunststoffbänder müssen exakt zur Breite des Felgenbodens passen. Nur so decken sie alle Löcher ab und liegen gleichmäßig auf. Das Ventilloch des Bandes darf nicht größer sein als das der Felge.

2 Sichern Sie das Endlosband mittels Schraubendreher im Ventilloch gegen Verrutschen. Ziehen Sie das Band vom Ventil aus auf, drücken Sie es ganz ins Felgenbett. Achten Sie darauf, dass das Band nicht umklappt und sich nicht faltet.

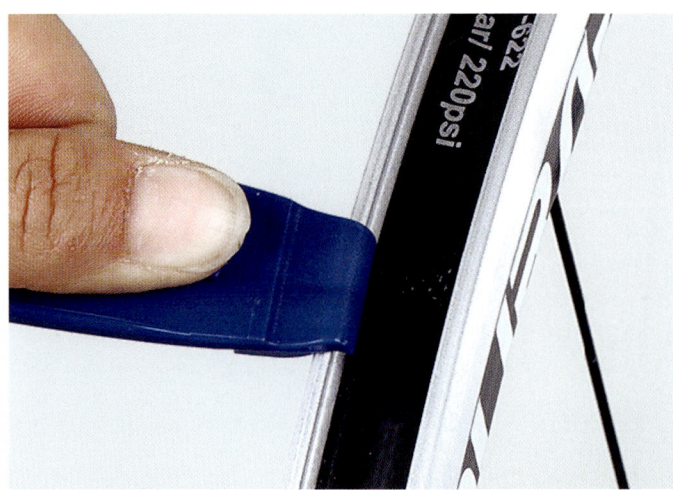

3 Ein zu schmales Band, das während der Montage noch alle Löcher bedeckt, kann beim Aufziehen der Reifen unbemerkt verrutschen und zur Gefahr werden. Prüfen Sie den zuverlässigen Sitz vor der Reifenmontage.

Geklebte Felgenbänder

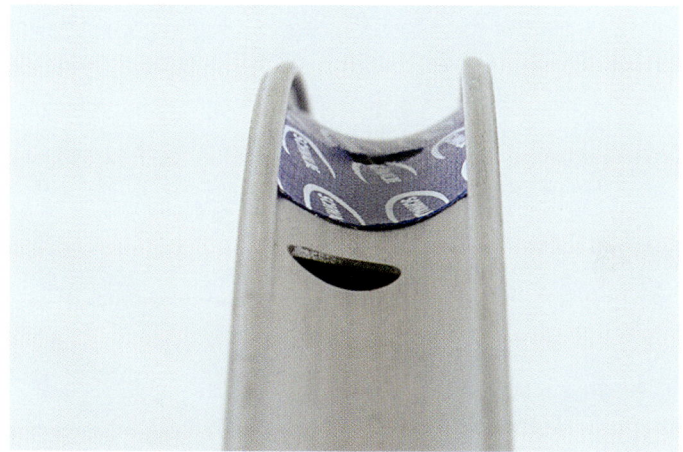

1 Aufgeklebte Bänder müssen ebenfalls exakt zum Felgenboden passen. Prüfen Sie deshalb die Breite, bevor Sie das Band in die saubere und entfettete Felge kleben.

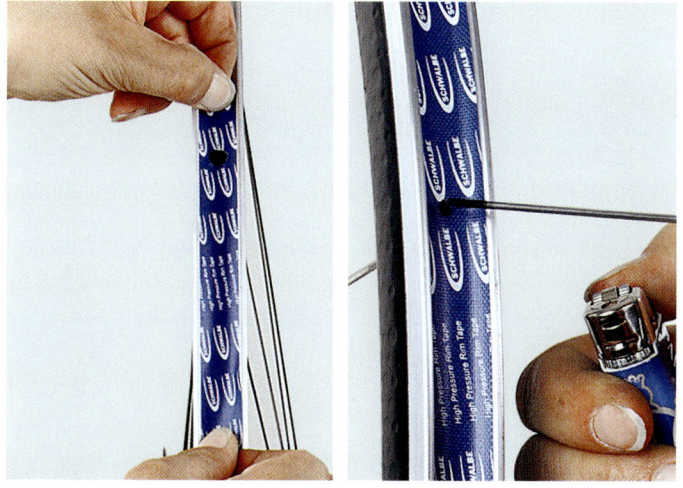

2 Beginnen Sie am Ventil. Kleben Sie das Band straff und gleichmäßig mittig auf den Felgenboden. Die Enden sollten sich mindestens um ein bis zwei Zentimeter Länge überdecken. Vor allem, wenn das vorgefertigte Ventilloch zu groß ist, sollte das Band an dieser Stelle doppelt liegen. Im gedoppelten Bereich müssen Sie das Ventilloch selbst anfertigen. Schneiden Sie nicht hinein – der Schlitz könnte ausreißen! Besser: Erhitzen Sie eine alte Speiche und schmelzen Sie das Loch hinein.

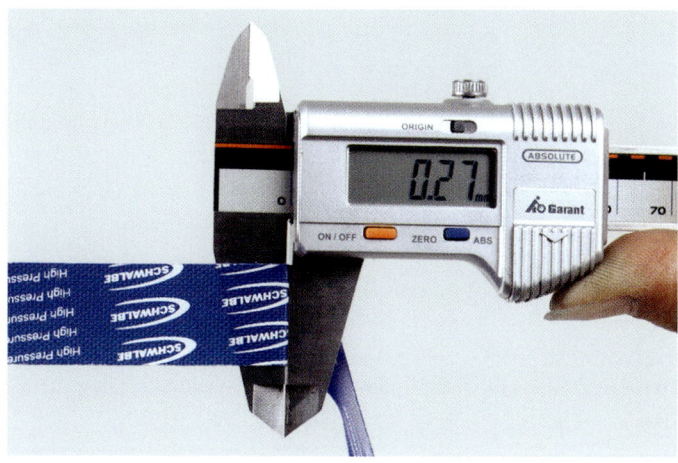

3 Montieren Sie den Reifen stets zuerst gegenüber vom Ventil und arbeiten Sie auf beiden Seiten gleichmäßig auf das Ventil zu. Lässt sich der Reifen nur sehr schwer montieren und muss schon deutlich vor dem Ventil mit Montierhebeln gearbeitet werden, passen Reifen und Felge nicht zusammen, oder das Felgenband ist zu dick. Kleben Sie in solchen Fällen ein dünneres Band auf.

Dichtkunst

Nichts leichter, als einen kaputten Reifen flicken? Von wegen: Die Schwierigkeit steckt im Detail. Hier steht, wie Sie's richtig machen – und wie Sie einer Panne vorbeugen.

Lokalisieren Sie das Loch und untersuchen Sie den Defekt, bevor Sie den Pneu reparieren: Entfernen Sie Fremdkörper in der Reifendecke, sonst tritt der Schaden nach wenigen Metern wieder auf.

Die Reifenreparatur mit Flicken und Gummilösung wird gelegentlich als »Vulkanisation« bezeichnet. Dies ist jedoch nicht richtig, da hierfür Hitze und Schwefel erforderlich wären. Der gelöste Gummi aus der Tube verbindet Flicken und Schlauch lediglich durch Haftung.

Beim Kauf des Flickzeugs müssen Sie darauf achten, dass Sie die zum Schlauch passende Flickengröße erhalten. Speziell für Rennmaschinen gibt es kleine und sehr dünne Flicken, die kaum auftragen, damit der Reifen nicht holpert. Grundsätzlich ist Sauberkeit beim Pannendienst wichtig. Einige Schläuche oder Reifen werden vom Hersteller mit Talkum oder Silikon behandelt. Diese Gleit- oder Glanzmittel können haltbare Klebungen verhindern. Reinigen Sie deshalb stark glänzende Schläuche mit Alkohol und rauen Sie die betreffende Stelle gründlich auf.

Ungeduld ist beim Kleben nicht angebracht: Der Klebstoff braucht Zeit, um abzulüften. Unbegrenzt haltbar ist das Flickzeug nicht: Der Klebstoff trocknet aus, die Flicken werden spröde. Wechseln Sie das Pannen-Set daher im Jahresturnus aus.

Flicken gibt es in unterschiedlichen Größen und in verschiedenen Stärken.

TIPPS

▶ Luftverlust hat oft eine banale Ursache: Das Ventil ist möglicherweise nicht fest im Ventilstutzen oder im Schlauch verschraubt!

▶ Prüfen Sie Flickenkleber im Pannen-Set und in der häuslichen Werkstatt regelmäßig. Nach einem bis zwei Jahren kann auch eine verschlossene Tube eingetrocknet sein!

Schlauchreparatur

1 Dieser Flicken ist zu groß. Er müsste um den Schlauch herumgeklebt werden. Für Rennradschläuche eignen sich nur die kleinsten Flicken.

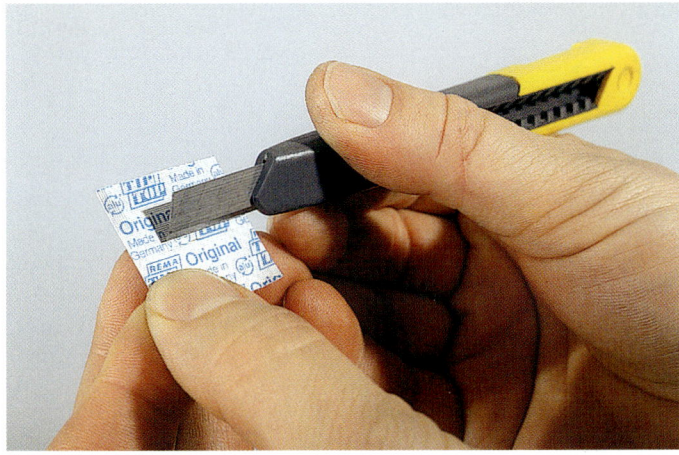

2 Ritzen Sie bei älteren Flicken die Trägerfolie aus Aluminium ein und erwärmen Sie den Flicken mit der Hand. Dann lässt sich die Alufolie leichter abziehen.

3 Richten Sie den Flicken auf dem Loch aus, und zeichnen Sie die Kanten der Trägerfolie an. Schneiden Sie die Trägerfolien quadratisch zu, damit diese später beim Aufkleben besser ausgerichtet werden können.

Schlauchreparatur

4 Rauen Sie den Klebebereich gründlich auf. Fassen Sie die Stelle nicht mehr an, und achten Sie auch sonst auf Sauberkeit.

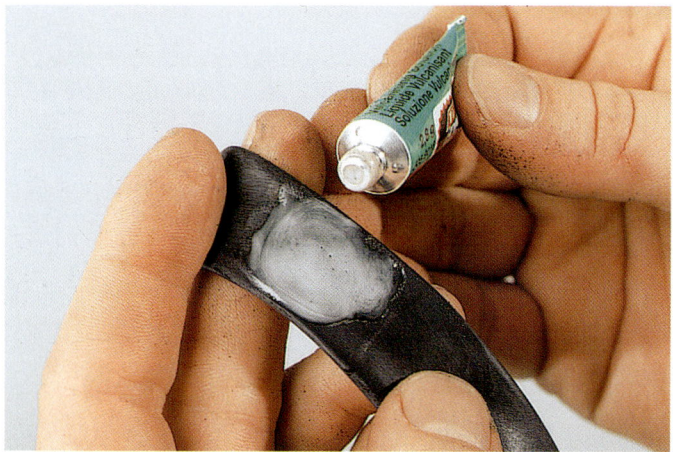

5 Verteilen Sie den Klebstoff mit der Tube gleichmäßig.

6 Nach einer Ablüftzeit von mindestens fünf Minuten schimmert der Klebstoff seidenmatt. Wenn er so weit abgetrocknet ist, kann der Flicken aufgeklebt werden.

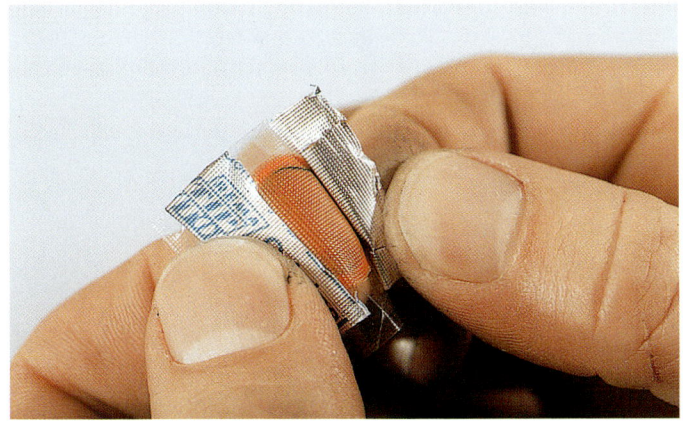

7 Bei älteren Flicken wie im Bild trennen Sie die aufgeritzte Alufolie vom Flicken; neue Flicken trennen Sie nach Bedienungsanleitung mitsamt der durchsichtigen Trägerfolie von der Aluminiumfolie ab.

8 Richten Sie den Flicken anhand der Markierungen und der Trägerfolie aus. Drücken Sie den Flicken mit großer Kraft auf den Schlauch. Unterwegs eignet sich eine Pumpe als Unterlage, zu Hause legt man den Schlauch auf einen Tisch und rollt einen runden Körper über den Flicken. Üben Sie den Druck von der Flickenmitte ausgehend nach außen hin aus. Die Höhe des Anpressdrucks entscheidet über die Qualität der Klebung.

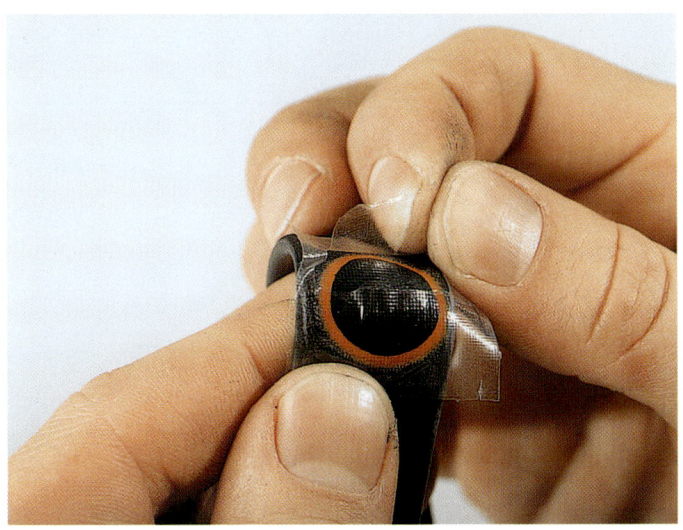

9 Zum Schluss wird der Flicken geknickt, sodass die Perforation der klaren Folie aufreißt. Wenn die Folie von der Mitte des Flickens her abgelöst wird, besteht kaum Gefahr, dass die Ränder des Flickens wieder vom Schlauch getrennt werden. Die Folie muss entfernt werden, damit sich die Lösungsstoffe verflüchtigen können. Lassen Sie den Klebstoff am besten über Nacht trocknen. Pumpen Sie den Schlauch nach dem Trocknen auf, und kontrollieren Sie die Luftdichtigkeit.

Runde Sache

Technische Kleinode waren gute Laufräder schon immer – inzwischen prägen sie aber auch das Aussehen des gesamten Rades fast mehr als Rahmenform und -farbe. Hier erläutern wir die komplexe Technik und geben Tipps zu Montage und Wartung.

Früher war die Sache klar. Wer ein erstklassiges Laufrad wollte, ging zu einem erfahrenen Laufradflechter und ließ sich aus Speichen, Naben und Felgen handgebaute Preziosen seiner Wahl erschaffen. Die Qualität hing vom handwerklichen Geschick und den Zutaten ab.

Mitte der 1990er-Jahre ging der französische Hersteller Mavic – damals Marktführer für hochwertige Felgen – dazu über, komplette Laufräder aus aufeinander abgestimmten Naben, Speichen und Felgen herzustellen. Auch andere Anbieter entdeckten schnell, dass mit dem runden Ganzen mehr Geld zu verdienen war als mit den Einzelteilen, und zügig wuchs der Markt für sogenannte Systemlaufräder. Gleichzeitig schrumpfte die Auswahl verfügbarer Felgen für individuell aufgebaute Räder. Heute bietet Mavic noch eine Handvoll Klassiker wie die Open-Pro-Felge an – aber die modernen, überfrästen Felgen mit geringer Lochzahl, wie sie in der Ksyrium-Baureihe verwendet werden, sind, abgesehen vom Ersatzteilservice, einzeln ebenso wenig zu bekommen wie die zugehörigen speziellen Naben oder Speichen.

Dennoch sprechen immer noch gute Gründe für individuell gefertigte Räder: das besondere Aussehen, bestimmte Leistungsmerkmale – nicht selten aber auch der günstigere Preis. Konventionelle Naben bieten viele Hersteller an und auch an verschiedensten Speichen herrscht kein Mangel. Das Angebot an Felgen ist nicht ganz so üppig, aber wer sucht, der findet fast alles von der 16-Loch-Carbonfelge bis zur keramikbeschichteten Aluminiumfelge. Laufrad-Konfiguratoren im Internet wie der von Whizz-Wheels laden ein zum stundenlangen Tüfteln am Wunschrad – und man kann gut sehen, wie die Wahl von Felgen und Speichen das Gewicht beeinflusst. Nicht sichtbar ist, was das für die objektiven Kriterien wie Steifigkeit oder Luftwiderstand bedeutet.

TOUR hat im Frühjahr 2011 in einem Vergleichstest mehrere von Hand aufgebaute Laufräder und Systemlaufräder in diversen Kriterien miteinander verglichen – dazu gehörte auch ein aufwendiger Aerodynamik-Test im Windkanal. Das Ergebnis überraschte insofern, als speziell in dieser Disziplin ein von Hand aufgebautes Rad am Ende den Reifen vorne hatte. Ein Hinweis darauf, was mit der geschickten Wahl der Einzelteile möglich ist.

In anderen Punkten spielen Systemlaufräder ihre Stärken aus: Ein typischer Vertreter dieser Gattung wie Mavics bekanntes Ksyrium SR erzielt mit einem Mix aus aufeinander abgestimmten Naben, Felgen und drei verschiedenen Speichentypen (Alu-Messer, Alu-Rund und Carbon) die beste Hinterradsteifigkeit bei geringem Systemgewicht von 1449 Gramm. Insgesamt dokumentierte dieser Test anschaulich, dass Systemräder in den Disziplinen Steifigkeit und Gewicht häufiger vorne liegen – vorausgesetzt, die Konstrukteure entwickeln das Laufrad tatsächlich als System.

Die handgefertigten Laufräder in diesem Test (TOUR 3/2011) lieferten dennoch viele Argumente für die Manufaktur: Augen und Ohren bekommen von den handgebauten Rädern ungewohnte Reize geboten; manche Naben haben einen ganz eigenen Klang und blitzende Speichen im Vorderrad sind in Zeiten schwarzen Einheitslooks ebenfalls selten geworden. Mit exklusiven Naben lassen sich schöne und individuelle Räder fertigen, die sich aus der Masse hervortun. Spezielle Anforderungen wie gute Allwetter- bzw. Regentauglichkeit lassen sich auch erfüllen: Keramikbeschichtete Felgen etwa bremsen wunderbar gleichmäßig und verhindern, dass Felgenabrieb sich bei Nässe in Alu-Brei verwandelt, der das ganze Rad verschmiert. Eine saubere Sache, zumal die Felge nicht durchgebremst werden kann.

Schaut man nach Top-Leistungen in einzelnen Disziplinen, können handgebaute Räder also gut mithalten. Sehr gute Aerodynamik, Steifigkeit und sehr gutes Brems-

verhalten sind auch mit konventionellen Mitteln zu erreichen – einzig die ideale Kombination aus geringem Gewicht und Steifigkeit ist den Systemrädern vorbehalten. So haben individuelle Räder weiter ihre Berechtigung. Wer weiß, was er will, oder wer sich individuell beraten lassen möchte, findet maßgeschneiderte Lösungen, die zudem farblich auf das eigene Rad abgestimmt werden können. Auch die Garantieleistungen der Individualisten sind bisweilen beachtlich: ein Hersteller wie Komponentix gewährt fünf Jahre auf Speichenbruch, Whizz Wheels sogar lebenslang – da kommen Systemlaufräder von Großserienherstellern nicht mit. *Text: Robert Kühnen*

TIPPS

▶ **Aerodynamik** ist auch für Allround-Laufräder ein Thema. Schon ab 18–20 km/h ist der Luftwiderstand größer als alle anderen Fahrwiderstände zusammen, ab 25 km/h macht er zwei Drittel des Gesamtwiderstands aus.

▶ Die **Steifigkeit** von Laufrädern ist insbesondere im Wiegetritt am Hinterrad spürbar, vor allem bei hoher Leistung. Die Vorderradsteifigkeit ist spürbar, wenn bei hohem Tempo gelenkt wird. Steifere Laufräder sind in der Regel höher belastbar und halten länger.

WERKZEUG

Zentrierschlüssel, Zentrierständer, eventuell Steckschlüssel oder laufradspezifisches Zentrierwerkzeug, Zentrierkloben, Zahnkranzabzieher, Kettenpeitsche, Konusschlüssel, Innensechskantschlüssel oder markenspezifisches Lagerwerkzeug und Schonhammer

HILFSSTOFFE
Krepp- oder Isolierband, Lagerfett, eventuell spezielles Freilauffett

Spielkontrolle

1 Überprüfen Sie das Lagerspiel bei angehobenem Rad. Halten Sie Rahmen oder Gabel mit einer Hand fest und bewegen Sie die Felge mit der anderen leicht hin und her. Kippt die Felge leicht zur Seite, sollten Sie aktiv werden. Kontrollieren Sie zuerst den Sitz des Schnellspanners, bevor Sie zum Werkzeug greifen.

2 Zu stramm eingestellte Lager können sich selbst zerstören. Haben Sie den Verdacht, dass sich die Achse nicht sauber dreht, obwohl kein Spiel vorhanden ist, bauen Sie das Laufrad aus und entfernen Sie den Schnellspanner. Drehen Sie an der Achse und prüfen Sie, ob diese seidenweich läuft.

3 Bei manchen Naben ändert sich das Lagerspiel, weil sie durch den Schnellspanner stark unter Druck gesetzt werden, die Lager laufen dann straffer. Legen Sie passende Beilagscheiben oder Muttern auf die Nabenachse, sodass sie etwas über den Achsstummel hinausstehen. Schließen Sie den Schnellspanner zur Kontrolle wie gewohnt.

Nabenlager einstellen

1 Traditionell verfügen Naben über Konuslager. Setzen Sie einen genau passenden, sehr flachen Maulschlüssel am Konus an und halten Sie diesen fest, indem Sie mit zwei Fingern einige Speichen umklammern. Setzen Sie den zweiten Schlüssel so an, dass sich Ihre Hand beim Aufdrehen vom ersten Schlüssel weg bewegt und es zu keiner Kollision mit Speichen kommen kann. Das ist wichtig, da sich die Konterung meist ruckartig öffnet.

2 Halten Sie die Achse auf der gegenüberliegenden Seite fest und drehen Sie den Konus vorsichtig zu, mit höchstens Viertel-Umdrehungen. Drehen und wackeln Sie zwischendurch immer wieder an der Achse. Lässt sich die Nabe so nicht einstellen, weil der Konus auf der Achse schlecht läuft, spannen Sie die Achse in einen mit Kunststoffbacken geschützten Schraubstock, beziehungsweise in einen speziellen Achshalter.

3 Passen Spiel und Lagerlauf, spannen Sie die Achse im Schraubstock fest, setzen Sie den Maulschlüssel am Konus an und kontern Sie ihn mit der Mutter. Passen Sie auf Ihre Finger auf – Sie können die Schlüssel in der offenen Hand zueinanderziehen. Montieren Sie Muttern oder Beilagscheiben und Schnellspanner. Drehen Sie das Rad bei geschlossenem Schnellspanner – wenn es wieder schwerer läuft, müssen Sie die Prozedur wiederholen.

4 Wenn Sie die Nabenlager reinigen und fetten wollen, schrauben Sie Konterung und Lagerkonus vollständig ab. Achten Sie bei der Demontage auf die genaue Reihenfolge und Ausrichtung der Beilagscheiben. Sie sind für die korrekte Ausrichtung und den Halt des Laufrades verantwortlich.

5 Drehen Sie das Laufrad um und halten Sie den Nabenkörper über die Arbeitsplatte. Ziehen Sie die Achse nach oben etwas heraus, sodass die Kugeln zu einer Seite herausfallen; eventuell müssen Sie etwas nachhelfen. Legen Sie die Kugeln zusammen, bevor Sie die Achse ganz herausziehen und die Kugeln der anderen Seite entnehmen. Die Trennung ist wichtig, da die Kugeln unterschiedliche Durchmesser haben können.

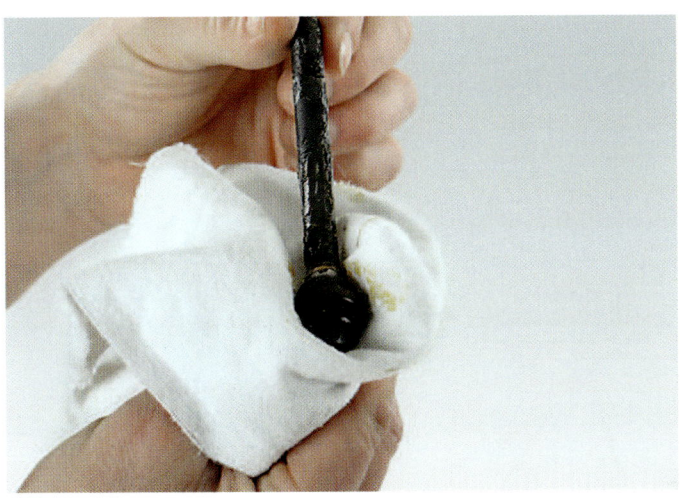

6 Reinigen Sie Achsen, Konen und Lagerläufe mit einem saugfähigen Tuch. Spezieller Entfetter ist meist nicht erforderlich. Bringen Sie frisches Fett in alle Lagerläufe ein. Legen Sie die Kugeln auf der Seite ein, wo Sie sie zuletzt entnommen haben. Schieben Sie die Achse hinein, sodass die Kugeln nicht mehr herausfallen können. Bringen Sie die Kugeln der zweiten Seite ein und stellen Sie die Nabe ein wie unter 2 und 3 beschrieben.

Nabenlager an Mavic-Laufrädern

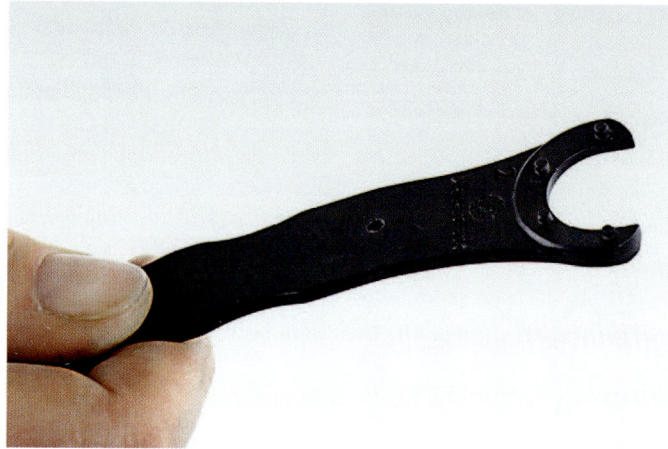

1 Bei Mavic-Laufrädern ist das Einstellen der Lager beinahe ein Kinderspiel; das Laufrad kann dabei im Rahmen bleiben. Benötigt wird dazu ein spezieller Schlüssel, der den Laufrädern in der Regel beiliegt.

2 Setzen Sie den Schlüssel mit allen vier Zapfen in die Bohrungen der Abdeckkappe und drehen Sie die Kappe im Uhrzeigersinn vorsichtig und in kleinen Schritten. Kontrollieren Sie dazwischen immer wieder das Spiel. Passt alles, nehmen Sie das Laufrad aus dem Rahmen und kontrollieren Sie das Spiel noch einmal auch bei ausgebautem Laufrad.

3 Haben Sie den Eindruck, dass das Lager zu straff eingestellt ist, öffnen Sie die Abdeckkappe mit dem Mavic-Werkzeug um eine Umdrehung. Bauen Sie das Laufrad aus und entfernen Sie den Schnellspanner. Versetzen Sie der Achse von der Einstellseite her einen leichten Schlag mit einem Schonhammer, damit sich die Vorspannung lösen kann. Stellen Sie danach das Spiel wieder ein.

Systemlaufräder

1 Bei vielen Systemlaufrädern können die Lager in eingebautem Zustand eingestellt werden – wie im Bild am Beispiel Zipp. Lösen Sie dafür zuerst die tangential angeordnete Schraube des Einstellrings mit einem Innensechskant mit einer bis zwei Umdrehungen.

2 Drehen Sie den Einstellring von Hand oder mit einem Maulschlüssel etwas nach. Kontrollieren Sie immer wieder die Spielfreiheit. Drehen Sie die kleine Schraube wieder fest, um die Einstellung zu konservieren. Wenn sich nichts verändert hat, versuchen Sie, die Prozedur auf der anderen Nabenseite durchzuführen. Ist die Nabe zu straff vorgespannt, hilft das gleiche Verfahren wie links unter Punkt 3 beschrieben.

Nabenlager bei DT Swiss

1 DT-Naben werden auch von vielen anderen Herstellern in deren Laufrädern eingesetzt. Sie zeichnen sich durch nahezu werkzeuglose Demontage und Montage aus. Bauen Sie Laufrad und Schnellspanner aus, ziehen Sie den Zahnkranz ab.

2 Befreien Sie den Kranzkörper von Schmutz und Fett und kontrollieren Sie die Profilierung. Manche Zahnkränze graben sich etwas ein und hinterlassen Riefen und Aufwürfe. Feilen Sie solche Beschädigungen vorsichtig glatt. Dann lässt sich der Zahnkranz wieder sauber montieren.

3 Spannen Sie die Nabenachse der Zahnkranzseite mittels Achsspanner mit moderaten Kräften in den Schraubstock. Fassen Sie das Laufrad mit beiden Händen in Nabennähe und ziehen Sie es nach oben. Die Abschlusskappe wird abgezogen.

4 Ziehen Sie den Zahnkranzkörper ab und nehmen Sie die beiden Ringe der Stirnverzahnung, die zwei Federn und die Führungshülse aus dem Nabenkörper. Beachten Sie deren Orientierung und Reihenfolge. Die Seite mit dem kleineren Durchmesser der Federn zeigt zu den Zahnscheiben.

5 Reinigen Sie alle demontierten Bauteile und das Innere des Nabenkörpers mit einem saugfähigen Lappen. Wenn nötig, befreien Sie die Zahnprofilierung mit einer alten Zahnbürste von verbrauchtem Schmierstoff. Streichen Sie alle Teile des Freilaufs und das Nabeninnere gleichmäßig dünn mit DT-Swiss-Spezialfett ein.

6 Zu viel Fett kann dazu führen, dass der Freilauf nicht zuverlässig funktioniert. Setzen Sie die Bauteile in umgekehrter Reihenfolge wieder zusammen und schieben Sie den Freilaufkörper mit leicht drehender Bewegung auf. Das Abschlussstück rastet spürbar ein. Kontrollieren Sie den Freilauf, indem Sie ruckartig daran drehen.

Perfekter Rundlauf

Trotz des Trends zum Systemlaufrad gibt es nach wie vor gute Gründe für das von Hand eingespeichte Laufrad: Langlebigkeit, günstiger Preis und gute Verfügbarkeit der Einzelteile. Hier finden Sie die vollständige Anleitung zum Selbstbau.

Selbst gebaute Räder kann man, wie schon im Kapitel zuvor aufgezeigt, perfekt auf Einsatzzweck und Fahrergewicht abstimmen. Leichte Fahrer können sich problemlos sehr leichte Felgen mit wenig Speichen zusammenstellen, spurtstarke Schwergewichte greifen zu soliden Felgen mit hohem Profil und verbinden diese mit 36 Speichen zur Nabe.

Bevor Sie die Speichen der richtigen Länge beschaffen können, müssen Felgenmarke und Typ sowie die verwendeten Naben beschlossene Sache sein. Oft weiß der Radhändler dann aus Erfahrung, wie lang die Speichen sein müssen. Ist dies nicht der Fall, müssen Sie Nabe und Felge vermessen und die Speichenlänge mittels einer Formel berechnen, die dabei einige mathematische Kenntnisse erfordert.

Einfacher ist die Ermittlung der Speichenlänge mittels entsprechender Computer-Programme. Speichenhersteller DT Swiss bietet auf seiner Internetseite ein gutes Programm an (www.dtswiss.com). Wer mit der Tabellen-Kalkulation Excel umgehen kann, findet auf der Website von T&S eine einfache Berechnungstabelle (www.tunds.com).

Auch der Speichenhersteller Sapim offeriert auf www.sapim.be ein kleines Programm, mit dem sich Speichenlängen berechnen lassen. Whizz Wheels, ein Hersteller individuell aufgebauter Laufräder, offeriert auf www.whizz-wheels.de einen Laufrad-Konfigurator, mit dem man sehr einfach verschiedene Laufrad-Komponenten kombinieren kann und schon im Planungsstadium sieht, was der fertige Laufradsatz beispielsweise wiegen wird.

Wenn's schließlich an den Aufbau und ans Zentrieren geht, ist es wichtig, die mechanischen Zusammenhänge zu kennen. Ein weit verbreiteter Irrglaube besteht darin, dass Speichen die Felge abstützen – was sie aber gar nicht können: Speichen lassen sich biegen und weichen seitlich aus, wenn man sie an den Enden packt und zusammendrückt. An einem frisch eingespeichten Laufrad, bei dem die Nippel nur leicht angedreht sind, lassen sich Bewegungen und Kraftverläufe leicht nachvollziehen, die beim Fahren auftreten, dann aber fast unsichtbar sind.

Die Nabe hängt im Ausgangszustand einigermaßen mittig in der Felge. Belastet man die Nabe nach unten, straffen sich die oberen Speichen, die unteren werden zuerst entlastet, dann gelöst und durchgebogen. Die unteren Speichen können fast nichts dazu beitragen, das Gewicht zu tragen, das auf der Nabe lastet. Beim gespannten Laufrad wird die Entlastung der unteren Speichen dann als Mehrlast unter den restlichen Speichen nahezu gleichmäßig verteilt. Wenn sich das Rad dreht, werden die Speichen der Reihe nach belastet und im unteren Bereich, dort wo die Felge auf der Fahrbahn etwas abgeflacht wird, entlastet.

Um die Nabe mittig zu halten, müssen alle Speichen gleichmäßig vorgespannt werden – jede Speiche zieht mit der gleichen Kraft nach außen. So ist ein ordentlich vorgespanntes Laufrad in der Lage, in radialer Richtung enorme Lasten zu ertragen. Schlechter sieht es mit der seitlichen Belastbarkeit aus. Auch hier dient das lose eingespeichte Laufrad wieder zur Anschauung. Wenn Sie die Nabe zur Seite schieben, sehen Sie, wie die Speichen der einen Seite gespannt werden. Jedoch ist der Weg verhältnismäßig lang, bis Spannung aufgebaut wird. Das liegt daran, dass die Speichen winklig zwischen Nabe und Felge verlaufen. Je spitzer der Winkel, umso geringer ist der Anteil der Kräfte, die die Speiche gegen quer einwirkende Belastungen aufbauen kann.

Am Hinterrad sind die Verhältnisse noch erheblich komplizierter als am Vorderrad: Zum einen stehen die Speichen auf der Zahnkranzseite deutlich steiler als die der Gegenseite. Ist die Speichenspannung auf beiden Seiten gleich hoch, läuft die Felge mittig zu den Nabenflanschen, aber nicht mittig zur ganzen Nabe – wegen der geringeren Seitenkräfte aufgrund des spitzen Winkels. Deshalb muss man die Zahnkranzseite deutlich mehr vorspannen.

Das zweite Phänomen sind die Antriebskräfte, welche die Speichen von der Nabe zur Felge übertragen müssen. Verdreht man die Nabe des Versuchslaufrades, wie es die Antriebskette tun würde, spannen sich die nahezu tangential nach hinten gerichteten »Zug«-Speichen, die restlichen Speichen werden währenddessen entlastet. Antriebskräfte pulsieren in der Regel, sodass diese schwellende Belastung die Wechselbelastung durch das Abrollen überlagert.

Für ein langlebiges Laufrad ist die Speichenspannung deshalb mindestens ebenso wichtig wie die Qualität der einzelnen Teile. Jede Speiche wird bei jeder Umdrehung be- und entlastet. Diese Lastwechsel erträgt eine Speiche nur dann lange Zeit, wenn die Grundspannung so hoch ist, dass die Spei-

TIPPS

> Manche Laufrad-Profis verlöten die Speichen an den Kreuzungspunkten. Für diese Maßnahme spricht eine etwas gleichmäßigere Lastverteilung im Laufrad, dagegen steht der hohe Arbeitsaufwand und die schlechte Reparierbarkeit.
> Zu Zöpfen verflochtene Speichen sind lediglich ein optischer Gag – technische Argumente gibt's dafür nicht.

che selbst im ungünstigsten Belastungsfall noch immer unter Spannung steht. Eine zu lasche Spannung ist nachweislich der Speichenkiller Nummer eins.

Legen Sie die Speichen zur besseren Übersicht abgezählt bereit. Wichtig ist dies vor allem beim Hinterrad, da sich die Speichenlängen der Zahnkranzseite (rechts) und der Gegenseite (links) um wenige Millimeter unterscheiden.

WERKZEUG

Spiralbohrer oder Handsenker, Zentrierschlüssel, Zentrierständer oder Zentrierlehre, eventuell Steckschlüssel oder laufradspezifisches Zentrierwerkzeug, Zentrierkloben, Speichenspannungsprüfer, evtl. Schraubensicherungskleber

Planen und wählen

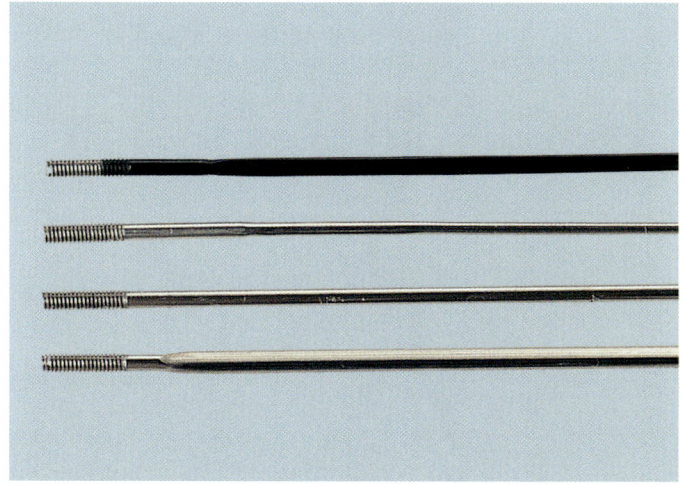

1 Glatte Speichen sind die schlechteste Wahl. Der Belastung besser gerecht werden solche Stahldrähte, bei denen der mittlere Bereich ausgedünnt ist. Dadurch werden die Speichen elastischer, die Bruchgefahr im Gewinde und im Bogen sinkt. Positiver Nebeneffekt: Die sogenannten Doppel-Dickend-(DD-)Speichen sind auch leichter. Messerspeichen setzt man konsequenterweise nur zusammen mit steifen Hochprofilfelgen bei verminderter Speichenzahl ein.

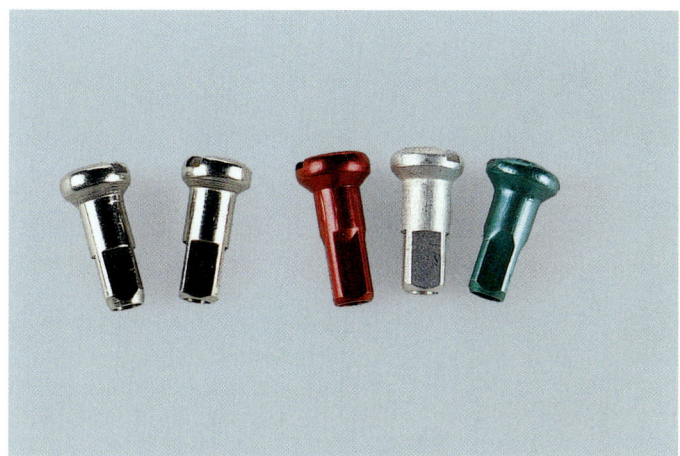

2 Messingnippel sind Standard, denn sie bieten den besten Kompromiss aus Gewicht, Haltbarkeit und Festigkeit. Beachten Sie, dass Nippel für 1,8-mm-Speichen rein äußerlich denen für 2,0-mm-Speichen ähnlich sein können. Nippel aus Alu sind schön bunt und sparen ein paar Gramm Gewicht, aber sie haben auch Nachteile: Sie neigen eher zum Festfressen in der Bohrung der Felge und im Gewinde und der Vierkant nutzt sich schneller ab.

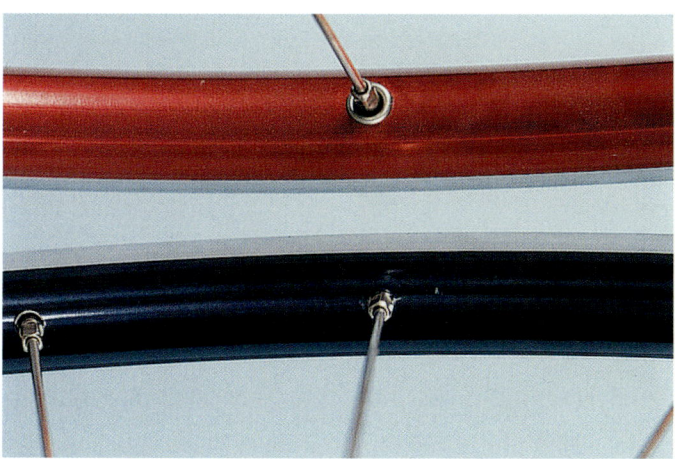

3 Ösen in den Bohrungen der Felge drücken ebenfalls mit ein paar Gramm Mehrgewicht auf die Waage, erleichtern aber das Einspeichen und Zentrieren. Vor allem wenn zu einem späteren Zeitpunkt nachzentriert werden muss, lernt man diesen Vorteil zu schätzen. Unter dem Aspekt der Alltagstauglichkeit sind Alu-Nippel in ungeösten Felgen die schlechteste Kombination.

Planen und wählen

4 Vorderräder kann man aus optischen und aerodynamischen Gründen radial einspeichen. Für Hinterräder ist diese Einspeichung kaum geeignet, da die Antriebskräfte nicht dauerhaft übertragen werden können. Üblich ist dafür die 3-fache Kreuzung. Auch bevor das Vorderrad radial eingespeicht wird, sollte dennoch der Nabenhersteller nach der Eignung seiner Produkte befragt werden. Einige Hersteller haben spezielle Radial-Naben im Programm.

5 Speichen messen üblicherweise 2,0 mm im Durchmesser, es gibt aber auch solche mit 1,8 mm Durchmesser in der Biegung und am Gewinde. Der Gewichtseinsparung der 1,8-mm-Speichen steht die geringere Belastbarkeit und die schlechtere Position im Nabenflansch gegenüber. Im Bild ist dies an der Lücke in der Bohrung erkennbar. Speichen mit 2,34 mm im Bogen und am Gewinde füllen die üblichen Nabenbohrungen voll aus und sind für sehr hohe Belastungen eine gute Wahl.

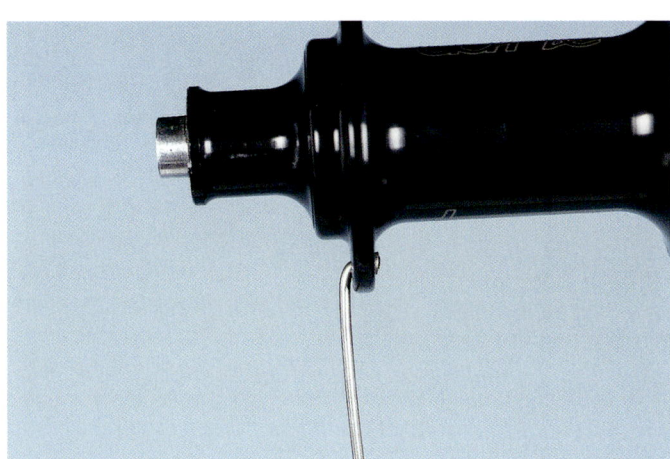

6 Nicht alle Speichen schmiegen sich gut an den Flansch der Nabe an – aber das ist die Voraussetzung für langes Überleben. Gründe für eine schlechte Passung sind zu lange Speichenbögen und/oder zu schmale Flansche an den Naben. Prüfen Sie deshalb verschiedene Speichen.

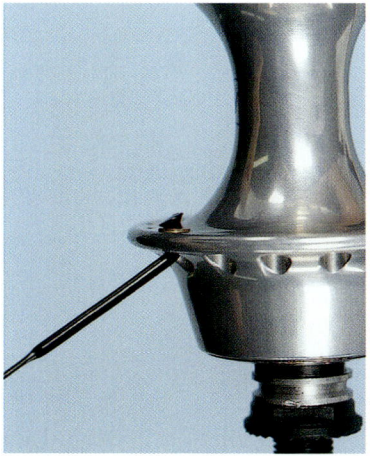

7 Passen Speiche und Nabe nicht gut zusammen, können Unterlagscheiben die entscheidende Besserung bringen. Schädliche Bewegungen zwischen Speiche und Flansch werden dann unterbunden.

8 Kontrollieren Sie, ob die Bohrungen in der Felge entgratet sind. Oft sind dort auch noch Späne vorhanden. Entgraten Sie die Bohrungen von Hand mit einem Spiralbohrer oder einem speziellen Handsenker. Bei geösten Felgen muss lediglich die Ventilbohrung angesenkt werden, sodass an dieser Stelle später der Schlauch nicht aufgeschlitzt wird.

9 Hilfskonstruktion zur Ermittlung des Felgendurchmessers: Kürzen Sie zwei Speichen an der Kopfseite auf genau 250 mm. Schrauben Sie die Nippel so auf die Speichen, dass das Speichenende exakt bündig mit dem Schlitz im Nippel endet. Stecken Sie dann die beiden Speichen in gegenüberliegende Löcher und lesen Sie die Distanz auf dem Gliedermaßstab ab. Dieser Wert plus die Speichenlänge (also 500 mm) ergibt den gesuchten Durchmesser.

Messen und Prüfen

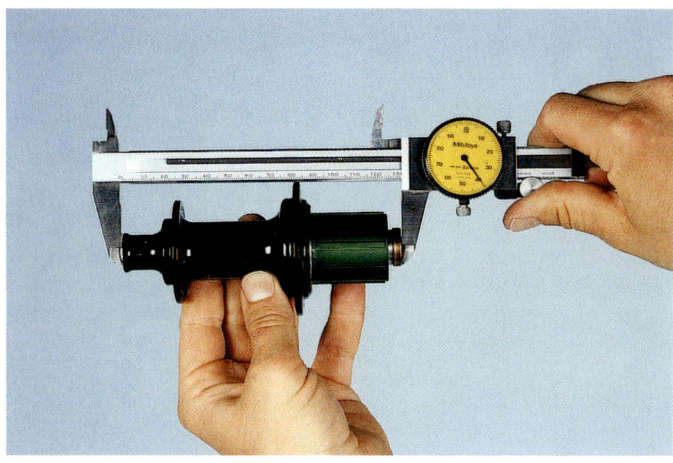

10 Messen Sie die Einbaubreite der Naben über alles, einschließlich der Kontermuttern bzw. Abschlusshülse. Bei Rennrädern liegt das Sollmaß der Hinterradnabe bei 130 mm, Naben für Mountainbikes sind 5 mm breiter. Die Hinterradnabe ist asymmetrisch aufgebaut, die Vorderradnabe symmetrisch. Der Abstand der Klemmflächen beträgt hier 100 mm.

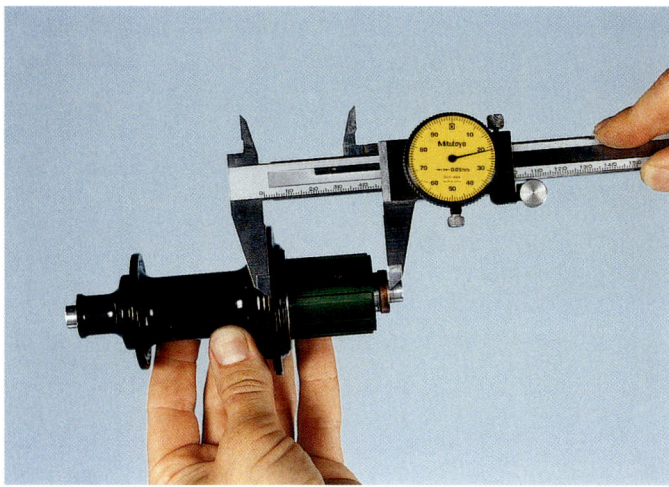

11 Erfassen Sie auf beiden Seiten der Nabe den Abstand von der Flanschmitte zur Außenseite der Kontermutter auf der Achse. Für ein möglichst präzises Ergebnis legen Sie den Messschieber auf den Flansch parallel zur Achse und peilen außen entlang der Fläche der Mutter oder Hülse. Wenn sowohl die Messschieberkante als auch die Fläche der Mutter auf einer Linie liegen, lesen Sie den Wert auf dem Schieber ab.

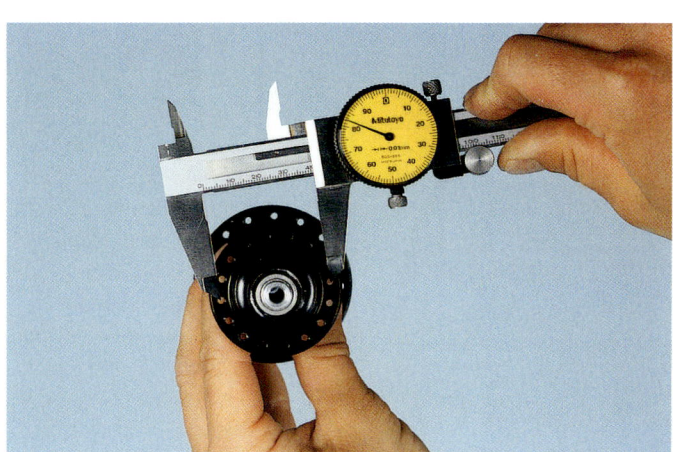

12 Messen Sie am Nabenflansch zwischen zwei gegenüberliegenden Bohrungen den Durchmesser des Lochkreises. Messen Sie auf beiden Seiten der Nabe, da die Flanschdurchmesser differieren können.

Stecken und Spannen

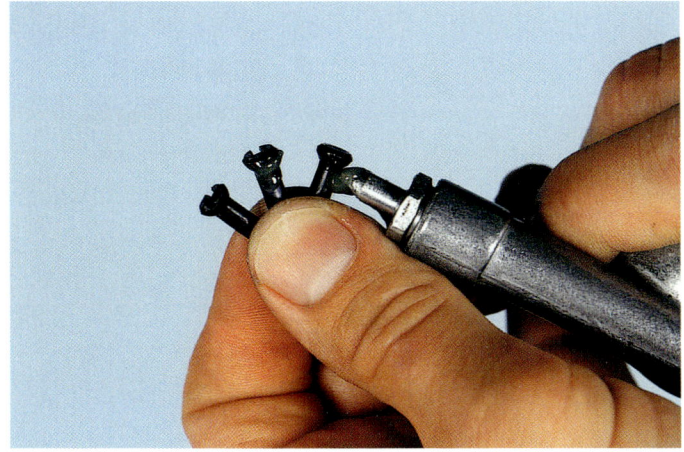

13 Wenn Sie Alu-Nippel verwenden, fetten Sie diese auf der Außenseite, insbesondere an der gerundeten Kopfauflage. Eine andere Möglichkeit besteht darin, die Ösen oder das Felgeninnere mit einem Pinsel zu schmieren.

14 Stecken Sie auf der Zahnkranzseite von der Außenseite her in jedes zweite Loch der Nabe eine Speiche. Wenn Sie das Vorderrad einspeichen, beginnen Sie auf der Seite, auf der der Schriftzug endet. So ist der Schriftzug später vom Fahrer aus zu lesen und passt in der Orientierung in der Regel zu dem auf der Hinterradnabe.

15 Drehen Sie die Felge so, dass der Schriftzug des Etiketts lesbar zu Ihnen zeigt. Nehmen Sie die erste Speiche und führen Sie diese in das Loch links neben der Ventilbohrung. Wer Wert auf perfekte Optik legt, nimmt hierzu die zweite oder dritte Speiche, die in Drehrichtung des Rades nach dem Schriftzug auf dem Nabenkörper eingefädelt wurde. So steht der Schriftzug später genau am Ventil, wenn das Rad fertig gebaut ist.

Stecken und Spannen

16 Nehmen Sie einen Nippel und drehen Sie ihn von Hand auf die Speiche, bis nur noch etwa vier Gewindegänge der Speiche unten am Nippel überstehen.

17 Nehmen Sie die nächste Speiche und stecken Sie diese in das vierte Loch neben der ersten. Es bleiben also drei Löcher frei. Wenn alle Speichen der Zahnkranzseite drin sind, kontrollieren Sie nochmals deren gleichmäßigen Abstand.

18 Drehen Sie das Laufrad um, sodass die Gegenseite der Nabe zu Ihnen zeigt. Peilen Sie durch die Nabenlöcher und stecken Sie die Speichen der Gegenseite von außen nach innen durch, und zwar gegenüber den belegten Bohrungen auf der Zahnkranzseite um einen halben Lochabstand im Uhrzeigersinn versetzt. Auch hier bleibt wieder jede zweite Bohrung leer.

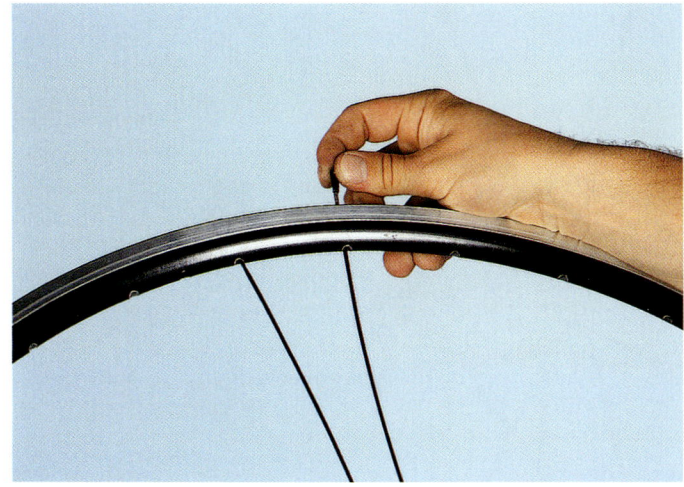

19 Nehmen Sie die Speiche, die im Uhrzeigersinn etwas versetzt zur gegenüberliegenden Speiche am Ventilloch liegt und führen Sie diese in die Bohrung rechts neben der »Ventilspeiche«. Drehen Sie auch hier den Nippel mit den Fingern auf, bis noch vier Gewindegänge frei liegen.

20 Fahren Sie mit den Speichen im Uhrzeigersinn so fort, dass neben jeder schon eingebauten Speiche rechts eine Speiche der Gegenseite zu liegen kommt. Nach der letzten Speiche haben Sie lauter Paare. Stecken Sie die restlichen Speichen der Zahnkranzseite von innen durch den Flansch nach außen. Wenn alle drin sind, drehen Sie das Laufrad wieder um, sodass die Zahnkranzseite zu Ihnen zeigt.

21 Verdrehen Sie den Nabenkörper entgegen der späteren Drehrichtung des Rades. Die Speiche links des Ventilloches wird vom Ventil »weggedreht«! Dieses Wegdrehen bewirkt, dass die Speiche, deren Bogen am Nabenflansch innen anliegt, nicht zur Antriebsspeiche wird. Die im nächsten Schritt montierten Speichen, deren Bögen außen liegen, halten den pulsierenden Antriebskräften dauerhafter stand.

Stecken und Spannen

22 Nehmen Sie eine Speiche und legen Sie diese entgegen des Uhrzeigersinns über zwei Speichen und fädeln Sie diese unterhalb der dritten Speiche durch. Stecken Sie das Gewinde durch das Loch neben der darauf folgenden Speiche. Die Lücke entsteht danach zur nächsten Speiche. Prüfen Sie, ob zwischen den Speichen der Zahnkranzseite immer eine Speiche der gegenüberliegenden Seite liegt!

23 Da Sie jetzt mit den Fingern nicht mehr schrauben können, drehen Sie den Nippel mit einem Schraubendreher ein. Manchmal ist es geschickter, wenn Sie zuerst den Nippel in die Felge einlegen und den Schraubendreher zur Fixierung aufsetzen, bevor sie die Speiche hinführen.

24 Bei Felgen mit hohem Profil, oder wenn die Ösen nicht durch beide Felgenböden gehen, bewährt sich eine Einspeichhilfe, wie sie zum Beispiel von DT Swiss oder Sapim angeboten wird. Darauf werden die Nippel festgeklemmt, sodass Sie nicht entgleiten und im Hohlraum der Felge verschwinden.

25 Fahren Sie mit allen Speichen der Zahnkranzseite nach der Methode »zweimal drüber, einmal drunter« fort. Nachdem die letzte Speiche vernippelt ist, prüfen Sie nochmals das richtige Speichenbild. Wenn alles korrekt gelaufen ist, haben Sie lauter »Dreierbündel«.

26 Stecken Sie die Speichen der Gegenseite von innen durch den Flansch. Oft muss dazu ein gewisser Widerstand überwunden werden, der sich aber verringert, wenn man die Speichen zwischen den Flanschen etwas durchbiegt, damit sie nahezu gerade in das Speichenloch des Flansches eintauchen.

27 Drehen Sie das Laufrad wieder um, damit Sie die Gegenseite oben haben. Setzen Sie auch auf dieser Seite das systematische »zweimal drüber, einmal drunter« fort. Die Speichen werden auf dieser Seite allerdings im Uhrzeigersinn gekreuzt. Das falsche Loch können Sie jetzt nicht mehr treffen, denn viel Auswahl besteht ohnehin nicht mehr.

Stecken und Spannen

28 Mit der letzten Speiche vollenden Sie das Werk. Prüfen Sie vor dem Zentrieren nochmals die Kreuzungen, damit nicht versehentlich eine Speiche außen vorbei läuft.

29 Wenn alles geklappt hat, stehen die Speichen links und rechts des Ventils parallel. So kann die Pumpe problemlos auf das Ventil gesteckt werden.

30 Zweites und deutlich wichtigeres Kriterium: Die Bögen der Zugspeichen liegen auf beiden Seiten außen, das heißt, ihre Köpfe zeigen zueinander.

Zentrieren

1 Wählen Sie den richtigen Zentrierschlüssel: Werkzeuge mit kleinen Auflageflächen oder zu großer Schlüsselweite können den Vierkant des Nippels beschädigen. Gute Schlüssel umfassen den Nippel an drei Seiten, haben lange Flächen ohne Grate und liegen über eine längere Strecke an der Speiche an.

2 Bei einem neu eingespeichten Laufrad mit losen Speichen bietet sich jetzt die letzte Chance, die konusförmige Auflage der Nippel einzufetten. Fett mindert die Reibung, sodass sich die Nippel in der Felge nicht festfressen können. Drehen Sie dann den Nippel mit dem Schraubendreher weiter auf die Speiche, bis die Unterkante des Nippels gerade den letzten Gewindegang bedeckt.

3 Schneller geht es mit einem speziellen Nippeldreher zum Kurbeln, bei dem eine Nase in die Bohrung des Nippels greift und das Werkzeug beim flinken Schrauben im Eingriff hält.

Zentrieren

4 Sind alle Nippel gleichmäßig eingedreht, bringen Sie mit dem Zentrierschlüssel schrittweise die Spannung auf. Um die Drehrichtung zu finden, hilft die »Rechte-Hand-Regel« – auch wenn Sie später nachspannen. Umfassen Sie die Speiche so, dass der Daumen zur Nabe zeigt – dann weisen die übrigen Finger der Hand in die Drehrichtung. Die Daumenrichtung ist auch die Richtung, in die der Nippel beim Eindrehen will. Da er von der Felge gehalten wird, zieht er dabei die Speiche stramm.

5 Setzen Sie den Nippelspanner neben dem Ventilloch an und drehen Sie den Nippel eine halbe Umdrehung. Setzen Sie dann eine Speiche weiter an und erhöhen Sie auch hier die Spannung. Verfahren Sie so mit allen Speichen, bis sie wieder am Ventilloch sind. Sind die Speichen noch schlaff, machen Sie auf die gleiche Weise eine weitere Runde. Spannen Sie nie mehr als eine halbe Umdrehung nach!

6 Wenn die Speichen etwas unter Spannung stehen, sollte man die Position der Felge zur Nabe kontrollieren. Haben Sie alle Schritte gleichmäßig durchgeführt, müsste beim Vorderrad alles passen. Nicht so beim Hinterrad, denn dort steht die Felge mit Sicherheit asymmetrisch. An professionellen Zentrierständern lässt sich eine Fehlstellung, wie hier im Bild nach rechts, direkt erkennen.

7 Bietet Ihr Zentrierständer diese Möglichkeit nicht, brauchen Sie eine Zentrierlehre. Legen Sie die Lehre auf die Felge und stellen Sie den Taster auf die Nabe ein.

8 Wenden Sie das Laufrad, legen Sie die Lehre erneut auf. Am Taster oder an der Felge ist eine Lücke erkennbar, die die Außermittigkeit aufzeigt. Wundern Sie sich nicht über die große Differenz, denn es handelt sich um eine Umschlagsmessung, der eigentliche Fehler beträgt die Hälfte der sichtbaren Differenz. Im abgebildeten Fall müssten Sie die Felge von der Zahnkranzseite weg zentrieren.

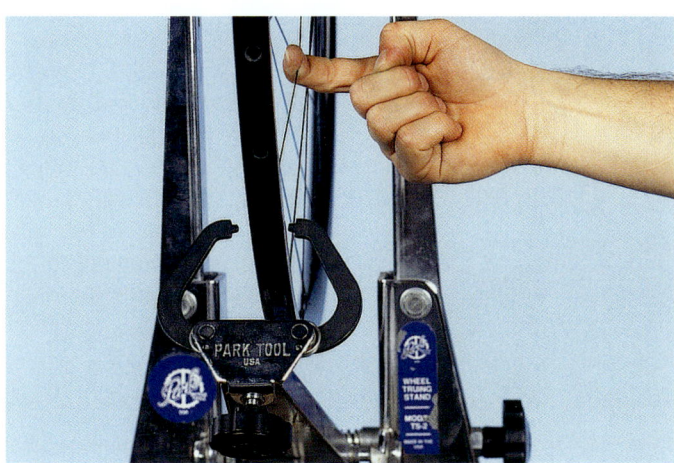

9 Ziehen Sie mit einem Finger eine Speiche nach außen und beobachten Sie den Spalt zwischen Felge und Zeiger des Zentrierständers. Bewegt sich die Felge in die gewünschte Richtung, haben Sie die Seite gefunden, deren Speichen Sie weiter vorspannen müssen.

Zentrieren

10 Eine weitere Möglichkeit ist, zwei Speichen einer Seite zusammenzudrücken. Dadurch wandert die Felge ebenfalls zur Seite. Beginnen Sie wieder mit einer Speiche direkt am Ventilloch und drehen Sie der Reihe nach bei jeder zweiten Speiche den Nippel eine viertel Umdrehung.

11 Spannen Sie das Laufrad so weit vor, bis die Felge mittig steht und sich die Speichen straff anfühlen, wenn Sie sie umgreifen.

12 Umfassen Sie zwei gegenüberliegende Speichenpaare etwa in Speichenmitte und drücken Sie diese zusammen. Machen Sie das über den gesamten Umfang. So werden die Speichenköpfe in den Flansch und die Nippel in die Felge gezogen, und die Speichenbögen schmiegen sich an den Flansch der Nabe an.

13 Die Speichenspannung lässt etwas nach, der runde Lauf ist wieder dahin. Justieren Sie den Zeiger des Zentrierständers so, dass die Felge gerade am Zeiger streift, wenn Sie das Rad drehen. Der Seitenschlag ist am größten, wo die Felge dem Zeiger am nächsten kommt. Hier müssen Sie nachspannen – auf der gegenüberliegenden Nabenseite, und höchstens mit Viertelumdrehungen. Messerspeichen hindern Sie mit einem geschlitzten Klotz am Verdrehen.

14 Läuft das Rad ohne größere seitliche Abweichungen, führen Sie die Zeiger des Zentrierständers von unten an die Felge heran, um deren Abweichung in radialer Richtung (Höhenschlag) zu kontrollieren. Drehen Sie das Laufrad, beobachten Sie den Lichtspalt und suchen Sie die größten Abweichungen. Einige Felgen weichen am Stoß vom Rundlauf ab, weil sie dort verschliffen werden. Solche Höhenschläge zur Nabe hin sind meist kurz und können nicht behoben werden.

15 Wo die Felge dem Zeiger am nächsten kommt, drücken Sie das dortige Speichenpaar zusammen. Wichtig: Nur wenn Sie ein gegenüberliegendes Paar Speichen spannen, korrigieren Sie den Höhenschlag, ohne dass es massiven seitlichen Verzug gibt. Spannen Sie besonders vorsichtig und in kleinen Schritten nach. Läuft die Felge rund, kontrollieren und zentrieren Sie nochmal den Seitenschlag.

Zentrieren

16 Setzen Sie die Nabe auf stabilem Untergrund auf einen Holzklotz. Umgreifen Sie die Felge mit den Händen an gegenüberliegenden Stellen und drücken Sie sie nach unten. Dabei knarrt sie, darf sich aber nur wenig bewegen. Wiederholen Sie das über gesamten Umfang und von beiden Seiten. Wird danach sorgfältig nachzentriert, werden sich die Speichen im Betrieb kaum mehr setzen, die sonst übliche Einfahrzeit entfällt weitgehend.

17 Eine Messuhr aus dem Werkzeugfachmarkt, die mit einem Magnetfuß am Zentrierständer angebracht wird, erleichtert die Zentrierarbeit. Der Zeiger der Uhr sollte etwa in der Mitte seines Messbereichs sein. Drehen Sie das Laufrad im Ständer und suchen Sie die Stelle, die etwa mittig zwischen den großen Ausschlägen nach links und nach rechts liegt. Drehen Sie den Stellring der Messuhr auf die Zeigerposition. Wenn Sie jetzt das Laufrad langsam bewegen, sehen Sie, wie der Zeiger aus der Mitte wandert. Suchen Sie die Speiche, bei der durch Spannungserhöhung der Zeiger wieder zur Nullstellung wandert und spannen Sie diese etwas nach. Drehen Sie weiter und spannen Sie die Speichen so nach, dass der Zeiger schließlich nur noch maximal ein bis zwei Zehntel Millimeter zu jeder Seite ausschlägt.

18 Wie hoch die Speichenspannung sein muss, haben erfahrene Mechaniker im Gefühl. Wie sich ein optimal gespanntes Laufrad anfühlen muss, kann man durch leichtes Zusammendrücken von Speichenpaaren erfahren. Auch gibt die Klangprobe Aufschluss über die Höhe der Spannung. Wesentlich genauer sind Speichenspannungsprüfer, beispielsweise von DT Swiss oder Braun (www.zentriboy.de).

19 Wenn alles passt, träufeln Sie etwas flüssige Schraubensicherung (z. B. von Sapim oder DT Swiss) mittlerer Festigkeit von der Speichenseite her auf jeden Nippel. Versetzen Sie das Laufrad in Drehung; dringt der Klebstoff in den Spalt und härtet dort aus. Auf diese Weise können sich die Nippel nicht von selbst lösen.

Wechselspiel

Moderne Schaltungen bieten viele Gänge, doch sie reagieren sensibel, wenn sie nicht korrekt eingestellt sind. Hier geht's um die richtige Justage des Rennradgetriebes.

Bei der Probefahrt und im Radladen begeistern moderne Rennräder mit perfekter Funktion und hohem Bedienungskomfort. Doch nach den ersten Ausfahrten ist es mit dem geschmeidigen Wechsel der Gänge nicht selten vorbei: Die Kette klettert unwillig auf das nächste Ritzel, scheppert und fällt beim Schalten möglicherweise sogar von den Kettenblättern.

Der Grund dafür sind die Bowdenzüge: Deren Innenzüge können sich längen, die Außenhüllen setzen sich in den Aufnah-

men, Zuganschläge passen sich an den Einstellschrauben an. Zum Glück lassen sich diese Handicaps binnen weniger Minuten beheben, vorausgesetzt, man ist mit der Funktionsweise der Schaltung vertraut. Beim Fahrradgetriebe sitzt die Rastung im Hebel, das Schaltwerk führt lediglich die Befehle aus, die der Zug übermittelt. Wenn der Fahrer am Hebel zieht, holt der Schalthebel ein Stück des Zuges ein und gibt sie wieder frei, wenn durch Tastendruck heruntergeschaltet wird. Dann zieht die Feder im Schaltwerk die Kette aufs kleinere Ritzel. Ist die Reibung im Zug zu hoch, gelingt der Gangwechsel zu den kleineren Ritzeln nur schleppend oder gar nicht. Mit der Spannung des Zuges wird die Position des Schaltwerks zu den Ritzeln festgelegt, eingestellt wird das mit einer Stellschraube.

Am Schaltwerk befinden sich drei weitere Stellschrauben, die sich normalerweise nicht verstellen. Zwei davon dienen dazu, den Schwenkbereich des Schaltwerks nach innen und nach außen zu begrenzen und stellen sicher, dass die Kette nicht zwischen Zahnkranz und Rahmen fällt oder das Schaltwerk in die Speichen gerät. In beiden Fällen wären Schäden am Rad die Folge, sogar ein Sturz durch ein plötzlich blockierendes Laufrades ist möglich. Kontrollieren Sie diese Schrauben unbedingt, wenn das Rad umgekippt ist, wenn Sie gestürzt sind, oder Sie ein anderes Hinterrad einbauen.

Damit Sie die Schaltung einstellen können, benötigen Sie entweder einen Helfer, der das Hinterrad anhebt oder einen Montageständer, in den Sie das Rad einhängen, damit Sie den Antrieb bewegen können.

Führen die Einstellarbeiten nicht zu sauberer Funktion, kontrollieren Sie, ob die Außenzüge geknickt oder zu lang sind. Beides bewirkt eine höhere Reibung des Zuges in der Hülle und erschwert damit den Schaltvorgang. Schaltzüge, die zum Beispiel um das Tretlager herum ungeschützt direkt auf dem Lack gleiten, reiben auch. Mit der Zeit graben sie sich durch den Lack, dann reibt Metall auf Metall, die Schaltpräzision ist endgültig dahin.

Kontrollieren Sie die Funktion der Schaltung nach dem Einstellen immer erst im Stand, indem Sie alle Gänge bei verschiedenen Geschwindigkeiten durchschalten. Zum Abschluss ist eine Probefahrt auf verkehrsarmem Terrain empfehlenswert, denn manche Schwächen offenbaren sich erst unter Belastung, wenn sich beispielsweise der Rahmen etwas verwindet.

Können Sie trotz aller Maßnahmen den Störfaktor nicht ausfindig machen, bleibt noch der Gang zum Händler. Denn es gibt

noch etliche weitere Gründe, weshalb die Schaltung nicht richtig funktionieren könnte. So kann die Kette zu kurz oder zu lang sein, oder der Abstand des Schaltwerks zum Ritzel könnte nicht passen. Vielleicht ist auch das Schaltauge verbogen, die Innenlagerwelle zu lang oder der Rahmen nicht präzise gerichtet.

WERKZEUG

Innensechskante, Schlitz- oder Kreuzschlitzschraubendreher

Einstellen des Schaltwerks

1 Schalten Sie die Kette auf das kleinste Blatt und kleinste Ritzel, bis beim Herunterschalten keine Raststufen mehr ausgelöst werden. Die Schaltzüge sind dann vollständig entspannt. Schauen Sie von hinten auf das Schaltwerk. Die Führungsrolle des Schaltwerks muss exakt unter dem kleinsten Ritzel stehen, die Kette bildet dann eine gerade Linie. Ist dies nicht der Fall, müssen Sie die Position mit der Endanschlagschraube einrichten.

2 Bei Schaltwerken sind die Schrauben oft mit »h« (high gear) und »l« (low gear) gekennzeichnet. Der hohe Gang bedeutet große Über-setzung (kleines Ritzel). Drehen Sie die Schraube rechts herum, wenn das Schaltwerk weiter innen, oder nach links, wenn es weiter außen stehen soll. Zählen Sie die Umdrehungen, damit Sie zurückdrehen können, falls Sie an der falschen Schraube gedreht haben und sich das Schaltwerk nicht bewegt.

3 Prüfen Sie den inneren Anschlag. Drehen Sie langsam die Kurbel und drücken Sie das Schaltwerk vorsichtig nach innen, bis die Kette bis zum größten Ritzel hochgeklettert ist. Der Kettenwechs-ler darf sich in dieser Stellung nicht weiter nach innen drücken lassen, sonst kann die Kette zwischen Zahn-kranz und Speichen geraten, oder der Schaltwerkskäfig kollidiert mit den Speichen. Beides kann zu Stürzen und schweren Schäden führen.

4 Begrenzen Sie den Weg des Schaltwerks mit der zweiten Endanschlagschraube, bis die Kette zuverlässig auf dem größten Ritzel läuft. Drehen Sie weiter an der Kurbel und lassen Sie das Schaltwerk los, sodass die Kette wieder auf dem kleinsten Zahnrad läuft.

5 Drehen Sie die Justageschrauben für die Zugspannung an Schaltwerk und Gegenhalter am Unter- oder Steuerrohr des Rahmens ganz hinein (siehe auch Bilder Nr. 7 auf der nächsten Seite und Nr. 4 auf Seite 125). Der Schaltzug sollte nicht schlaff herunterhängen, sondern leicht gespannt sein.

6 Ist das nicht der Fall, lösen Sie die Klemmschraube (nur lösen, nicht herausdrehen) am Schaltwerk. Halten Sie dabei den Schaltzug fest. Ziehen Sie den Zug straff, er soll aber weiter in der Führungsrille im Schaltwerk und in der Beilagscheibe der Schraube verlaufen. Klemmen Sie den Zug wieder.

Einstellen des Schaltwerks

7 Drehen Sie nun an der Kurbel und schalten Sie einen Gang hoch. Die Kette sollte unmittelbar aufs nächste Ritzel klettern. Wenn nicht, müssen Sie den Zug erneut straffen. Schalten Sie zurück, drehen Sie die Justageschraube am Schaltwerk eine halbe Umdrehung gegen den Uhrzeigersinn heraus. Prüfen Sie erneut den Schaltvorgang. Wenn die Kette nicht klettert, müssen Sie erneut eine halbe Umdrehung zulegen.

8 Klettert die Kette hoch, schalten Sie zurück, um zu prüfen, ob die Kette auch abwärts wandert. Wenn die Kette auf dem zweiten oder dritten Ritzel läuft, werfen Sie einen Blick von hinten auf das Schaltwerk. Die Kette sollte vom Ritzel gerade nach unten auf die Leitrolle laufen und nicht an einem der benachbarten Ritzel streifen. Klappt der Schaltvorgang vom kleinsten aufs nächstgrößere Ritzel und zurück, schalten Sie nacheinander alle Gänge durch. Aufs größte Ritzel sollten Sie allerdings vorsichtig schalten, damit die Kette nicht darüber hinaus läuft, falls die Endanschlagschraube noch nicht optimal justiert wurde. Liegt die Kette auf dem größten Zahnrad, prüfen Sie die Begrenzung des Schwenkbereichs nochmals, indem Sie das Schaltwerk von Hand vorsichtig in Richtung Speichen drücken und am Laufrad drehen.

9 Für optimale Funktion der Schaltung muss zwischen der oberen Führungsrolle und Ritzel stets ein Abstand von einem Kettenglied vorhanden sein, zwei Laschen müssen also frei liegen. Zur Einstellung haben die Schaltwerke von Shimano und SRAM eine Schraube, die sich auf der Stirnseite des Ausfallendes abstützt. Drehen Sie zur Kontrolle die Kurbeln rückwärts. Die Leitrolle sollte die Ritzel auch bei dieser Bewegung nicht berühren.

10 Genügt der Abstand noch nicht, kann man die Kette um ein Glied kürzen. Das spannt das Schaltwerk mehr vor. Schalten Sie zur Kontrolle der richtigen Kettenlänge vorne vorsichtig auf das große Blatt. Läuft die Kette hinten auf dem kleinsten Ritzel, müssen die Schaltungsrollen senkrecht übereinander stehen.

11 Zwei Dinge unterscheiden die Schaltwerke von Campagnolo in der Einstellung von den Shimano- und SRAM-Modellen: Die Endanschlagschrauben liegen auf der Außenseite, und die hintere Schraube ist für den inneren Anschlag, die vordere Schraube für den äußeren.

12 Den Abstand der Führungsrolle zu den Ritzeln regeln Sie bei Campagnolo-Schaltwerken mit der Schraube auf der Unterseite des Schaltwerks, ganz in der Nähe der Achse der Führungsrolle.

Einstellen des Umwerfers

1 Schalten Sie aufs größte Ritzel und auf das kleine Kettenblatt. Prüfen Sie den Verlauf des äußeren Leitblechs zum großen Kettenblatt. Die Unterkante des Leitblechs sollte gleichmäßig etwa zwei Millimeter über dem Kettenblatt stehen. Beachten Sie, dass die Zähne moderner Kettenblätter teils unterschiedlich geformt sind, was zu Täuschungen führen kann. Das äußere Leitblech sollte zudem parallel zu den Kettenblättern stehen.

2 Ist eine dieser beiden Bedingungen nicht gegeben, lösen Sie die Befestigungsschraube des Umwerfers ein bis zwei Umdrehungen und justieren Sie diesen ein. Drehen Sie die Schraube wieder fest und kontrollieren Sie die beiden geometrischen Voraussetzungen noch einmal.

3 Kontrollieren Sie die Stellung des inneren Leitblechs zur Kette. Die Kette sollte nicht streifen, der Abstand muss jedoch so klein wie möglich sein. Stellen Sie den Abstand mit der innen liegenden Endanschlagschraube ein. Sollte sie schwer zugänglich sein, schwenken Sie den Werferkäfig von Hand etwas nach außen. Schrauben Sie den Endanschlag schrittweise hinein.

4 Die Zugspannschraube am Unter- oder Steuerrohr muss ganz eingedreht und der Schaltgriff entspannt sein, bevor Sie kontrollieren, ob der Zug straff gespannt ist. Der Zug sollte sich am Unterrohr nur minimal wegziehen lassen, bevor sich der Umwerfer bewegt. Wenn nicht, halten Sie den Zug des Umwerfers fest und lösen Sie die Klemmschraube. Straffen Sie den Zug und klemmen Sie ihn wieder in den Führungsnuten fest. Schalten Sie hinten auf ein mittleres Ritzel.

5 Schalten Sie aufs große Blatt. Klettert die Kette nicht hoch, liegt es an zu geringer Zugspannung oder der zu weit eingedrehten Endanschlagschraube. Spannen Sie den Zug mit der Spannschraube am Steuer- oder Unterrohr um eine halbe Umdrehung entgegen dem Uhrzeigersinn. Versuchen Sie erneut, auf das große Blatt zu schalten. Straffen Sie den Zug so lange, bis es problemlos klappt.

6 Lassen Sie die Kette auf dem großen Blatt, schalten Sie hinten aufs kleinste Ritzel. Der Abstand vom Umwerfer zur Kette muss wieder so eng wie möglich werden, damit die Kette nicht nach außen abgeworfen wird. Entspannen Sie den Schaltzug wieder, drehen Sie die Endanschlagschraube eine Viertelumdrehung hinein. Schalten Sie wieder hoch und drehen Sie an der Kurbel. So oft wiederholen, bis die Einstellung in Ordnung ist. Prüfen Sie die Funktion abschließend gründlich!

Besonderheiten bei Campagnolo

1 Die wichtigste Einstellung ist der Endanschlag nach innen. Drehen Sie langsam an der Kurbel und drücken Sie das Schaltwerk mit der Hand nach innen. Drehen Sie die hintere Kreuzschlitzschraube nach rechts für mehr Distanz. Die vordere Schraube bildet den Anschlag nach außen.

2 Die Führungsrolle berührt in manchen Positionen die Zahnspitzen. Bei Campa-Schaltwerken liegt die Schraube zur Regulierung des Abstands an der Unterseite des Schaltwerks.

3 Drehen Sie an der Schraube, um den Abstand zu regulieren. Das klappt nicht immer, denn Campagnolos Schaltwerke harmonieren nicht oder nur eingeschränkt mit Schaltaugen, die weit hinten liegen.

Besonderheiten bei SRAM

1 Stellen Sie den inneren Endanschlag an der oben beziehungsweise weiter innen liegenden, etwas groß wirkenden Schraube ein. Diese Alu-Schraube nimmt einen 2,5-mm-Innensechskant auf.

2 Mit der 2,5-mm-Innensechskantschraube hinten am Schaltwerk justieren Sie den Abstand der Führungsrolle zu den Zahnspitzen. Wegen des anderen Drehpunktes des Rollenkäfigs muss der Abstand größer sein (6 Millimeter) als bei Campagnolo und Shimano.

3 Bei SRAM und Shimano sollten 1 bis 3 Millimeter zwischen dem großen Blatt und dem äußeren Umwerfer-Leitblech liegen, das parallel zu den Kettenblättern stehen sollte. Campagnolo: 1 bis 2 Millimeter, das innere Blech steht parallel zu den Blättern.

Besonderheiten bei Shimano (1)

1 Die Dura-Ace 7900 hat keine Trimmfunktion mehr für das große Blatt; der Umwerfer ermöglicht, dass sich alle Gänge schalten lassen, ohne dass die Kette am Umwerfer schleift. Obwohl die Kette nie gleichzeitig auf dem großen Blatt vorne und dem größten Ritzel hinten laufen sollte, wird diese Position nun für die Einstellung aufgelegt.

2 Regulieren Sie nun die Zugspannung am Zuganschlag am Unterrohr oder je nach Modell an den Verstellmöglichkeiten direkt im Zug mit dem geriffelten Zugversteller. Stellen Sie den Zug so ein, dass die Kette gerade eben nicht am inneren Umwerferblech streifen kann.

3 Schalten Sie vom großen Blatt herunter und machen Sie die Gegenprobe direkt am Zug. Dieser muss ungewohnt lose am Rahmen entlanglaufen. Dann schalten Sie mehrmals. Um aufs große Blatt zu gelangen, drücken Sie den Hebel durch, bis er einrastet. Neigt der Hebel zum Zurückzuspringen, ist die Spannung womöglich noch zu straff.

Besonderheiten bei Shimano (2)

1 Der innere Endanschlag wird mit der hinteren unteren Kreuzschlitzschraube begrenzt. Prinzipiell ist das gleich wie bei Campagnolo und SRAM, hat aber den Vorteil, dass Sie während des Einstellens direkt von hinten auf die Stellung der Führungsrolle zum Ritzel schauen können.

2 Schalten Sie in den kleinsten Gang und drehen Sie die Kurbel. Drehen Sie die Kreuzschlitzschraube, die sich auf dem Ausfallende abstützt, so weit ein, bis die Zahnspitzen der Führungsrolle die des Ritzels nicht mehr berühren.

3 Am Umwerfer bildet bei allen Herstellern die innere Kreuzschlitzschraube den inneren Endanschlag. Schalten Sie in den kleinsten Gang. Stellen Sie die Schraube so ein, dass die Kette gerade nicht mehr am Leitblech des Umwerfers streift. Idealer Abstand: 0,5 Millimeter oder weniger.

Unter Strom

Die Vorzüge von Shimanos Elektronikgruppe »Di2« bei
Schaltgeschwindigkeit und -präzision sind inzwischen bekannt.
Noch ein Vorteil: Die Komponenten sind kinderleicht zu montieren.
Wir zeigen die wichtigen Handgriffe.

Die »Di-ai-tu« lässt keinen kalt – schon gar nicht, wenn sie als Variante der Mittelklasse-Gruppe Ultegra demnächst für immer mehr Rennradler erschwinglich wird. Technik-Fans wollen sie unbedingt, Puristen hingegen fürchten, die Elektrifizierung könne das Rad auf Dauer unnötig kompliziert, teuer und anfällig machen. Von den mechanischen Gruppen unterscheiden sich die Elektroversionen durch andere Schaltbremsgriffe sowie Umwerfer und Schaltwerke mit Stellmotoren, die durch Tipptasten an den Griffen bedient werden. Die Schaltlogik ist identisch mit der mechanischen Gruppe, Schaltwege und Schaltkräfte sind jedoch minimiert. Den Strom liefert ein Akku, der mittels Alu-Schiene an den Flaschenhalterbohrungen befestigt wird und unterhalb der Flasche Platz nimmt. Griffe, Akku und Schaltwerke werden über einen zweiteiligen Kabelbaum miteinander verbunden, den es in zwei Ausführungen und drei Längen gibt: zur Verlegung außen und zur Verlegung im Rahmeninnern.

Die Elektrogruppe ist geradezu prädestiniert für die Innenverlegung der Kabel. Das Rad sieht aufgeräumt aus, die Kabel sind vor Beschädigung geschützt. Im Gegensatz zu innenverlegten, reibungsanfälligen Bowdenzügen können die Elektrokabel problemlos um tausend Ecken führen – ideal vor allem für Zeitfahrmaschinen. Bei Außenverlegung – was nur die zweitbeste Variante ist – werden die Kabel in selbstklebenden Kabelkanälen geführt, die Zuganschläge der Schaltzüge bleiben leer.

Die Funktion ist schlicht überwältigend. Insbesondere der Umwerfer, der unter allen Bedingungen kraftvoll, schnell und präzise schaltet, sticht alles aus. Der chipgesteuerte Umwerfer justiert sich automatisch immer so, dass die Kette nicht schleift. Selbst extremer Kettenschräglauf ist möglich, wenngleich wegen des schlechten Wirkungsgrades und des höheren Verschleißes trotzdem nicht sinnvoll. Das aktive Über- und Unterschalten macht die Schaltvorgänge sicher, egal bei welcher Trittfrequenz und egal wie kräftig man gerade zutritt. Nie fällt die Kette neben Ritzel oder Blätter.

Der Lithium-Ionen-Akku mit 7,4 Volt ist außerordentlich standfest. Ein TOUR-Test brachte das überraschende Ergebnis, dass der Umwerfer 15 000-mal schaltet, bevor der Akku aufgibt. Und wenn vorne nichts mehr geht, kann das hintere Schaltwerk immer noch 50-mal das komplette Ritzelpaket durchschalten, bevor der Strom zum Erliegen kommt – eine Schutzfunktion, die der Chip im Umwerfer diktiert. Das

hintere Schaltwerk schafft knapp 20 000 Schaltvorgänge, 2000 bis 4000 Kilometer dürften typische Reichweiten sein.

Die Ladestandsanzeige informiert in vier Stufen darüber, wie lange der Akku noch kann. Bei 43 Prozent Kapazität blinkt die Statusanzeige erstmals grün. Bei 12 Prozent wechselt die Anzeige auf rotes Dauerlicht, bei 3,5 Prozent blinkt sie rot. Fast immer reicht sogar die letzte Warnung, um noch rechtzeitig zur Steckdose zurückzufinden – selbst wenn man auf ausgedehnter Runde unterwegs ist. Spätestens bei Beginn des roten Dauerlichts sollte man den Akku aber laden. Eine Schnellladung von 15 Minuten reicht, sollte man erst kurz vor Abfahrt den tiefen Akkustand entdecken.

Maximal zwei Stunden dauert es, bis der leere Akku wieder voll ist, längeres Laden bringt nicht mehr Kapazität. Eine spezielle Erhaltungsladung zur Akkupflege bietet das Ladegerät jedoch nicht – einer der wenigen Minuspunkte im überzeugenden Gesamtkonzept. Fairerweise muss man sagen, dass sich ein verschlissener Akku wie bei jedem anderen Akkusystem natürlich auch austauschen lässt. 80 Euro soll ein Akku kosten (Listenpreis).   *Robert Kühnen*

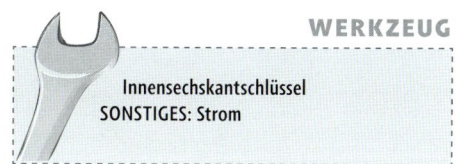

WERKZEUG

Innensechskantschlüssel
SONSTIGES: Strom

Kabelverlegung

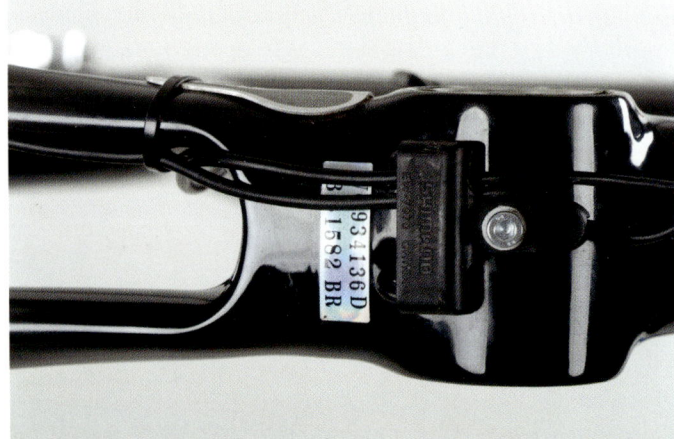

1 Der zentrale Knotenpunkt des Kabelbaums bei außen verlegten Kabeln befindet sich unter dem Tretlager. Hier wird eine spezielle Führung angeschraubt, in der die Kabel für Umwerfer und Schaltwerk aufgenommen sind.

2 Am zweiten Knotenpunkt unter dem Lenker liegt die Kontrollstation, in der die beiden dünnen Kabel von den Schaltbremsgriffen zusammenlaufen. Montieren Sie die Punkte zunächst provisorisch.

3 Verlegen Sie von dort die Kabel zu den Schaltelementen. Aufkleber mit »RD« für »Rear Derailleur« (Schaltwerk) und »FD« (»Front Derailleur«) für den vorderen Umwerfer lassen keine Verwechslung zu. Fixieren Sie den Kabelbaum mit Kabelbindern so am Rahmen, dass Reifen, Kurbeln und Ihre Fersen nicht scheuern oder hängenbleiben.

Batterie-Check

1 Um zu prüfen, ob die Batterie noch genügend Strom hat, drücken Sie ein paar Sekunden lang auf eine der Schaltwippen am Bremsgriff. Leuchtet die Lampe grün, ist noch genügend Strom im System. Wenn nicht, sollten Sie die Batterie laden.

2 Klappen Sie die Hebel um und drücken Sie den Knopf an der Akkubasis am Unterrohr. Ziehen Sie mit der anderen Hand den Akku aus der Halterung. Um den Akku nach dem Laden wieder zu montieren, drücken Sie ebenfalls den Knopf und schieben den Akku in seinen Sitz.

3 Tests zu Folge liefert der Akku Energie für rund 2500 Kilometer, dann schaltet der Umwerfer nicht mehr. Das Schaltwerk arbeitet noch einige Kilometer mehr, bevor endgültig Schluss ist. In rund zwei Stunden lädt das Ladegerät den Akku wieder voll.

Schaltung und Umwerfer

1 Drehen Sie langsam an der Kurbel und drücken Sie mehrfach zuerst einen der beiden Schalttaster, bis die Kette entweder auf dem äußeren oder inneren Ritzel läuft. Justieren Sie den Endanschlag, damit die Kette nicht über das Ritzel hinaus transportiert wird. Verfahren Sie in der anderen Extremstellung ebenso.

2 Schalten Sie hinten aufs größte Ritzel und vorne aufs kleine Kettenblatt. Drehen Sie die Kurbel langsam rückwärts und kontrollieren Sie, ob die Leitrolle Abstand zum großen Ritzel hat. Ist dies nicht der Fall, drehen Sie im Uhrzeigersinn an der hinten liegenden Schraube.

3 Belassen Sie die Kette auf der gewählten Über- setzung und justieren Sie den Umwerfer mit der nach außen zeigenden Schraube. Das innere Leitblech muss so nahe an der Kette positioniert sein, dass diese nicht herunterfällt, und weit genug weg, damit sie nicht streift.

Synchronisierung

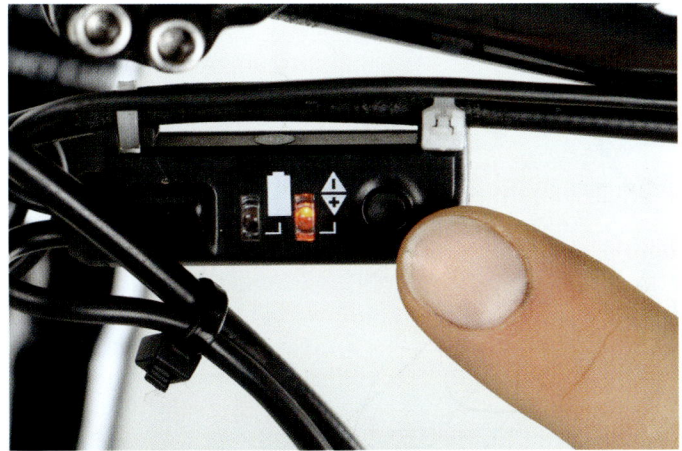

1 Schalten Sie auf einen mittleren Gang. Drücken Sie die Taste an der vorderen Weiche unter dem Lenker, bis die Kontrollleuchte rot aufleuchtet. Das Schaltwerk kann jetzt fein justiert werden. Drehen Sie an der Kurbel und lauschen Sie dem Lauf der Kette.

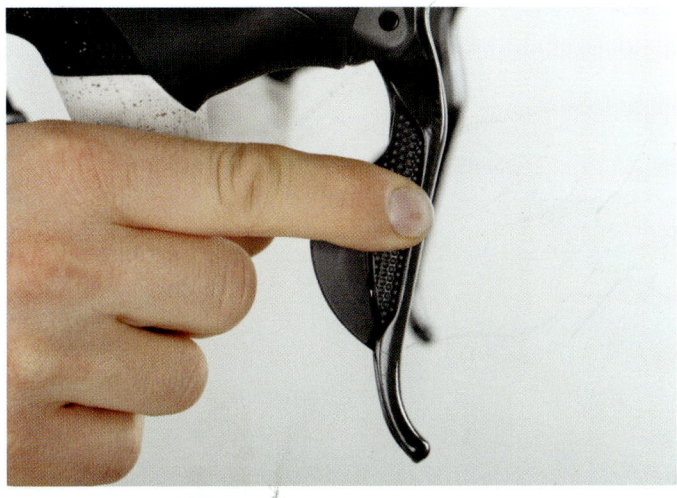

2 Wenn die Kette nicht geräuschlos abrollt, drücken Sie den vorderen Hebel. Bei jedem Druck wird das Schaltwerk einen Zehntelmillimeter nach innen gerückt. Wird das Geräusch lauter, drücken Sie am hinteren Hebel.

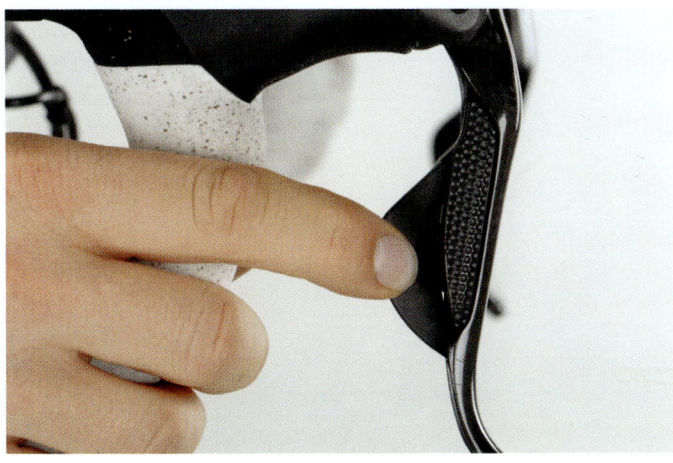

3 Das Schaltwerk wird in Zehntelmillimeter-Schritten weiter nach außen positioniert. Wenn die Kette ruhig läuft, drücken Sie erneut die Taste an der Weiche – das rote Licht erlischt. Schalten Sie abschließend alle Gänge durch, um die ordentliche Funktion zu überprüfen.

Exkurs: Bergübersetzung

1 Mit einer Zehnfach-Mountainbike-Kette, einem MTB-Ritzelpaket und einem Rennradschaltwerk mit langem Käfig können Sie für weniger als 100 Euro eine extrem bergtaugliche Übersetzung kombinieren. Nieten Sie dazu die alte Kette auf, entfernen Sie die Zugendkappe und lösen Sie die Zugklemmschraube. Ziehen Sie dann das Schaltwerk etwas nach hinten und lösen Sie die Befestigungsschraube vollständig.

2 Bauen Sie das Laufrad aus und entfernen Sie den Schnellspanner. Setzen Sie die Kettenpeitsche in Kettenzugrichtung mit waagerechtem Hebel auf dem größten Ritzel an. Stecken Sie das Zahnkranz-Abziehwerkzeug in das Profil des Abschlussringes und lösen Sie diesen mit einem langen Hebel.

3 Nehmen Sie den Spezial-Zwischenring für Rennrad-Zahnkränze ab. Säubern Sie die Auflageflächen und Gewinde des Freilaufkörpers gründlich und fetten Sie sie anschließend neu, gleichmäßig und dünn.

4 Schieben Sie die Zahn-
kranzbestandteile
und Ritzel samt der
Zwischenringe auf. Das
innere Profil der Ritzel ist asymmetrisch, sie können nur in einer Position
montiert werden. Die Beschriftung
der einzelnen Ritzel weist in Fahrtrichtung nach rechts.

5 Fetten Sie Gewinde und
Anlauffläche des Ab-
schlussringes und setzen
Sie ihn vorsichtig an.
Drehen Sie den Ring erst zwei bis drei
Umdrehungen von Hand an, bevor Sie
ihn mit dem Drehmomentschlüssel
auf 40 Nm fest drehen. Kontrollieren
Sie, ob der Zahnkranz wirklich fest
sitzt.

6 Säubern Sie die Schaltwerksaufnahme, fetten
Sie die Gewinde ein.
Halten Sie das Schaltwerk
leicht nach hinten gedreht, drehen Sie
die Befestigungsschraube vorsichtig
einige Umdrehungen in das Schaltauge und ziehen Sie dann mit 8 bis
10 Nm fest. Bauen Sie das Hinterrad
ein.

Bergübersetzung

7 Entspannen Sie den Schalthebel vollständig, drehen Sie alle Einstell- und die Endanschlagschrauben zurück. Klemmen Sie den Zug ans Schaltwerk. Alle Außenhüllen des Zuges müssen sauber in den Anschlägen sitzen und der Zug leicht gespannt sein. Sichern Sie den Schaltzug mit einer Zugendkappe gegen Aufspleißen.

8 Legen Sie die Kette (Schrift in Fahrtrichtung rechts) aufs große Blatt, fädeln Sie sie durch den Umwerfer sowie über das kleinste Ritzel und durchs Schaltwerk, vorbei an den Nasen des Führungsbleches. Ziehen Sie die Kette unten zusammen. In dieser Position müssen die Rollenschrauben des Schaltwerks senkrecht übereinander stehen.

9 Bei der Kombination von kleinem Blatt und kleinstem Ritzel muss die Kette noch leicht gespannt sein, bei der Gegenprobe auf großem Blatt und größtem Ritzel darf der Schaltwerkskäfig nicht vollständig gespannt sein. Kürzen Sie die Kette (Kettennieter TL-CN-27 oder TL-CN-32) an dem Ende, das mit der Innenlasche endet.

10 Setzen Sie den gefetteten Verbindungsstift von außen in die zusammengeschobene Kette. Werfen Sie nochmals kurz einen Blick auf die richtige Kettenlänge, bevor Sie die Spindel des Werkzeugs gleichmäßig drehen, bis der Niet fühl- und hörbar einrastet. Die Kraft, mit der die Spindel gedreht werden muss, lässt dann sofort nach. Nicht mehr weiterdrehen!

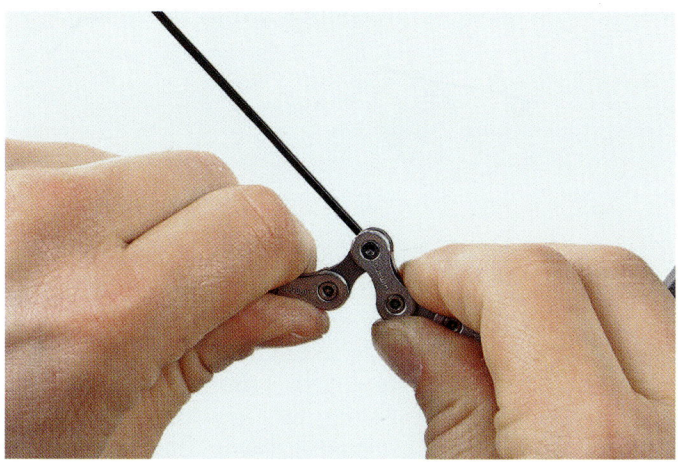

11 Das vernietete Kettenglied muss sich frei bewegen lassen, der Niet muss außen bündig anliegen und darf innen nicht überstehen. Wenn Sie die Glieder von Hand zusammenschieben, muss die Schaltwerksspannung die Kette wieder vollständig straffen. Bewegen Sie andernfalls die Kette quer zur Laufrichtung oder drücken Sie den Niet etwas nach.

12 Brechen Sie zum Schluss den Führungsstift am Niet mit der Zange ab. Stellen Sie den äußeren Endanschlag des Schaltwerks, die Zugspannung und vor allem den inneren Endanschlag ein, damit Schaltwerk oder Kette nicht mit den Speichen kollidieren. Drehen Sie die hinten liegende Schraube ganz ein, damit die obere Führungsrolle etwas Abstand zum Zahnkranz bekommt.

Kettenreaktion

Das Medium zur Kraftübertragung am Rennrad ist an Effizienz kaum zu überbieten, will aber penibel montiert und gepflegt sein.

Mehr Gänge, besseres Schaltverhalten – die Antriebssysteme der Komponentenhersteller werden immer ausgeklügelter, wofür sie hochtechnische Ketten benötigen. Sie müssen schmal, beweglich, kletterfreudig, reibungsarm und haltbar sein. Um diesen hohen Anforderungen gerecht zu werden, muss vor allem auch die Montage passen.

In der Regel funktionieren die Antriebe mit den Originalketten am zuverlässigsten. Ohne das richtige Werkzeug wird eine neu vernietete Kette zum Risiko. Wer den Kauf des Spezialwerkzeugs scheut, lässt die Kette besser beim Händler montieren. Einfacher geht es mit einem Kettenschloss, das beim Verschließen kein Werkzeug benötigt.

An der Stelle des Verbindungsstiftes – bei SRAM des Verschlussgliedes – darf eine Kette nicht wieder geöffnet werden! Sicheres Vernieten gelingt nur mit einem neuen Shimano-Niet, bei Campagnolo mit dem Ersatzteil Ultra-Link. Bei SRAM wird ein weiteres Kettenschloss eingebaut.

Wenn die bisher montierte Kette gut funktioniert hat, können sie deren Länge als Referenz für die neue Kette nehmen. Ansonsten bestimmen sie die Länge, indem Sie die Kette über großes Kettenblatt und kleinstes Ritzel führen – die Länge passt dann, wenn die Rollen des Schaltwerks senkrecht übereinander stehen. Meist sind Ketten zu lang und müssen gekürzt werden. Bei Shimano und Campa kürzen Sie immer um ein paar Innenlaschen und Außenlaschen und nur am Kettentrum, das mit den Innenlaschen endet. Bei SRAM kürzen Sie um ein halbes Glied mehr, sodass sich zwei Innenlaschen gegenüber liegen.

WERKZEUG

Kettennieter und Nietstifte der diversen Hersteller, Messwerkzeuge z. B. von Wippermann oder Rohloff »Caliber«
HILFSSTOFFE: Kettenfett, Lappen

Shimano-Ketten

1 Shimanos neue Dura-Ace-Kette ist asymmetrisch: Auf der Innenseite sind alle Laschen gelocht. Die Prägungen der Außenlaschen zeigen in Fahrtrichtung nach rechts. Kürzen Sie die Kette (Kettennieter TL-CN-27 oder TL-CN-32), zwei Innenlaschen müssen die Enden bilden. Kürzen Sie die Kette um ein halbes Glied mehr als nötig, die Differenz überbrückt das Kettenschloss.

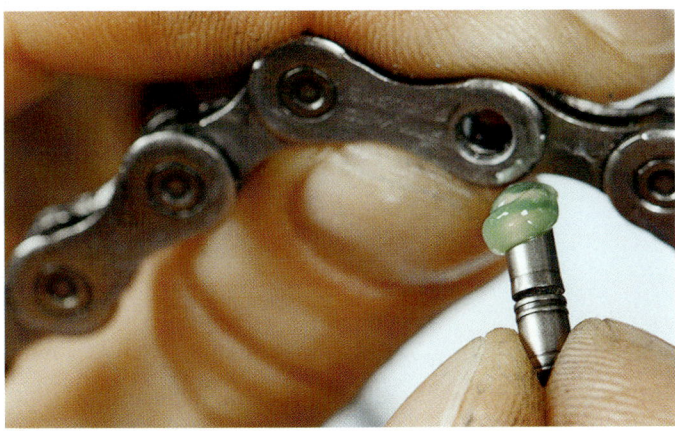

2 Schieben Sie den gefetteten Verbindungsstift durch die zusammengeschobene Kette. Prüfen Sie nochmal die richtige Kettenlänge, bevor Sie den Stift mit dem Shimano-Kettennieter für Zehnfach-Ketten hineindrücken. Drehen Sie die Spindel, bis der Niet fühl- und hörbar einrastet. Die Kraft, mit der die Spindel gedreht werden muss, lässt sofort nach. Nicht weiterdrehen!

3 Kontrollieren Sie, ob sich das vernietete Kettenglied frei bewegen lässt und ob der eigentliche Niet auf beiden Seiten gleich weit übersteht. Die Kette muss von der Spannung des Schaltwerks vollständig gestrafft werden. Ist dies nicht der Fall, müssen Sie die Kette etwas bewegen oder gegebenenfalls den Niet etwas nachdrücken. Brechen Sie abschließend den Führungsstift am Niet mit einer Zange ab.

Campagnolos Elffach-Ketten

1 Kürzen Sie die Kette mit dem Campagnolo-Werkzeug UT-CN 300 für Elffach-Ketten. Ziehen Sie den Sicherungssplint aus dem Nietwerkzeug und schwenken Sie den kleinen Hebel nach außen. Legen Sie die Kette in den Nieter und sichern Sie die Kette mit dem Splint. Drehen Sie die Spindel, bis der Niet vollständig hinausgedrückt ist.

2 Schieben Sie den gefetteten Verbindungsniet mit Einführhilfe von innen nach außen durch die zusammengeführte Kette. Prüfen Sie nochmals die richtige Kettenlänge, bevor Sie den Campa-Nieter von innen nach außen mit geöffnetem Riegel ansetzen.

3 Sichern Sie die Kette, indem Sie den Sicherungssplint in das Nietwerkzeug schieben. Drehen Sie die Spindel des Werkzeugs gleichmäßig, bis der Niet einrastet. In diesem Moment lässt die Kraft etwas nach – nicht weiterdrehen! Setzen Sie den Nietendrücker ab und kontrollieren Sie: Der Kettenniet muss auf der Kettenaußenseite einen Zehntel-Millimeter herausragen.

4 Ist das Glied noch unbeweglich, müssen Sie den Nietdrücker etwas nachdrehen und erneut kontrollieren. Passt alles und das Glied ist beweglich, schieben Sie die überstehende Einführhilfe des Niets in das Werkzeug und brechen Sie diese ab. Schwenken Sie den Riegel in das Kettenniet-Werkzeug und setzen Sie es von außen wieder an.

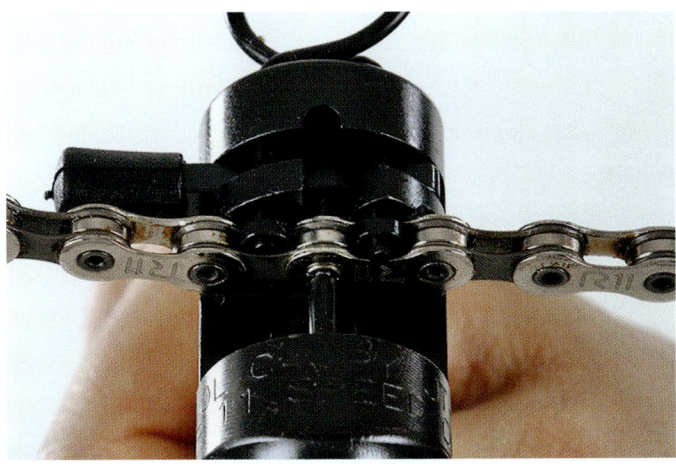

5 Sichern Sie die Kette mit dem Splint und achten Sie darauf, dass die konische Spitze genau in den Nietstift hineinläuft. Drehen Sie die Spindel mit etwas Kraft weiter, sodass der Niet etwas aufgeweitet wird. Der Überstand von 0,1 Millimetern bleibt bestehen.

6 Kontrollieren Sie die Leichtgängigkeit der Nietstelle, indem Sie die Glieder von Hand zusammenschieben. Die Kette muss von der Spannung des Schaltwerks vollständig gestrafft werden. Ist dies nicht der Fall, biegen Sie die Kette gefühlvoll quer zur Laufrichtung hin und her, bis das Glied nicht mehr klemmt.

Campagnolos Elffach-Ketten

7 Öffnet man die Kette wieder, darf dies keinesfalls an der Stelle mit dem Verschlussstift geschehen. Die Kette wäre nach dem erneuten Vernieten unsicher! Auch wenn die Kette an anderer Stelle getrennt wird, löst sich ein Span von der Außenlasche.

8 Stattdessen muss die Kette um die Länge des Ersatzteiles »HD-Link« mit den zwei Außenlaschen und zwei Verschlussstiften gekürzt werden. Anschließend wird dieses montiert. Die neuen Außenlaschen garantieren zusammen mit den Verschlussstiften, dass die Kette sicher hält.

SRAM Red

1 SRAM empfiehlt zur Bestimmung der Kettenlänge, die Kette vorne über das große Blatt und hinten über das größte Ritzel zu führen – unter Auslassung des Schaltwerks! Zu dieser Länge muss ein komplettes Glied addiert werden, bestehend aus Innenlasche und Verschluss. Damit ergibt sich wieder die Länge nach der klassischen Methode, wenn die Kette vorne über das große Blatt und hinten über das kleinste Ritzel läuft und die Schaltrollen senkrecht stehen.

2 Nachdem Sie die korrekte Länge bestimmt haben, führen Sie die Kette über das kleinste Ritzel und das kleine Blatt und durch das Schaltwerk hindurch. Fetten Sie die Bolzen der beiden Teile des Kettenverschlusses ein.

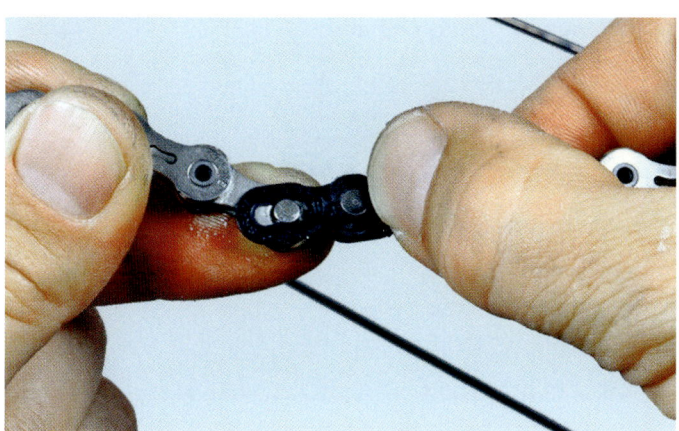

3 Schieben Sie die Verschlussteile gegengleich in das vordere und das hintere Kettentrum. Führen Sie die Kette zusammen und hängen Sie die Bolzen mit den Nuten in die gegenüberliegende Außenlasche, drücken Sie etwas und ziehen Sie das Kettenglied auseinander.

4 Drehen Sie die Kette rückwärts, bis das Verschlussglied im oberen Kettentrum steht. Treten Sie aufs Pedal, um die Kette zu verschließen – es muss hörbar klicken. Kontrollieren Sie, ob das Glied leichtgängig ist und schalten Sie abschließend zur Kontrolle alle Gänge durch.

Halt!

Funktionierende Bremsen sind kein überflüssiger Luxus. Hier lesen Sie, wie Sie die Bremse prüfen, synchronisieren, nachstellen und verschlissene Beläge austauschen.

»**W**er bremst, verliert«, ist ein ebenso beliebter wie falscher Spruch unter Radsportlern. Ohne die Bremsen geht's nun mal nicht. Allerdings garantieren nur perfekt funktionierende Bremsen, dass man überhaupt ins Ziel kommt – und dass man unter den Ersten ist. Denn je effizienter eine Bremse arbeitet, desto später kann man Kurven anbremsen und umso weniger Zeit verliert man. Also: »Wer später bremst, gewinnt.«

Nicht immer sind verschlissene Beläge der Grund für nachlassende Bremswirkung. Manchmal ist der Bremskörper einfach nur verschmutzt. Felgen und Beläge reinigen Sie am besten mit Lappen und Reinigungsbenzin. Anschließend entfernen Sie mit Schmirgelpapier die oberste Gummischicht auf den Belägen. Wenn sich die Bremse nur noch zögerlich öffnet, sind die Gelenke und Bowdenzüge verschmutzt. Dann muss man die ganze Bremse demontieren. Daher ist es sinnvoll, vorzubeugen und die Bremskörper gelegentlich mit Wasser und etwas Spülmittel zu reinigen. Nach dem Trocknen sorgen einige Tropfen dünnflüssigen Öls auf Gelenken und Auflagen der Federn dafür, dass sich der Bremskörper wieder geschmeidig bewegt. Ziehen Sie die Bremshebel einige Male im Stand, damit das Öl auch bis in die Lagerungen kriecht.

Schabende Geräusche beim Bremsen haben meist Einlagerungen in den Belägen als Ursache. Kleine Steine, aber auch sehr harte Bestandteile eines Bremsbelags können Alu-Partikel aus der Felge reißen, sodass sich mit der Zeit Alu-Klümpchen in den Belägen bilden. Die Folge: Die Bremsen lassen sich immer schlechter dosieren, und die Bremsflächen verschleißen schneller.

Den ganz normalen Verschleiß von Belägen erkennt man meist daran, dass die Bremsleistung nachlässt und man die Hebel weiter zum Lenker ziehen muss, bevor es bremst. Das geht kontinuierlich und fällt zunächst nicht auf. Im Extremfall lässt sich der Hebel sogar bis zum Lenker durchziehen. Machen Sie es sich zur Gewohnheit, das regelmäßig zu prüfen.

Verschlissene Bremsbeläge müssen rechtzeitig ersetzt werden, damit der Bremsschuh die Felge nicht beschädigt. Bei hohen Felgen droht diese Gefahr vor allem durch die kleinen Flügel, die das Einsetzen des Laufrades erleichtern sollen. Austauschen sollte man Beläge auch dann, wenn Belag und Felge nicht aufeinander abgestimmt sind, was selbst bei fabrikneuen Rädern häufig der Fall sein kann. Besteht der Belag zum Beispiel aus zu hartem Material und die Felge aus zu weichem, verschleißt die Felge wesentlich schneller.

Die Hersteller bieten verschiedene Belagsvarianten: So gibt es von Campagnolo und Shimano je eine Belagsmischung für blanke, schwarz oder bunt eloxierte Felgen, die eine verhältnismäßig weiche Oberfläche aufweisen. Eine zweite Sorte bringt bessere Verzögerung bei Regen, insbesondere auf hart eloxiertem Aluminium, das an der dunkelgrauen Farbe erkennbar ist. Hersteller von Nachrüst-Belägen offerieren mehrere Mischungen, darunter auch spezielle Gummis für keramikbeschichtete Felgen.

Die zunehmende Verbreitung von Carbonlaufrädern hat den Blick erneut auf das Thema Bremsbeläge gelenkt: Die üblichen Gummistopper, die auf Alu-Felgen gute Bremsleistungen erzielen, sind für Carbonfelgen meist ungeeignet. Carbonfelgen erfordern spezielle Beläge, auch weil sie im Vergleich zu Alu-Felgen dramatisch geringere Bremskräfte ermöglichen. Inzwischen

bieten die Komponentenhersteller Campa, Shimano und SRAM sowie Zubehörfirmen wie Cool Stop und Corima spezielle Carbon-Bremsbeläge an; auch die Laufradhersteller statten ihre Carbonlaufräder immer öfter bereits ab Werk mit speziellen Belägen aus. Am systembedingten Grundproblem von Carbonlaufrädern ändert das jedoch kaum etwas: Deren Bremsverhalten ist sensibel, vor allem bei Nässe.

TIPPS

- ▶ Kontrollieren Sie regelmäßig den Leerweg der Hebel und stellen Sie die Bremsen nach.
- ▶ Reinigen Sie verschmutzte Felgen mit einem Lappen und etwas Reinigungsbenzin, entfernen Sie an den Belägen die oberste Schicht mit Schmirgelpapier.
- ▶ Kontrollieren Sie die Beläge regelmäßig auf kleine Einlagerungen, die die Felgen über Gebühr verschleißen.
- ▶ Neue Beläge montiert? Machen Sie ein paar Probebremsungen abseits des Straßenverkehrs, damit Sie sich an das eventuell geänderte Bremsverhalten gewöhnen können.

Tipps für Crossbremsen

- ▶ Probieren Sie andere Bremsgummis. Je nach Mischung der Gummis und Art der Felge kann die Bremskraft deutlich variieren.
- ▶ Wenn labile Gabeln und Hinterbauten sich elastisch verbiegen, können kaum hohe Kräfte erreicht werden. Abhilfe können Verstärkungsbügel schaffen.
- ▶ Planen Sie genügend Zeit ein. Die perfekte Justage einer Cantilever-Bremse gleicht einem Geduldsspiel.

WERKZEUG

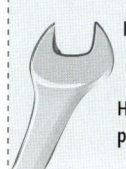

Innensechskante, Drehmomentschlüssel, Schraubendreher, Schraubstock, Rohrzange, Maulschlüssel
HILFSSTOFFE: Schmierseife, Schmirgelpapier, Reinigungsbenzin

Bremsenprüfung

1 Ziehen Sie am Bremshebel und beobachten Sie, wann die Beläge die Felge berühren. Nach spätestens einem Drittel des Weges sollte der Hebel Widerstand aufgebaut haben. Kommt dieser »Druckpunkt« später, drehen Sie am Ring der Stellschraube. Beobachten Sie, wie sich der Abstand zwischen Belägen und Felgen verändert. Größer als ein bis zwei Millimeter sollte er nicht sein, damit auch bei Vollbremsungen Reserven vorhanden sind.

2 Reicht der Verstellweg nicht, lösen Sie die Zugklemmschraube und ziehen Sie den Zug etwas straffer. Achten Sie darauf, dass der Innenzug in der Nut geklemmt wird und drehen Sie die Schraube mit einem Drehmoment von 6 bis 8 Nm (Shimano und SRAM) beziehungsweise 5 Nm (Campa) an. Kontrollieren Sie auch die Bremsbefestigung an Rahmen und Gabel mit einem Drehmoment von 8 bis 10 Nm (Shimano und SRAM) bzw. 10 Nm (Campa).

3 Kontrollieren Sie, ob die Bremsbeläge symmetrisch zur Felge stehen. Der Abstand sollte auf beiden Seiten gleich groß sein. Drehen Sie bei Shimano und SRAM an der Innensechskant-Schraube oben auf dem Bremskörper und beobachten Sie, wie die Bremse synchronisiert wird. Bei Campagnolo liegen die sehr kleinen Schrauben seitlich an den Bremskörpern.

Shimano: Griffweite einstellen

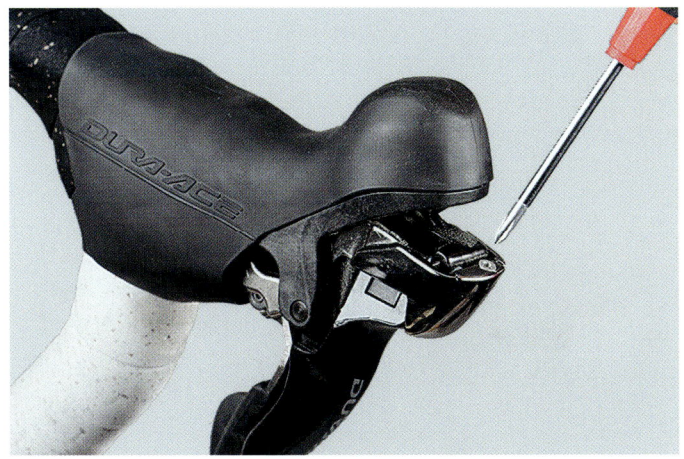

1 Öffnen Sie die Entspann-hebel an beiden Brems-körpern. Ziehen Sie den Bremshebel etwas und schrauben Sie die Kreuzschlitzschraube oben am Hebel vollständig ab. Ziehen Sie danach den Deckel nach vorne und unten ab. Die Bohrung für die Anpassung liegt nun frei.

2 Ziehen Sie den Hebel leicht und drehen Sie die im Inneren liegende Schraube im Uhr-zeigersinn. Lassen Sie den Hebel immer wieder los und prüfen Sie, ob Sie den Hebel aus dem Unterlenker heraus gut greifen können. Wenn nicht, drehen Sie die Schraube weiter zu. Stellen Sie an beiden Bremsen gleich viel nach. Schließen Sie die Ent-spannhebel an den Bremsen wieder.

3 Die Verstellung wirkt sich auf den Leerweg der Bremse aus. Kontrollieren Sie, ob beide Bremshebel noch Leerweg aufweisen und ob sich die Felgen frei zwischen den Brems-belägen drehen. Justieren Sie an den Zugspannschrauben der Bremskörper entsprechend nach, bis beide Brems-hebel den gleichen Leerweg aufwei-sen – und zwar maximal ein Viertel des Gesamtweges bis zum Lenker.

SRAM: Griffweite einstellen

1 Die Griffweite von Schalt- und Bremshebeln kann justiert werden. Stülpen Sie den Griffgummi nach hinten und entspannen Sie den Schalthebel vollständig. Drücken Sie den Schalthebel wieder nach innen und ziehen Sie diesen etwas zum Lenker. Verdrehen Sie das mit einer kleinen Bohrung versehene Verstellelement.

2 Drücken Sie dazu das Element mit einem spitzen Gegenstand nach innen und wählen Sie eine der sechs Positionen, die den Hebel näher an den Lenker schwenken.

3 Danach stellen Sie den Bremshebel mit einem 3-mm-Innensechskant (nach rechts drehen) näher an den Lenker. Der Hebel darf gerade den Schalthebel berühren. Kontrollieren Sie, ob der Bremshebel noch einen kurzen Leerweg hat, bis der Druckpunkt der Bremse einsetzt. Entspannen Sie den Bremszug etwas.

Belagwechsel

1 Die Beläge lassen sich am einfachsten wechseln, wenn Sie sie komplett abschrauben. Drehen Sie die Stellmutter der Nachspanneinrichtung zurück und entspannen Sie den Bremskörper. Lösen Sie dann die Belagschrauben.

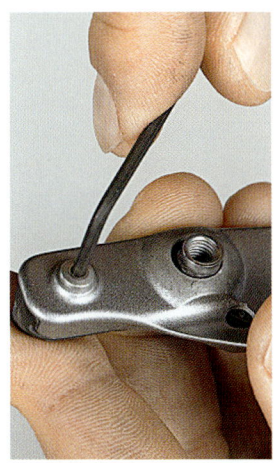
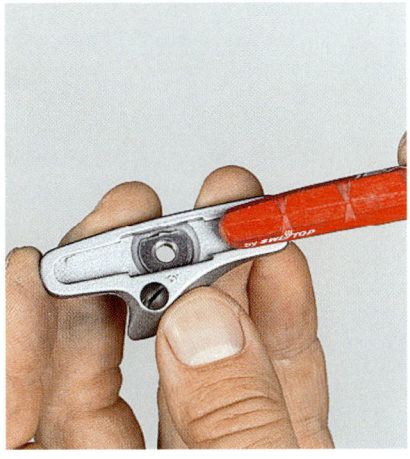

2 Lösen und entfernen Sie bei Shimano- und SRAM-Belägen die Innensechskantschraube auf der Trägeraußenseite. Ziehen Sie den Belag heraus und achten Sie dabei auf die Kontur und die Pfeilrichtung. Schieben Sie einen zum Felgentyp passenden, identisch geformten Belag mit ausreichender Stärke in den Träger. Sichern Sie den Belag am besten mit einer neuen, bereits mit Schraubensicherung versehenen Schraube.

3 Achten Sie bei der Montage der Belagsträger an der Bremse auf deren Ausrichtung. Nach vorne müssen die Träger geschlossen sein, hinten sind sie offen. So wird der Belag beim Bremsen hineingedrückt und nicht herausgezogen! Zusätzlich muss die Krümmung zum Verlauf der Felge passen.

Belagwechsel

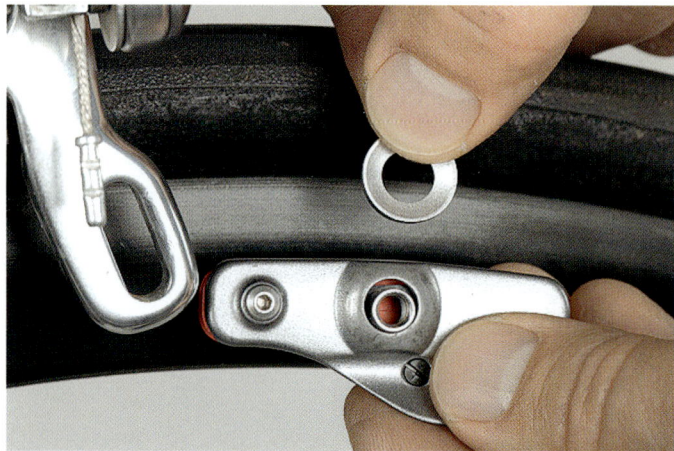

4 Zwischen Belagsträger und Bremskörper kommt eine konkave Beilagscheibe. So kann sich der Belag genau an die Bremsflanke anschmiegen. Drehen Sie die Schraube nur leicht an, damit der Winkel angepasst werden kann, und schieben Sie die Beläge in die richtige Höhe. Der Belag darf weder oben noch unten über die Bremsfläche der Felge hinausragen.

5 Ziehen Sie den Bremshebel, um die Beläge festzuhalten. Drehen Sie die Schrauben mit dem Drehmomentschlüssel (5–7 Nm bei Shimano und SRAM, 8 Nm bei Campa) fest. Bei quietschenden Bremsen sollten Sie die Beläge leicht anwinkeln, sodass der vordere Bereich zuerst anliegt. In diesem Fall müssen Sie den Belag von Hand fixieren.

6 Schließen Sie die Entspannvorrichtung und kontrollieren Sie den Abstand der Beläge zu den Felgenflanken und die Funktion der Bremse. Korrigieren Sie gegebenenfalls den Weg des Bremshebels oder unterschiedliche Abstände der Beläge zur Felge wie oben beschrieben.

Besonderheiten bei Campagnolo

1 Beläge von Campa-Bremsen sind aufwendiger zu wechseln, da die Beläge nicht von Sicherungsschrauben, sondern von einer sehr engen Führung gehalten werden. Spannen Sie den Belagträger mit eingedrehter Schraube in den Schraubstock und schieben Sie den Belag einen Zentimeter heraus.

2 Packen Sie danach den Belag und ziehen Sie ihn nach oben hin weg.

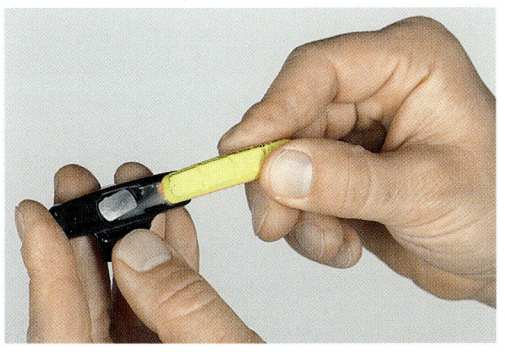

3 Schmieren Sie etwas flüssige Seife auf die Gleitflächen des metallenen Trägers und des neuen Belages und schieben Sie den Belag so weit wie möglich von Hand hinein.

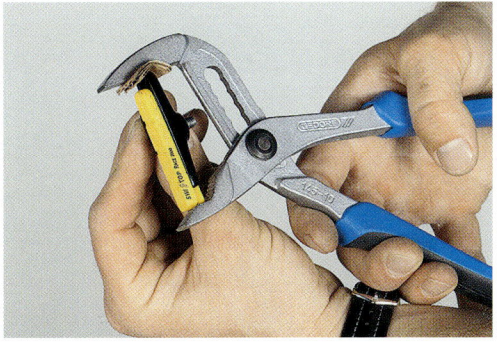

4 Die letzten Millimeter gelingen mit einer weit zu öffnenden Wasserpumpenzange oder im Schraubstock. Legen Sie etwas Pappe zwischen Belaghalter und das scharfkantige Werkzeug.

5 Waschen Sie nach der Montage den kompletten Belag sorgfältig mit Wasser, damit die Seife vollständig entfernt und die Wirkung der Bremse nicht beeinträchtigt wird.

Cross-Bremsen

1 Für die Bremswirkung ist es wichtig, dass die Kraft vom Bremszug optimal in die Bremskörper eingeleitet wird. Steht das Seildreieck steil, wird bei allen Cantilever-Typen die Dosierbarkeit besser – aber es geht Bremskraft verloren, weil sich die Befestigungssockel an Rahmen und Gabel wegbiegen.

2 Bei allen Cantilever-Bremsen ermöglicht ein flaches Zugdreieck eher hohe Bremskraft. Bei der neueren Generation der Bremsen (Belag und Zug liegen oberhalb des Drehpunktes – nicht hier im Bild!) gilt die Neunzig-Grad-Regel: Im Moment des Auftreffens der Bremsbeläge auf die Felge sollte der Zug im rechten Winkel zu einer gedachten Linie durch den Drehpunkt des Bremsarms und die Zugklemmung verlaufen.

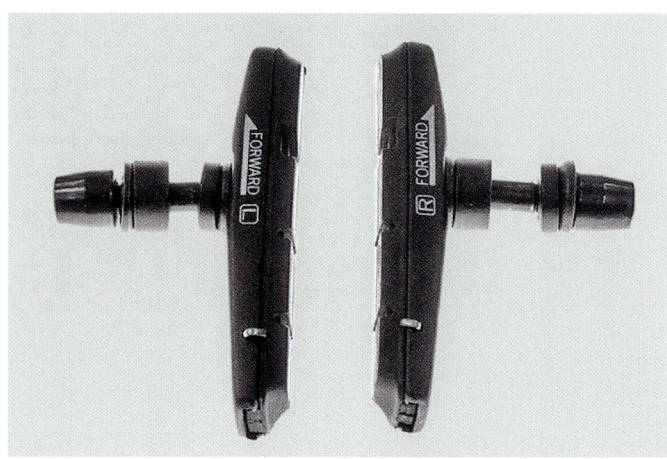

3 Die Bremsbelaghalter werden mit einer Innensechskantmutter an den Bremsarmen befestigt. Eine erste Einstellung der Bremsenposition ergibt sich durch die unterschiedlich dicken Kugelpfanne-Kugelkopf-Distanzstücke. Wird die dünne Version (links im Bild) innen zwischen Belag und Bremsarm montiert, steht der Bremsarm höher, als wenn die dicke Paarung (rechts im Bild) zum Belag hin orientiert wird.

Nachjustieren

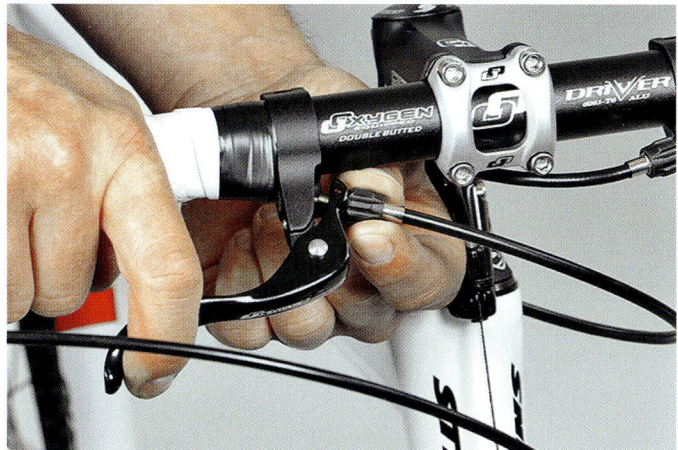

1 Verschleißt der Belag, wandert der Druckpunkt am Hebel immer weiter zum Lenker hin. Kontrollieren Sie den Leerweg regelmäßig, dieser sollte nicht mehr als ein Viertel des gesamten Weges betragen. Stellen Sie bei Bedarf direkt an den Zusatzbremshebeln am Lenker nach. Die Einstellschraube wird gegen den Uhrzeigersinn gedreht.

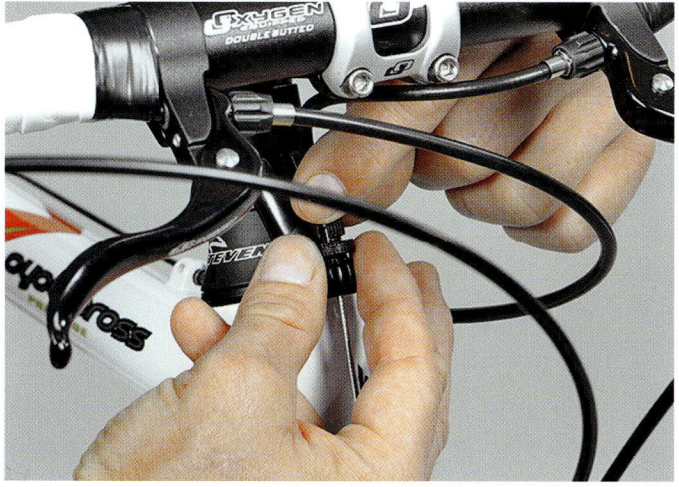

2 Sind keine Zusatzbremshebel montiert, stellen Sie am Anschlag an Gabel oder Rahmen nach. Lösen Sie die Kontermutter, drehen Sie die geschlitzte Stellschraube gegen den Uhrzeigersinn heraus. Stimmt der Leerweg, halten Sie die Einstellschraube fest und drehen die Konterung gegen den Anschlag, bis hemmende Wirkung eintritt.

3 Sind beide Stellmöglichkeiten ausgeschöpft, ziehen Sie nicht unbedacht den Querzug straff. Die Beläge könnten so weit abgenutzt sein, dass sie von der Felgenflanke in die Speichen rutschen. Kontrollieren Sie zuerst, ob die Bremsbeläge noch genügend Belagstärke aufweisen und die Bremsflanke der Felge vollständig treffen.

Beläge einstellen

1 Lösen Sie die zentrale Befestigungsschraube des Belagträgers. Der Belag kann in der Höhe, horizontal und vertikal zur Felgenflanke sowie im Winkel zum Laufradradius eingestellt werden. Der Belag muss ganzflächig auf die Felgenflanke treffen. Die Oberkante benötigt etwas Abstand zum Reifen, damit der Sicherungssplint, der den Belag im Träger hält, den Reifen nicht berührt.

2 Stellen Sie die Beläge so zur Felge, dass die hinteren Enden etwa einen Millimeter Abstand zur Felge haben, wenn vorne gerade der Kontakt entsteht. So werden die Beläge etwas an die Felge herangezogen, wenn die Bremse zu verzögern beginnt. Diese V-förmige Einstellung vermeidet Quietschgeräusche. Drehen Sie beide Muttern etwas an, um die Einstellung zu sichern.

3 Halten Sie abschließend den Bremsbelag und den Bremsarm mit einer Hand fest, sodass sich nichts mehr bewegt, und erhöhen Sie das Schraubenanzugsmoment auf das vom Hersteller vorgegebene Drehmoment. Kontrollieren Sie anschließend die richtige Position der Beläge.

Seildreieck justieren

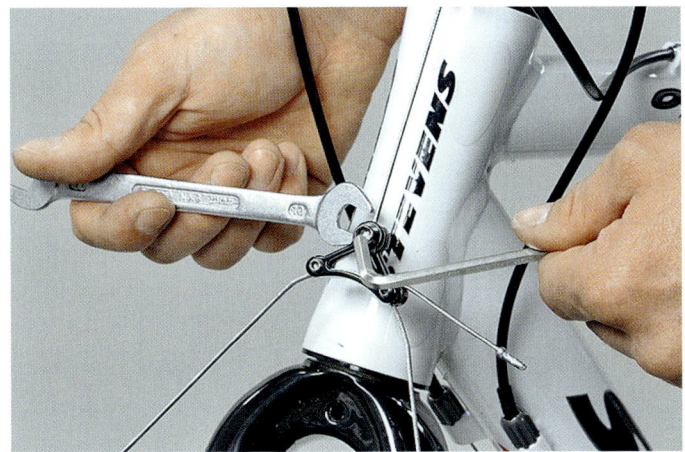

1 Lösen Sie die zentrale Schraube der Zugweiche eine bis zwei Umdrehungen. Die Zugweiche kann nach unten geschoben werden. Nach oben gelingt dies bei einer voreingestellten Bremse nur, wenn auch der Querzug gelöst wird. Dazu müssen Sie beim abgebildeten Modell nicht nur den Zug am Bremsarm lösen, sondern auch die beiden kleinen Innensechskant-Gewindestifte in der Weiche.

2 Jetzt können Sie den Querzug und damit die Weiche frei einstellen. Jonglieren Sie so lange mit der Länge des Querzuges und der Höhe der Weiche, bis Sie Ihre gewünschte Einstellung realisiert haben. Drehen Sie die Schraube am Bremskörper und die zentrale Klemmschraube an der Zugweiche wieder etwas an. Ziehen Sie leicht an der Bremse und beobachten Sie, wann die Beläge Kontakt mit der Felge bekommen, sowie den Zugverlauf.

3 Passt alles, drehen Sie die Klemmschrauben an Bremse und Zugweiche mit dem Drehmomentschlüssel nach Herstellerangabe fest. Verschieben Sie den Querzug in der Weiche, bis die Beläge symmetrisch zur Felge stehen, ziehen Sie ein paarmal an der Bremse und drehen Sie die Gewindestifte wieder ein. Zur Feinregulierung können Sie die Federvorspannung mit den Vorspannschrauben per Innensechskant einjustieren.

Voll im Griff

Seit der Internationale Radsportverband UCI das Verbot für Scheibenbremsen im Querfeldeinsport aufgehoben hat, gibt es schon serienmäßig mehr Crossräder mit Scheibenbremsen und mehr Bremsen zum
Nachrüsten. Wir erklären die Montage und Wartung.

E ine runder Metallring, links und
rechts davon Bremsbeläge und ein
Mechanismus, der die Beläge zusammen zieht und dadurch auf die Felge presst:
Das Grundprinzip einer Scheibenbremse
ist simpel. Nach dieser Definition allerdings
stellt die Felge eines Laufrades die größte
aller möglichen Bremsscheiben am Fahrrad
dar. Das stimmt zwar, aber das Felgen-
bremssystem ist aus vielerlei Gründen doch

nicht mit echten Scheibenbremsen zu ver-
gleichen.

Hauptvorteil der Scheibenbremsen ist,
dass sie in der Radmitte sitzen und dadurch
verhältnismäßig gut vor Verschmutzung
geschützt sind. Scheibenbremsen werden
durch den kleineren Umfang auch schneller trocken gebremst. Im Ergebnis ist das
Bremsverhalten auf hohem Niveau, dennoch gut dosierbar, sehr gleichmäßig in der

Entfaltung und dazu bei Trockenheit und Nässe annähernd gleich. Ein weiterer Vorteil ist, dass bei Bremsscheiben nicht die Flanken der Felgen dünn gebremst werden, bis diese zu platzen drohen.

Bei Mountainbikes sind Scheibenbremsen daher schon einige Jahre Standard, bei Cyclocross-Rädern endlich von der UCI legalisiert und bei Straßenrennrädern stehen sie am Anfang. Trotz der Vorbehalte vieler Traditionalisten sprechen die Vorteile für die modernere, bessere Technik. Das leidige Thema schmelzender Carbonfelgen, sich lösender Verklebungen von Schlauchreifen und der insgesamt schwachen und des stark rubbelnden Bremsverhaltens von Carbonlaufrädern wäre damit auch passé.

Grundsätzlich gibt es hydraulisch betätigte Bremsen und mechanische, die per Seilzug gesteuert werden. Erstere sind das Maß der Dinge, da in einer ölgefüllten Leitung zum einen keine Reibung entsteht und zum anderen kein Druckverlust. Beides zusammen ergibt einen gut fühlbaren Druckpunkt zu Beginn der Bremswirkung. Das Problem für Rennradfahrer ist bislang, dass die Schaltbremsgriffe der Komponentenhersteller nur Züge einholen können. Das wird sich aber sicher bald ändern. Derzeit muss man sich aber noch mit Konvertern aus dem Zubehörhandel behelfen. Diese wandeln den Einholweg des Zuges in hydraulisch gesteuerte Bewegung der Bremsbeläge um. Angeboten werden derzeit der Eddy von SMF Konstruktionen und der Doppelmoppel von Trickstuff. Kontrollieren Sie vor dem Kauf, ob Bremsscheibensystem und Konverter das gleiche Bremsmedium, also Mineralöl oder DOT-Bremsflüssigkeit, verwenden. Der Eddy ist nur für Mineralöl geeignet und daher nur mit Magura- und Shimano-Bremsscheiben zu kombinieren.

Mechanische Modelle schöpfen das Potenzial der Scheibenbremstechnik nicht ganz aus; durch das reibungsbehaftete und immer etwas elastische Zugsystem kann die Dosierbarkeit nicht das mögliche Niveau erzielen und der Belagverschleiß muss per

Einstellschraube ausgeglichen werden. Einige der mechanischen Bremsen sind jedoch mit den Griffen von Campagnolo, Shimano und SRAM kompatibel und dadurch direkt montierbar. Dennoch oder gerade deshalb sind Scheibenbremsen schon derzeit bei Crossrädern den Cantilever oder Mini-V-Bremsen überlegen.

Einstellung und Belagwechsel

1 Belagverschleiß gleichen Sie aus, indem Sie die beiden Belageinstellschrauben im Uhrzeigersinn in kleinen Schritten nachstellen. Schauen Sie von außen in das Sichtfenster und stellen Sie zuerst den inneren Belag mit dem Innensechskant nach. Dieser darf nicht an der Scheibe streifen.

2 Stellen Sie dann den äußeren Belag nach, indem Sie die äußere Schraube im Uhrzeigersinn eindrehen. Ziehen Sie dabei immer wieder am Bremshebel, bis der Hebelweg passt. Der Belag darf bei losgelassenem Bremshebel nicht schleifen, und am Hebel sollte man spätestens nach der Hälfte des Weges einen sauberen Druckpunkt spüren.

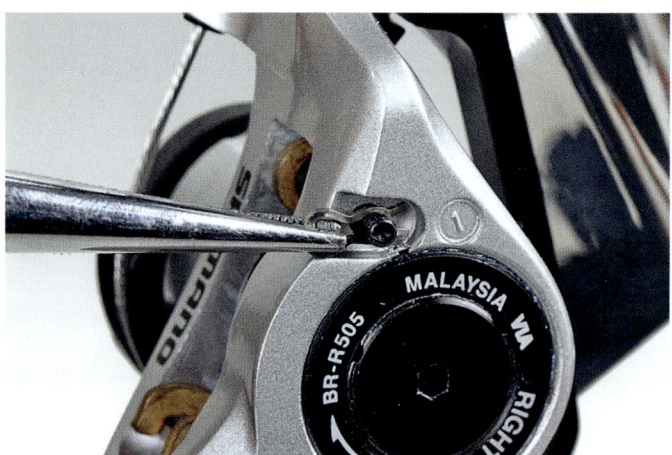

3 Bauen Sie das Laufrad aus, um Bremsbeläge zu überprüfen oder auszutauschen. Drehen Sie die Belageinstellschrauben zurück. Ziehen Sie den Sicherungssplint vom Belagsbolzen, drehen Sie den Bolzen mit dem Innensechskant heraus. Entnehmen Sie die Beläge. Der Einbau erfolgt in umgekehrter Reihenfolge, die Bremseinstellschrauben müssen anschließend kontrolliert und eingestellt werden.

Montage

1 Positionieren Sie die Bremsscheibe auf dem Nabenkörper, sodass deren markierte Drehrichtung zur Laufrichtung des Laufrades passt. Schrauben Sie den Befestigungsring mit dem Zahnkranzwerkzeug und einem Drehmomentschlüssel fest (Shimano 40 Nm).

2 Montieren Sie den Adapter des Bremssattels mit den mitgelieferten, mit Schraubensicherung versehenen Schrauben an die Befestigungsösen der Gabel. Schieben Sie die Adapter in Drehrichtung des Laufrads und drehen Sie die Schrauben mit dem vom Hersteller angegebenen Drehmoment fest (Shimano 6–8 Nm).

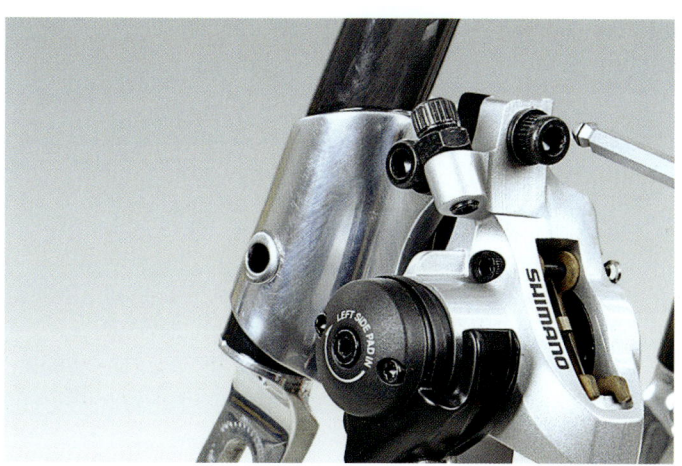

3 Positionieren Sie den Bremssattel am Adapter und drehen Sie die Schrauben so weit ein, dass der Bremssattel sauber geführt wird, aber noch seitlich verschiebbar ist. Verlegen Sie den Bremszug wie gewohnt vom Bremsgriff zur Scheibenbremse.

Montage

4 Ziehen Sie den Innenzug straff und drehen Sie die Befestigungsschraube des Innenzuges an. Nehmen Sie den Drehmomentschlüssel und drehen Sie die Schraube mit dem vorgeschriebenen Drehmoment fest (bei Shimano 6–8 Nm). Bauen Sie das Laufrad ein.

5 Ziehen Sie den Bremshebel stark an. Der Bremssattel bewegt sich in die günstige Position zur Bremsscheibe. Drehen Sie die beiden Befestigungsschrauben des Sattels auf dem Adapter mit dem vorgeschriebenen Drehmoment fest.

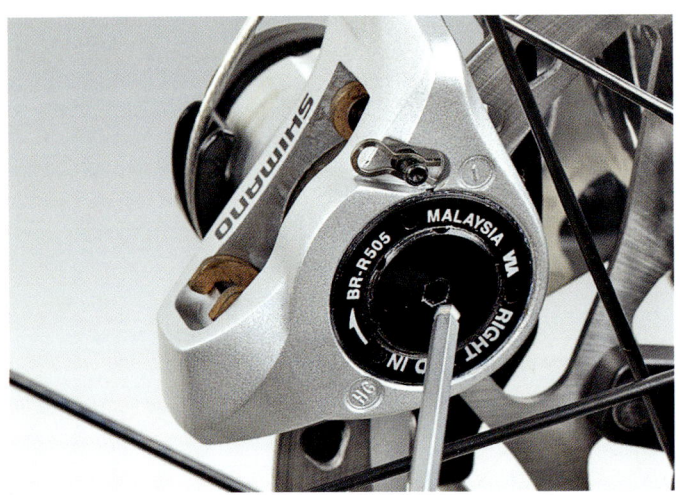

6 Lösen Sie die innere Bremsbelagschraube mit einem Innnensechskant etwa eine halbe Umdrehung (bei Shimano um zwei Klicks). Der innere Belag erhält so etwas Freigang zur Scheibe.

7 Ziehen Sie den Bremshebel zehnmal mit großer Kraft zum Lenker. Die Außenhülle wird dabei gestaucht, der Innenzug gelängt, die gesamte Bremsanlage setzt sich.

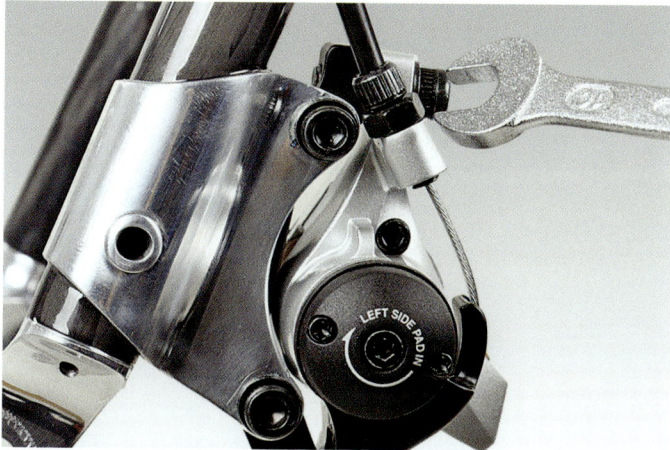

8 Stellen Sie anschließend den Zug an der Zugverstellung nach, bis der Hebelweg Ihren Anforderungen genügt. Lösen Sie dazu die Kontermutter mit einem Maulschlüssel, drehen Sie die gerändelte Zugschraube gegen den Uhrzeigersinn. Halten Sie nach dem Einstellen die Zugschraube fest und kontern Sie wieder mit dem Maulschlüssel.

9 Kontrollieren Sie abschließend, ob die Bremsscheibe frei läuft und ob die Beläge parallel zur Scheibe stehen. Klipsen Sie die Schraubensicherungen über die Befestigungsschrauben.

Zugnummer

Im Zeitalter von Hydraulik und drahtloser Funkübertragung wirken die Bowdenzüge am Rad ein wenig antiquiert – doch bei richtiger Montage und guter Pflege sind die Befehlsvermittler präzise und langlebig.

Shimanos neue Elektronikgruppen, die Dura-Ace Di2 und Ultegra Di2, zeigen zwar, welche Schaltpräzision mittels Kabeln und Elektrizität möglich ist – aber erstens wird es noch einige Zeit dauern, bis die neue Technik flächendeckend verbreitet sein wird, und zweitens passt sie auch nicht zu jedem Rad; wer einen schönen Stahl- oder Titanklassiker sein eigen nennt oder neu aufbauen möchte, wird weiterhin mit der konventionellen Nachrichtentechnik für die Schalt- und Bremsbefehle arbeiten. Was übrigens bei Stahlklassikern Ausweis hoher Rahmenbau-Kunst war, findet nun – unter weitgehender Auslassung der Alu-Rahmen-Epoche –, bei modernen Carbonrahmen wieder vermehrt Einzug ins Rahmendesign: innenverlegte Züge.

TIPPS

▶ Schalt- und Bremszüge unterscheiden sich deutlich – sie dürfen weder getauscht noch gemischt werden. Schalt-Innenzüge sind schlanker, mit einem deutlich kleineren Kopf. Schaltzug-Außenhüllen sind in Längsrichtung mit Draht verstärkt, der die Hüllen versteift, damit sie beim Schalten so wenig wie möglich gestaucht werden. Bremszug-Außenhüllen sind dagegen wendelförmig mit Stahl verstärkt, das macht sie etwas flexibler.

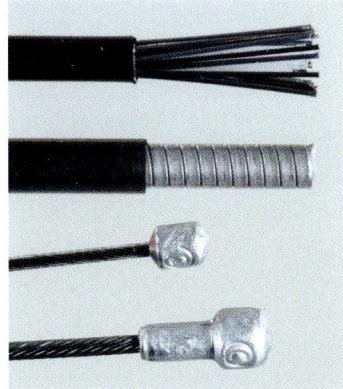

Schalt- und Bremszüge im Vergleich

▶ Manche Schaltbremsgriffe erlauben die Wahl, beide Züge an der Lenkervorderseite zu verlegen oder einen Zug vorne und einen hinten am Lenker. Welche Wahl die richtige ist, hängt in erster Linie vom verwendeten Lenker ab.

▶ Bei kleinen Rahmen (eventuell schon ab 53 Zentimetern) kann es vorteilhaft sein, wenn Sie die Züge vor dem Steuerrohr kreuzen. Der Zug des Umwerfers führt dann an die rechte Unterrohrseite, der des Schaltwerks an die linke. Damit die Funktion gewährleistet bleibt, kreuzt man die

Züge unterhalb des Unterrohres wieder. Dies vermeidet das Abknicken der Schaltzüge zwischen Lenker und den Zuganschlägen am Unterrohr.

▶ Um starke Zugreibung am Tretlagergehäuse zu vermeiden, eignen sich spezielle Kunststoff-Führungen. Sie werden mittlerweile von den meisten Rahmenherstellern serienmäßig montiert oder zumindest mitgeliefert. Oft liegen diese Führungen auch den Schaltbremsgriffen bei.

▶ Achten Sie darauf, dass der Vorbau bei der Zugverlegung in der höchsten Position steht – sonst besteht später keine Möglichkeit mehr, die Lenkerhöhe zu verändern, ohne dass neue Züge installiert werden müssen.

▶ Die Länge der Schaltzug-Außenhüllen muss an das jeweilige Rad angepasst werden. Nicht in der Länge verändert wird dagegen das kurze Stück der Außenhülle, das von der Kettenstrebe zum Schaltwerk führt. Einseitig gedichtete Exemplare werden so eingebaut, dass die Dichtung zum Tretlagergehäuse zeigt.

Der Einbau solcher ins Rahmenrohr verlegter Züge für Schaltung und Hinterradbremse treibt selbst erfahrene Mechaniker gelegentlich an den Rand des Nervenzusammenbruchs, wenn beispielsweise ein Zug im Inneren eines Carbon-Monocoque-Rahmens verschwindet.

Züge, die bereits vom Hersteller innenverlegt sind, sollten Sie deshalb nie komplett aus dem Rahmen entfernen. Lassen Sie also bei Reparaturarbeiten entweder die Außenhülle oder den Innenzug im Rohr. So können Sie bei der Pflege oder beim Einbau neuer Züge ein Teil des Systems nach dem anderen einfach ersetzen.

Auch bei der Zugverlegung auf dem Rahmenrohr, mit geklebten, gelöteten oder

geschweißten Anschlägen, ist sauberes Handwerk erforderlich, um die bestmögliche Funktion sicherzustellen. Schon eine ausgefranste Hülle, ein unpräziser Anschlag oder eine Kante, an der ein Zug reibt, können die Präzision der Schaltung oder die Dosierbarkeit einer Bremse massiv beeinträchtigen.

WERKZEUG

Seiten- bzw. Zugabschneider, Zugendkappen, Seiten- oder Kabelschneider, Feile oder Schleifscheibe, Nadel oder sehr dünner Schraubendreher, Innensechskantschlüssel
HILFSSTOFFE: Isolierband, Fett

Schalt- und Bremszüge verlegen

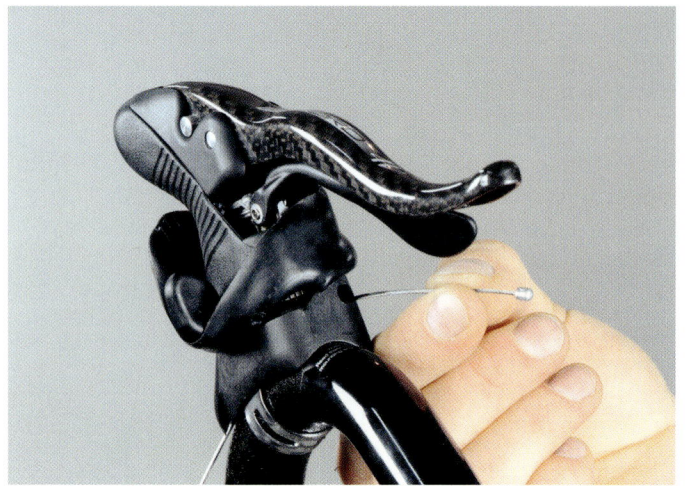

1 Klappen Sie die Griffgummis beider Bremshebel um. Entspannen Sie den Schalthebel vollständig, damit Sie die Züge an die richtige Stelle der Schaltzugtrommel einsetzen können. Fädeln Sie den Zug ein, das muss ohne Kraftaufwand gelingen.

2 Ziehen Sie den Bremshebel zum Lenker, schieben Sie den Zug durch den Bremshebel und hinten durch die Bohrung in Richtung Lenker. Die Zugaufnahme im Hebel muss den Nippel sauber umschließen. Shimano-Hebel öffnen am weitesten, wenn Sie den Schalthebel zuerst entspannen und dann wie bei einem Schaltvorgang ganz nach innen schwenken.

3 Fädeln Sie die Bremszug-Außenhülle auf und schieben Sie diese von der Lenkerseite her in den Bremsgriff, bis sie innen ansteht. Verfahren Sie mit dem Schaltzug genauso. Es werden keine Zugendkappen verwendet! Beachten Sie, dass bei Shimano-Zügen ab Werk von der Seite mit dem Schriftzug her Fett in die Zughüllen eingebracht ist. Die Schriftzüge sollten daher zu den Griffen zeigen.

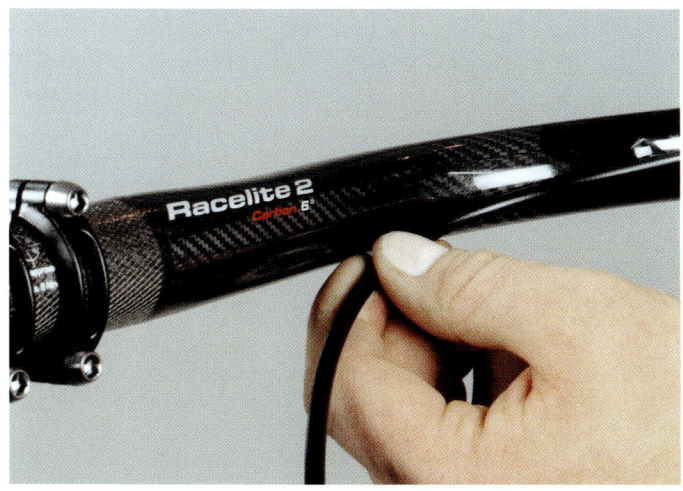

4 Legen Sie die Hüllen in der Sicke entlang des Lenkers bis an die verdickten Stellen neben der Lenkermitte. Hier endet später das Lenkerband, und der Zug tritt ins Freie. Fixieren Sie dort die Zughüllen mit Klebeband. Verlegen Sie die Bremszug-Außenhülle in weitem Bogen zur Vorderradbremse.

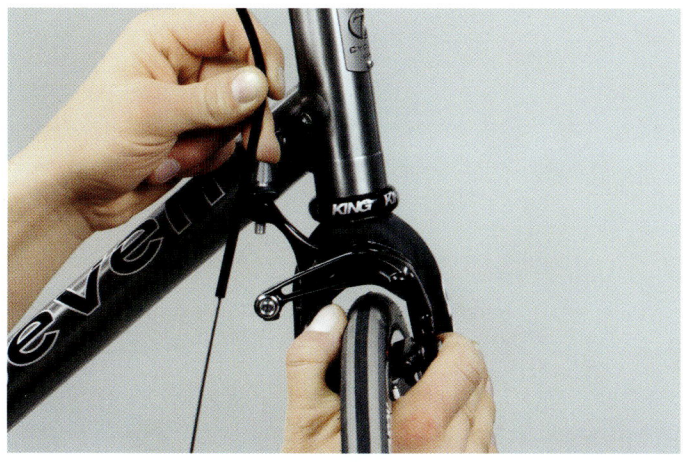

5 Drücken Sie den Bremskörper zusammen und halten Sie die Hülle neben das Widerlager am Bremsarm, um die endgültige Länge zu ermitteln. Achten Sie darauf, die Hülle nicht zu knicken. Markieren Sie die Stelle, an der Sie kürzen wollen.

6 Bei der Verlegung des Bowdenzuges zur Hinterradbremse schlagen Sie den Lenker vollständig ein, um die größte benötigte Länge zu erzielen. Bei eingeschlagenem Lenker muss sich der Zug noch am Steuerrohr auf und ab schieben lassen, ohne dass er geknickt wird oder am Lenkungslager hängenbleibt.

Schalt- und Bremszüge verlegen

7 Drehen Sie den Lenker von ganz links nach ganz rechts. Der Lenker muss frei beweglich bleiben, die Außenhülle darf nicht gespannt sein oder einen anderen Zug behindern. Beide Schaltzug-Außenhüllen werden in der Regel in gleicher Länge benötigt. Führen Sie erst den einen, dann den anderen Schaltzug zum Widerlager am Unterrohr. Halten Sie diesen jeweils dort fest.

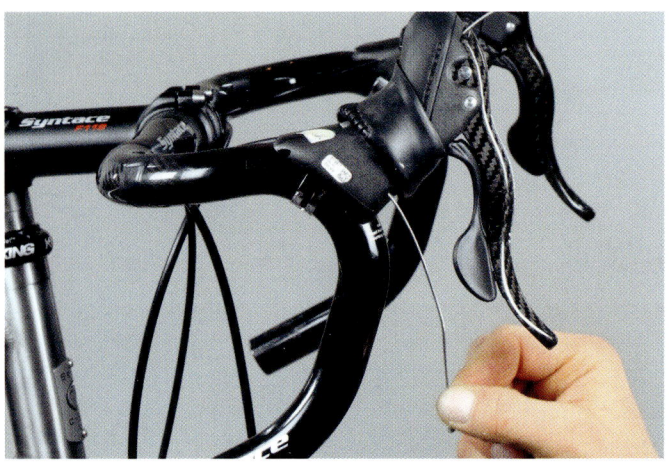

8 Ziehen Sie alle Innenzüge wieder so weit heraus, bis diese mit Sicherheit außerhalb des Bereiches sind, in dem Sie das Schneidwerkzeug ansetzen.

9 Schneiden Sie die Außenhüllen mit einem speziellen Zugabschneider, beispielsweise von Shimano oder Park Tool, oder einem sehr scharfen Seitenschneider auf die benötigte Länge zu. Kontrollieren Sie, dass die Züge rechtwinklig abgeschnitten sind und in den Anschlägen aufliegen.

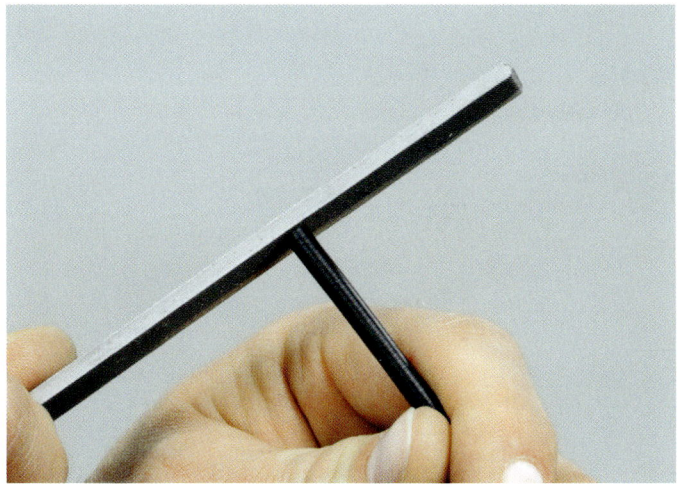

10 Ist dies nicht der Fall, feilen Sie das Hüllenende senkrecht zur Zugrichtung. An der Schleifscheibe geht es schneller, erfordert aber etwas Fingerspitzengefühl, da die reibungsmindernde Kunststoffhülle im Inneren durch die entstehende Hitze zu schmelzen droht. Kühlen Sie sie gegebenenfalls mit Wasser. Drücken Sie die Außenhülle auf jeden Fall wieder rund, falls sie gequetscht wurde.

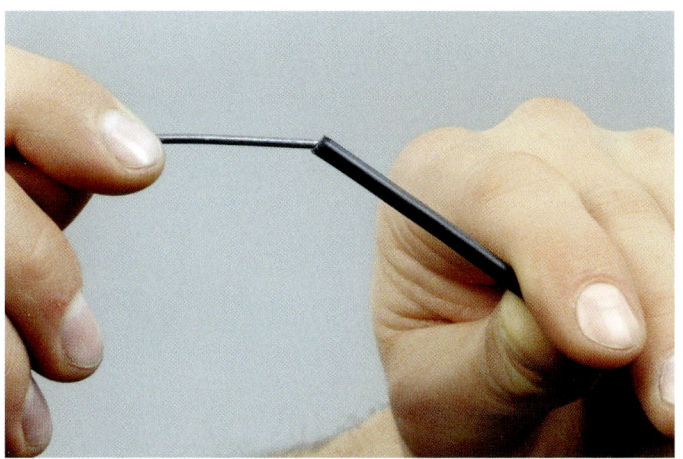

11 Öffnen Sie das dünne Kunststoff-röhrchen im Inneren mit einem spitzen Gegenstand, etwa einer angeschliffenen Speiche oder einem dünnen Kreuzschlitzdreher.

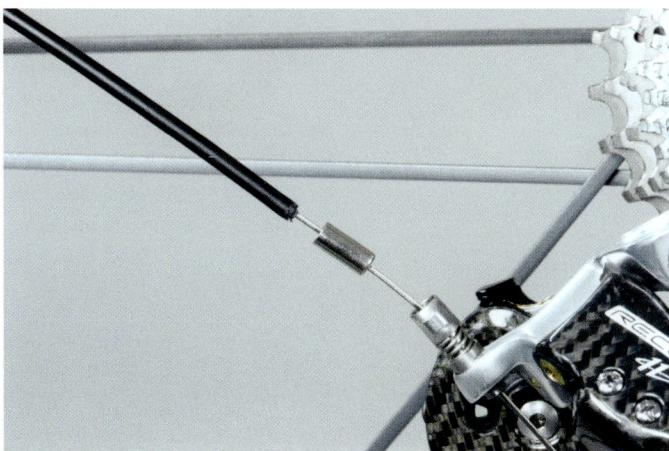

12 Während an den Schaltbremsgriffen und an den Bremskörpern die Außenzüge ohne Endkappen angesetzt werden, sind diese beim hinteren Schaltwerk und an den Rahmenanschlägen Pflicht. Ziehen Sie die Kappen von den abgeschnittenen Schaltzugstücken ab.

Schalt- und Bremszüge verlegen

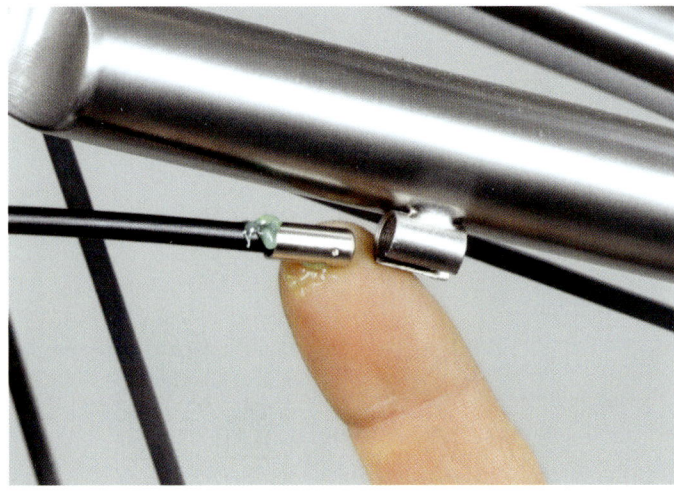

13 Gegen Knarren und Korrosion geben Sie etwas Fett in die Hülsen, die Zuganschläge am Rahmen und an den Bremskörpern.

14 Schmieren Sie die Innenzüge dünn ein, indem Sie diese der Länge nach durch eine Portion Lagerfett zwischen Daumen und Zeigefinger ziehen, während Sie diese durch die Hüllen und eventuell die Anschläge bis zur Bremse oder bis zum Schaltwerk schieben.

15 Schieben Sie die Außenhüllen ganz in die Aufnahmen am Schaltbremsgriff und an die Anschläge am Rahmen. Kleben Sie die Hülle an zwei bis drei Stellen mit einigen straff gewickelten Lagen Isolier- oder Gewebeband am Lenker fest, bevor Sie das Lenkerband wickeln.

16 Klemmen Sie die Züge mit den Klemmschrauben fest. Stellen Sie Bremse und Schaltung ein. Prüfen Sie nochmals den Sitz der Züge an allen Anschlägen.

17 Ziehen Sie den Bremshebel mehrfach mit Kraft zum Lenker. Schalten Sie auch alle Gänge mehrfach durch. Die Züge dehnen sich und die Außenhüllen werden etwas gestaucht. Justieren Sie bei länger werdenden Hebelwegen nach.

18 Kürzen Sie den Innenzug mit dem Zugschneider etwa drei Zentimeter nach der Zugklemmschraube und sichern Sie das scharfkantige Innenzugende gegen Aufspleißen mit einer Zugendhülse.

Innenansicht

1 Lösen Sie zuerst die Klemmschraube des Zuges an Schaltwerk, Umwerfer oder Bremse. Belassen Sie den Innenzug und versuchen Sie, die Außenhülle zur Kontrolle etwas aus dem Rahmen herauszuziehen. Schrauben Sie gegebenenfalls vorhandene Abdeckkappen ab.

2 Sind Endanschläge in den Rahmen eingelassen, verläuft bis hier die Außenhülle und von dort nur noch der Innenzug. Dies kann ohne und mit innerer Führung sein.

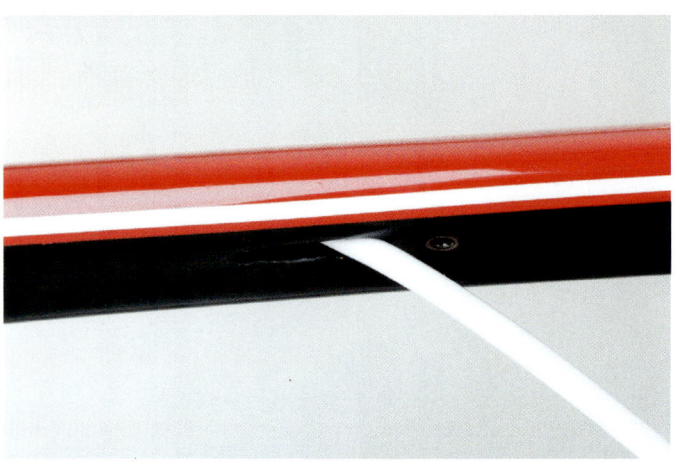

3 Läuft die Außenhülle auf ganzer Länge durchs Rahmeninnere, müssen Sie schauen, ob der Bowdenzug durch ein eingearbeitetes Röhrchen im Rahmen geführt ist. Wenn ja – Glück gehabt. Andernfalls wird der Austausch etwas komplizierter.

Zugtausch bei Endanschlägen

1 Verlaufen die Innenzüge ohne Hülle im Rahmen, besteht die Gefahr, dass neue Züge nie mehr den Weg zu Bremse, Schaltwerk oder Umwerfer finden. Schieben Sie daher vor der Demontage der alten Züge ein Stück Kunststoffrohr von hinten über den Zug, bis es auf der anderen Seite wieder austritt.

2 Gelingt dies nicht, verflechten Sie den alten Innenzug mit einem reißfesten Faden und sichern Sie die Verbindung mit einer Lage Klebeband. Ziehen Sie den Innenzug langsam und gleichmäßig nach vorne heraus, sodass der Faden dann als Transporthilfe für den neuen Zug den gesamten Rahmen durchmisst.

3 Läuft der Zug schwer, nehmen Sie statt des Fadens einen Hilfszug. Reduzieren Sie beide Züge auf den letzten zwei Zentimetern auf die Hälfte der Drähtchen, verflechten und verlöten Sie sie. Schieben Sie den Hilfszug ins Innere und ziehen Sie dabei den alten Zug heraus. Gehen Sie mit Hilfszug und neuem Zug genauso vor.

Zugtausch bei durchgehender Außenhülle

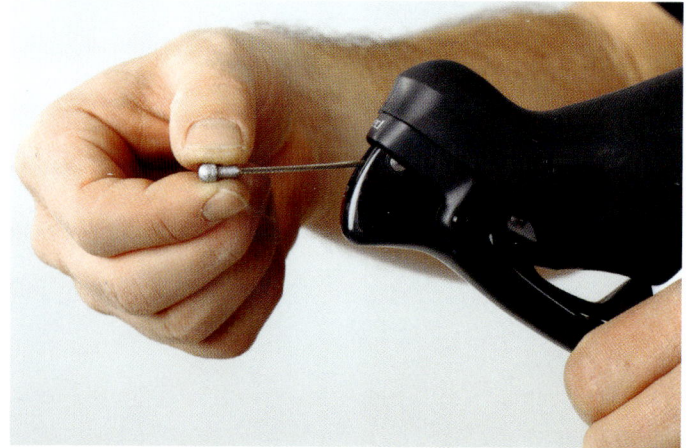

1 Lassen Sie den kompletten Außenzug im Rahmen und ziehen Sie zuerst nur den Innenzug nach vorne aus der Außenhülle.

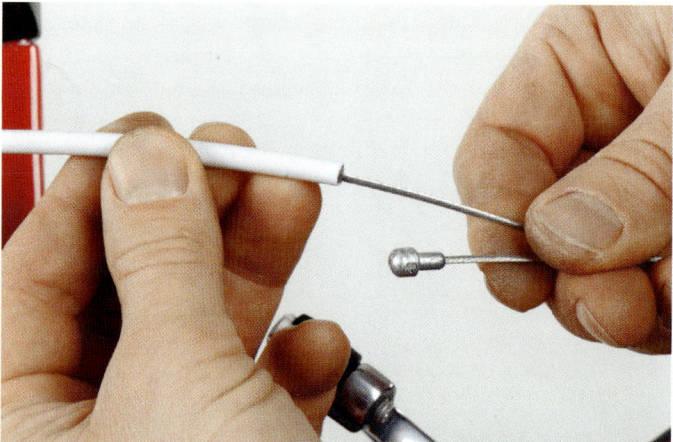

2 Führen Sie anschließend von hinten einen Hilfs-Innenzug durch die gesamte Hülle. Ziehen Sie erst dann die Außenhülle nach vorne aus dem Rahmen und halten Sie dabei den Hilfszug fest, damit er im Rahmen bleibt.

3 Auf den Hilfszug wird die neue Außenhülle von vorne aufgeschoben – so findet sie ihren Weg aus dem Rohr heraus. Schieben Sie eventuell vorhandene Abdeckkappen vorab auf die Außenhülle. Ziehen Sie den Hilfszug dann heraus und den neuen Zug ein.

Erstmontage von Bowdenzügen

1 Nicht jeder Rahmenhersteller denkt an Innenröhrchen für die Züge. Wenn keine vorhanden sind oder der Zug vorschnell herausgezogen wurde, kann ein relativ starrer Draht beim Durchführen helfen, zum Beispiel von einer Shimano-Positron-Schaltung.

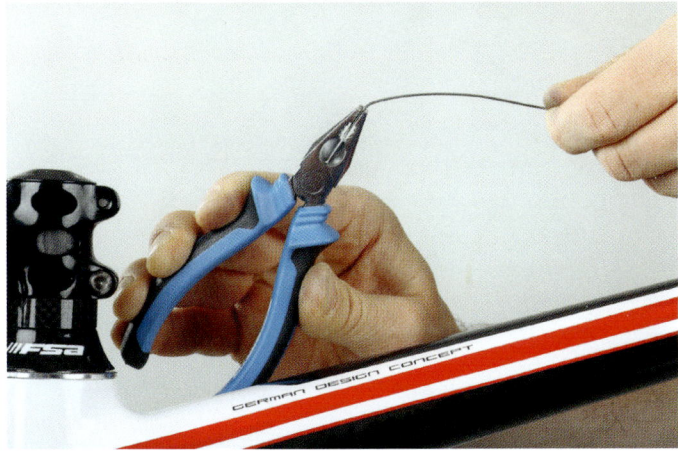

2 Knicken Sie die Spitze des Drahtes etwas ab, so können Sie am Ende besser Richtung Ausgang zielen. Legen Sie, um die richtige Länge festzustellen, den Draht so am Rahmen entlang, dass die Spitze am Ausgangsloch liegt.

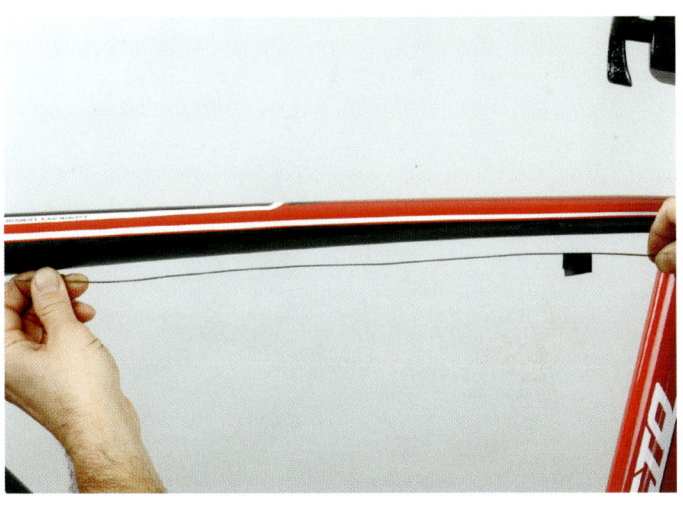

3 Markieren Sie den Draht auf Höhe des Eingangs mit Klebeband. Führen Sie den Draht bis zur Markierung ein und drehen Sie ihn, bis die Spitze durch den Ausgang lugt. Tut sie das nicht, versuchen Sie, den Draht mit einer Fangschlinge (z. B. aus dünnem Kabelbinder) zu fassen.

Artenvielfalt

Einen verbindlichen Standard gibt's nicht mehr: Die Rahmenhersteller verwenden immer mehr verschiedene Innenlager.

Viele Jahrzehnte lang gab es am Fahrrad Konstanten, auf die man sich
verlassen konnte. Das waren die
Rohraußendurchmesser, die Durchmesser
von Lenkungslagern und die Ausgestaltung
des Tretlagergehäuses. Das hat sich in den
vergangenen Jahren dramatisch geändert.

Mit Einführung geschweißter Aluminiumrahmen vor gut zwanzig Jahren wuchsen
die Rohrdurchmesser gewaltig an und die
Carbongabeln der späten Neunziger erfor-
derten stärkere Gabelschäfte. Lange Zeit
unbeeindruckt blieben die Tretlagergehäuse: Sie trugen bis vor wenigen Jahren ein

Die Maße im Überblick

Name	Maße Rennrad (Breite/Innendurchmesser)	Maße MTB (Breite/Innendurchmesser)
Italienisches Gewinde	70 mm/36 mm x 24 tpi	
BSA-Gewinde	68 mm/1.370" x 24 tpi	73 mm/1.370" x 24 tpi
	(rechte Seite Linksgewinde)	(rechte Seite Linksgewinde)
BB 30	68 mm/41,96 mm	73 mm/41,96 mm und 85 mm/41,96 mm
Shimano Pressfit	86,5 mm/41 mm	92 mm/41 mm
SRAM Pressfit 30	68 mm/46 mm	73 mm/46 mm
FSA BB 386 Evo	*Maße bei Redaktionsschluss noch nicht bekannt*	

Gewinde, das entweder Italienisch oder Englisch (BSA/BSC) war. Im Durchmesser annähernd gleich, bestand der Unterschied darin, dass beim BSA-Gewinde auf der rechten Seite ein Linksgewinde verwendet wird. Vorteil dieser Auslegung: Die Lagerschale neigt nicht dazu, sich selbst herauszudrehen. Deshalb war das BSA-Gewinde lange Jahre die unangefochtene Nummer eins.

Der Nachteil dieses Standards war, dass die Stützbreite der innen liegenden Lager schmal und der Wellendurchmesser limitiert war. Zuerst Shimano und dann Campagnolo durchbrachen die Systemgrenze, in dem sie Lager verwendeten, die zwar in die Gewinde eingeschraubt wurden aber außen neben dem Gehäuse lagen. Stützbreite und Lagerabstand nahmen zu, der Ärger mit verschlissenen Innenlagern wurde signifikant geringer.

Cannondale kreierte dann einen »BB 30« genannten Standard, der die Gehäusebreite von BSA beibehielt, jedoch ohne Gewinde auskommt. Zuerst wurde der Standard zögerlich angenommen, kam dann aber immer mehr in Schwung, als Hersteller wie FSA eine größere Anzahl an Lagern und Kurbeln dafür herstellte.

Mittlerweile scheint der Damm gebrochen – immer mehr Hersteller schaffen eigene Standards. Shimanos BB Pressfit, den es für MTB und Rennrad gibt, behält die bekannte Lageranordnung bei, das Tretlagergehäuse muss jedoch 86 anstelle der bisherigen 68 mm breit sein und gewindelos. Dann können die Lagerschalen samt Lager eingepresst werden. Der Vorteil des Systems liegt in der einfacheren Montage, und dem Konstrukteur bietet das breitere Lagergehäuse mehr gestalterische Möglichkeiten für harmonische Übergänge und sauberen Kraftfluss.

Andere Standards ähneln prinzipiell, doch unterscheiden sich die Maße.

Erfreulich ist bei der Flut der Maße, dass es für viele dieser Standards Hülsen gibt, in die sich Lagerschalen mit BSA-Gewinde einschrauben lassen. Womit das Rad der Zeit fast zurück gedreht wäre.

Prolog

1 Achten Sie beim Kauf auf den Typ des Innenlagers; er hängt ab vom Tretlagergewinde. Zwei Versionen sind gebräuchlich, die Sie äußerlich an der Gehäusebreite unterscheiden können: Die 68 Millimeter breite BSC-Variante ist am weitesten verbreitet. Bezeichnung in Zoll: 1.370 x 24 tpi. Die rechte Schale verfügt über ein Linksgewinde.

2 Das Gehäuse des selteneren italienischen Typs (im Foto das Innenlager) ist 70 Millimeter breit, das beidseitige Rechtsgewinde trägt die Bezeichnung 36 x 24 tpi. Der erste Wert bezeichnet den Außendurchmesser des Gewindes in Millimetern, der zweite die Anzahl der Gewindegänge pro Zoll. Kontrollieren Sie, ob die Gewinde im Gehäuse sauber geschnitten und frei von Metallspänen sind.

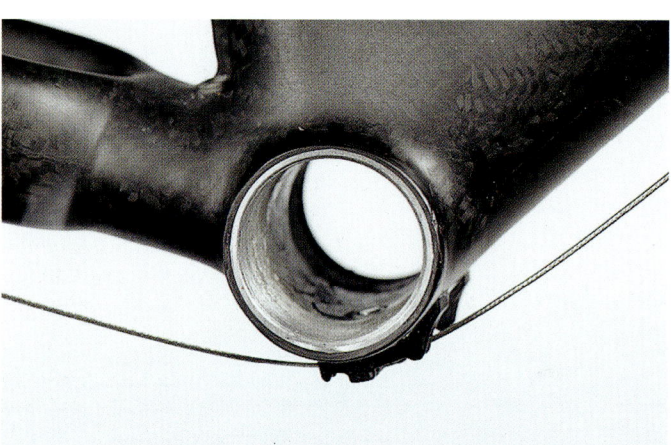

3 Bei Patronen-Innenlagern (englisch: Cartridge) von Campagnolo und Shimano (ab der Saison 2005 nur noch in den Gruppen unterhalb der Ultegra) muss die rechte Gehäusefläche vom Hersteller oder Händler erkennbar sauber plan gefräst sein. Für Shimanos Innenlager der Zehnfach-Gruppen Ultegra und Dura-Ace müssen beide Flächen plan sein. Entfernen Sie Farbreste an den Flächen oder im Gewinde.

Einbau Dura-Ace- bzw. Ultegra-Lager

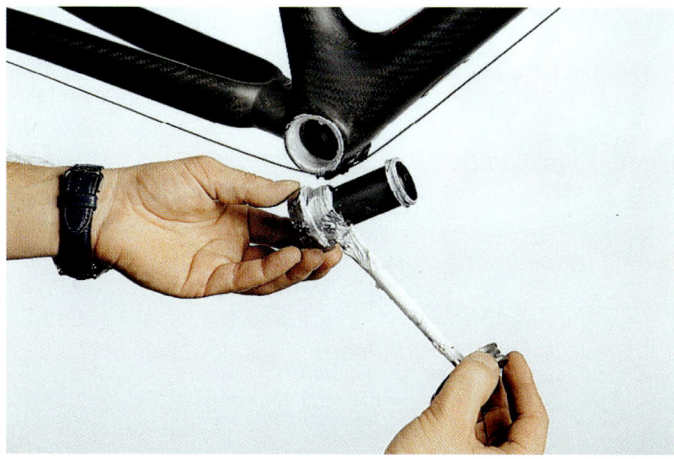

4 Wischen Sie das Gewinde im Gehäuse mit einem Lappen sauber, oder blasen Sie es mit Pressluft aus. Fetten Sie den gesamten Bereich der Gewinde und der Kontaktflächen von Gehäuse und Lager mit hochwertigem Montagefett gegen Korrosion. Lagerfett ist nicht geeignet. Fetten Sie auch die andere Seite der Hülse, die in die linke Lagerschale greift.

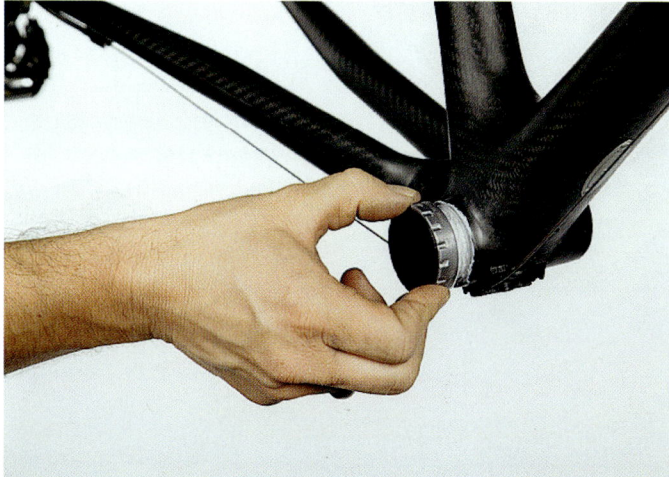

5 Setzen Sie das Lager zuerst auf der rechten Seite vorsichtig an, bis das Gewinde eingreift. Gelingt dies nicht gleich, drehen Sie die Schale mit leichtem Druck geringfügig gegen die Einschraubrichtung. Wenn die Gewinde korrekt zueinander stehen, spüren Sie ein leichtes Einrasten. Drehen Sie die Lagereinheit von Hand einige Umdrehungen ein. Das sollte ohne Kraft gelingen, ansonsten ist das Gehäuse nicht gut genug vorbereitet.

6 Schrauben Sie die Gegenseite auf die gleiche Art ein. Setzen Sie das Innenlager-Werkzeug ein und drehen Sie zuerst die rechte und dann die linke Lagerschale mit einem Drehmoment von 30 bis 50 Newtonmetern (Nm) fest. Shimano liefert serienmäßig ein Werkzeug mit, das einem Maulschlüssel ähnelt. Leider lässt sich damit die notwendige hohe Schraubkraft nur ungefähr dosieren. Benutzen Sie besser einen Drehmomentschlüssel.

Einbau Dura-Ace- bzw. Ultegra-Lager

7 Streichen Sie dünn Lagerfett auf die Welle und schieben Sie diese von der rechten Seite her ein. Die Welle muss leicht »saugend« hineingleiten, sollte sich allerdings nicht verhaken. Wenn es nicht geht, wenden Sie keine Gewalt an. Lassen Sie eventuell unpräzise Gewinde vom Händler prüfen oder nacharbeiten.

8 Kontrollieren Sie den Sitz des Dichtrings auf der Kurbel in seiner Führung. Geben Sie Montagefett auf die Innenseite der linken Kurbel sowie einen dünnen Film auf den Dichtring. Die Verzahnung der Welle muss beim Aufschieben der Kurbel in das Gegenstück passen – sie lässt nur eine korrekte Position zu.

9 Fetten Sie Einstellschraube und Welle am Gewinde und im Bereich der Kopfauflage. Legen Sie die Schraube in das von Shimano mitgelieferte Einstellwerkzeug und drehen Sie diese ein. Wenn die Schraube Kontakt bekommt, ist es eigentlich fertig, festes Anziehen ist nicht notwendig. Das empfohlene Drehmoment liegt bei 0,4 bis 0,7 Nm – fast nichts.

Campagnolo Ultra-Torque-System

1 Wischen Sie das Gewinde sauber oder blasen Sie es mit Pressluft aus. Fetten Sie den gesamten Bereich der Gewinde und der Anlageflächen des Gehäuses und der Lager mit hochwertigem Montagefett, das Korrosion verhindert. Lagerfett ist nicht geeignet.

2 Setzen Sie zuerst die rechte Lagereinheit vorsichtig an, drehen Sie gegen den Uhrzeigersinn. Die Gewindegänge von Schale und Gehäuse müssen eingreifen, die Schale darf nicht schräg stehen. Gelingt dies nicht gleich, drehen Sie die Schale vorsichtig entgegen der Gewinderichtung, bis sie etwas einrastet. Das Gewinde steht dann günstig. Drehen Sie die Lagereinheit von Hand ein. Das sollte ohne Kraft gehen, sonst war die Vorbereitung nicht gut genug.

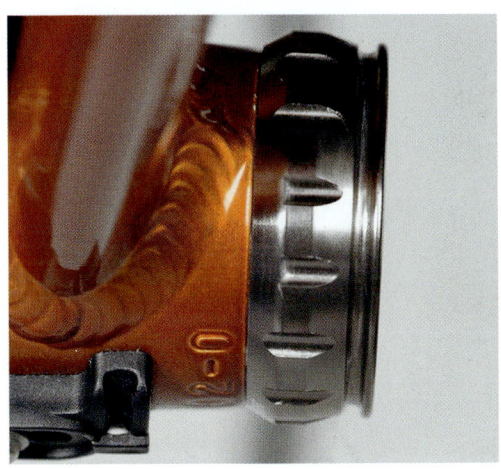

3 Schrauben Sie die Gegenseite auf die gleiche Art (Rechtsgewinde!) ein. Drehen Sie beide Schalen, bis die Flächen bündig an den Gehäuseflächen des Rahmens anliegen.

Campagnolo Ultra-Torque-System

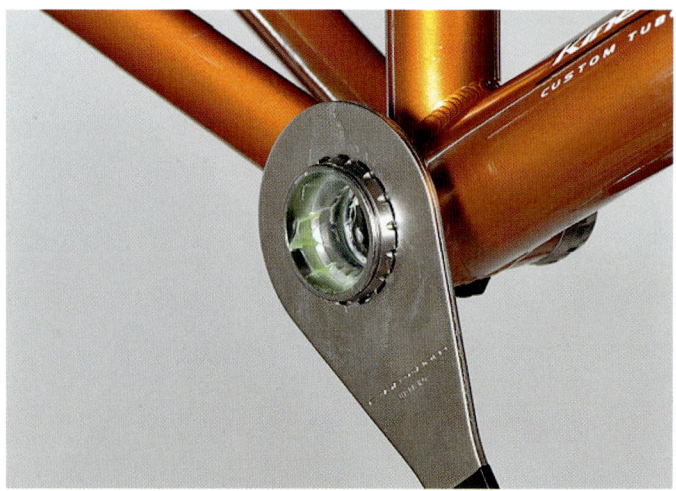

4 Campagnolo liefert zu jeder Kurbel ein spezielles Werkzeug. Drehen Sie damit zuerst die rechte, dann die linke Lagerschale mit dem vorgegebenen Drehmoment von 35 Nm fest. Das Campa-Werkzeug hat allerdings keine Drehmomentfunktion – zur sicheren Befestigung müssen Sie ordentlich Kraft aufbringen.

5 Fetten Sie die Lagerschale im Rahmen, das Lager auf der Welle und die Wellenhälfte samt Hirth-Verzahnung dünn mit Lagerfett ein und schieben Sie diese von der rechten Seite her saugend ein. Wenn's nicht gleich geht: keine Gewalt! Kontrollieren Sie erneut die Flucht von Lager und der Schale.

6 Campagnolo liefert eine Sicherungsspange mit, die das Lager in der Lagerschale fixiert. Schauen Sie am Gehäuse nach, wo die kleinen Bohrungen in der umlaufenden Nut positioniert sind.

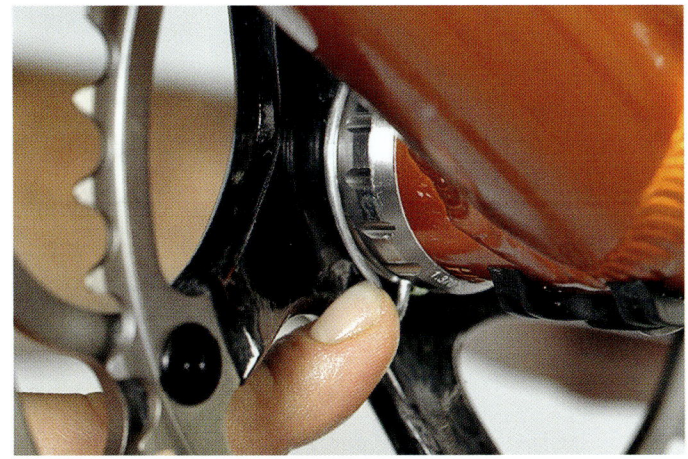

7 Setzen Sie die Spange so in der Nut an, dass die beiden abgewinkelten Enden in Richtung der Bohrungen gleiten. Sobald ein Ende eingehakt hat, drücken Sie am anderen Ende, bis dieses auch sauber einschnappt.

8 Wenn die Sicherungsspange sitzt, kontrollieren Sie, ob die Kurbel in der Schale fixiert ist: Versuchen Sie, die Kurbel nach außen zu ziehen.

9 Fetten Sie Lager und Wellenstumpf der linken Kurbel (Lagerfett!). Schieben Sie die dünne, leicht gewellte Scheibe auf die Welle und positionieren Sie diese auf dem Lager. Schieben Sie Kurbel samt Lager in die Lagerschale.

Campagnolo Ultra Torque System

10 Drehen Sie eine Kurbel genau nach oben, die andere genau nach unten. Schieben Sie dann die linke Kurbel weiter hinein und bewegen Sie diese ganz leicht in Drehrichtung vor und zurück, damit die Verzahnungen der beiden Wellenteile ineinander gleiten.

11 Fetten Sie die Fixierungsschraube der Wellenverbindung am Gewinde und an der Kopfauflage. Schieben Sie die Schraube auf das ebenfalls von Campa gelieferte Werkzeug oder auf einen langen 10-mm-Innensechskant und setzen Sie diese von Hand an.

12 Stecken Sie das Campa-Werkzeug mittels 10-mm-Steckschlüssel-Einsatz auf den Drehmomentschlüssel. Halten Sie gleichzeitig eine Kurbel und Kettenstrebe fest und ziehen Sie die Verschraubung mit 42 Nm an. Wischen Sie überschüssiges Fett ab.

Montage BB30-Innenlager

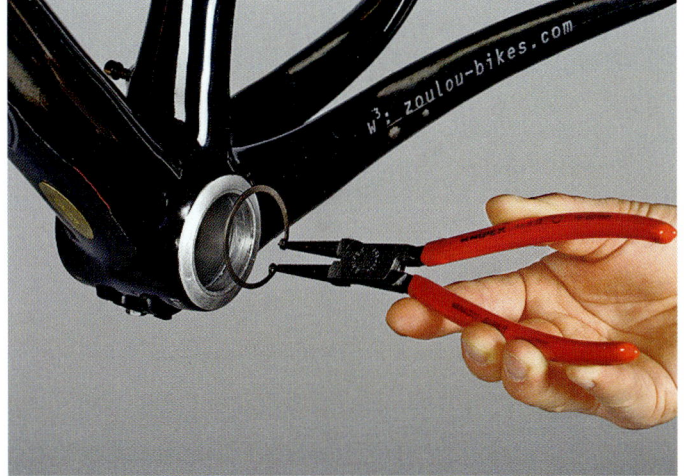

1 Reinigen Sie das Gehäuse und kontrollieren Sie es auf Grate. Vor allem die beiden umlaufenden Nuten müssen frei von Rückständen sein. Fetten Sie die Nut dünn ein. Spannen Sie den Sicherungsring mit einer speziellen Sicherungsringzange vor.

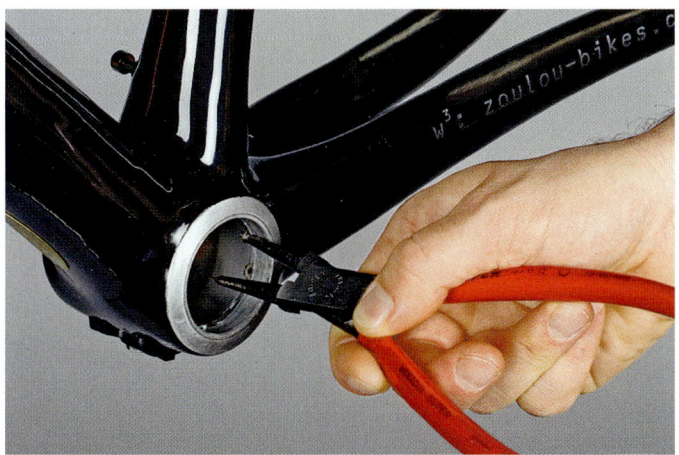

2 Setzen Sie den Ring in die Nut; er muss komplett einrasten. Kontrollieren Sie den Sitz, indem Sie die Zange in einer Bohrung ansetzen und den Ring drehen. Ein unsauber sitzender Ring springt heraus, sauber montiert läuft er im Kreis.

3 Fetten Sie die Lagersitze und den Sicherungsring mit Montagefett, ebenso den Außenring des Lagers. Verwenden Sie keine Carbonpaste oder ähnliches, sonst knackt es während der Fahrt.

Montage BB30-Innenlager

4 Drehen Sie das Werkzeug auseinander. Der Teil mit dem Außengewinde (siehe Pfeil) weist die Passung für den Rahmen auf. Der aufschiebbare Ring nimmt das Lager auf. Das Gewinde des Werkzeugs muss sauber und geschmiert sein.

5 Zuerst wird ein Lager eingepresst. Führen Sie das Werkzeug von der einen Seite ein, sodass es sauber im Rahmen anliegt. Schieben Sie den Ring mitsamt Lager auf. Drücken Sie von Hand etwas nach, damit das Lager bereits etwas in den Sitz hineinrutscht. Halten Sie die eine Seite des Werkzeugs weiterhin etwas fest und drehen Sie die Mutter mit der Hand einige Umdrehungen auf.

6 Nehmen Sie den 32-mm-Maulschlüssel und drehen Sie die Mutter weiter hinein. Achten Sie darauf, dass das Lager ins Gehäuse gedrückt wird, ohne zu verkanten. Spüren Sie deutlichen Widerstand am Schlüssel, ist das Lager angekommen und sitzt an Ort und Stelle.

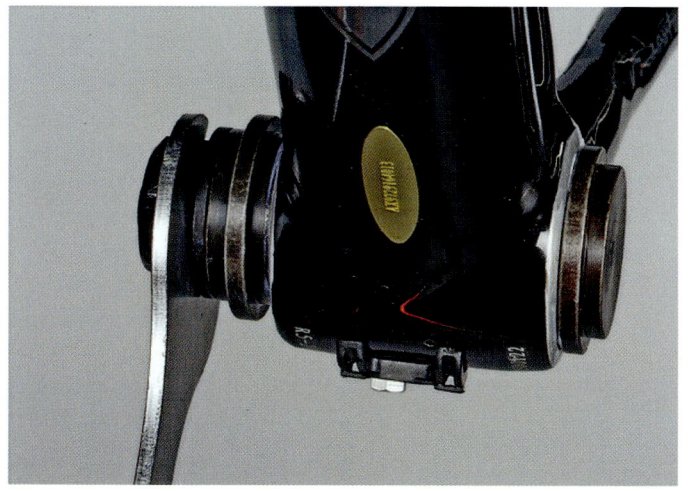

7 Montieren Sie das Lager der anderen Seite auf die gleiche Weise. Wenn Sie das Werkzeug auf der bereits montierten Seite einsetzen, muss dieses plan am Gehäuse am Rahmen anliegen. Ist dies nicht der Fall, ist das erste Lager noch nicht weit genug eingepresst. Pressen Sie dann das Lager der ersten Seite etwas nach.

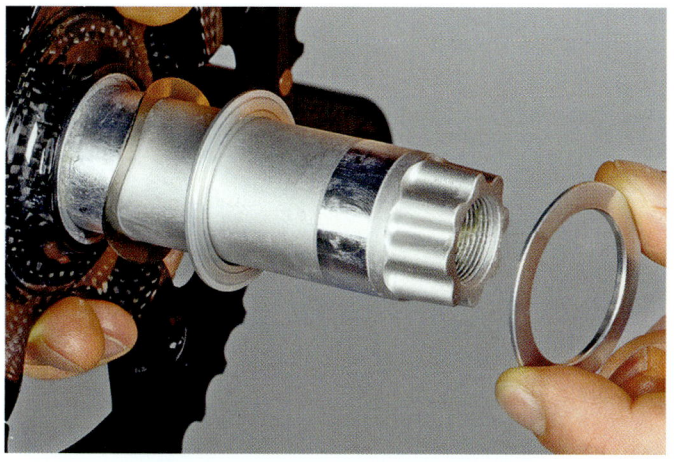

8 Bestandteil des Lagersystems ist eine ringförmige Feder, die auf der Kettenblattseite aufgeschoben wird. Diese spannt das Lager-Wellensystem vor, sodass im Betrieb kein axiales Spiel auftritt. Jeweils eine Aluminiumscheibe wird pro Lager von außen aufgesetzt und überträgt die Kräfte auf den Innenring der Lager. Die erste Scheibe wird vor dem Einschieben so auf der Welle positioniert, dass die glatte Seite nach außen, also vom Lager weg zeigt.

9 Fetten Sie die Welle und schieben Sie diese zusammen mit der Feder und der ersten Alu-Scheibe in den Rahmen. Achten Sie darauf, dass diese nicht verkanten. Die Montage kann etwas hakend sein und bedarf möglicherweise auch etwas Nachdruck. Wenn Sie mit der Hand nicht weiterkommen, helfen ganz leichte Schläge mit einem Schonhammer.

Montage BB30-Innenlager

10 Setzen Sie die zweite Aluminiumscheibe ebenfalls mit der glatten Seite nach außen auf, also vom Lager abgewandt, und fetten Sie das Profil der Welle und der Kurbel sowie beide Gewindepartner ein. Setzen Sie die Kurbel auf den Wellenstumpf und drehen Sie die Kurbelschraube ein. Die ersten Umdrehungen müssen sehr leicht laufen. Sitzt die Kurbel auf dem Profil, drehen Sie die Schraube gemäß den Herstellerangaben mit dem Drehmomentschlüssel fest.

Demontage

1 Drehen Sie die Kurbelschraube gegen den Uhrzeigersinn, bis der integrierte Abzieher die Kurbel löst. Halten Sie den Rahmen fest und lösen Sie die Welle, indem Sie mit dem Kunststoff-Schonhammer auf die Stirnseite klopfen.

2 Das dreiteilige Werkzeug kann jeweils ein Lager herausziehen. Zerlegen Sie das Werkzeug, säubern und schmieren Sie das Gewinde. Auch das Gehäuse am Rahmen sollte sauber sein, damit das Werkzeug guten Halt findet.

3 Fädeln Sie den Abzieh-Anker in das Lager ein und setzen Sie ihn so an, dass beide Flächen des Werkzeugs den Innenring aufnehmen. Setzen Sie die Abzieherschale auf das Gewinde, sodass die geschlossene Fläche nach außen zeigt.

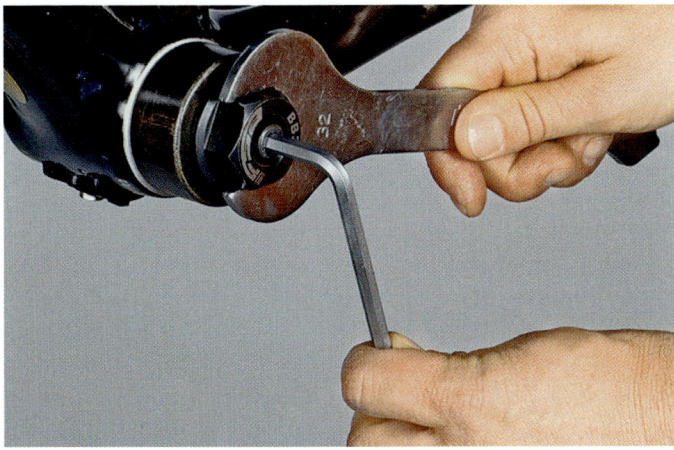

4 Setzen Sie die Mutter an; das Werkzeug muss konzentrisch zum Innenlager sitzen. Setzen Sie den 32-mm-Maulschlüssel und den Innensechskant an. Dann drehen Sie den Innensechskant gegen den Uhrzeigersinn, bis sich das Lager löst.

TIPPS

▸ Rahmen für BB30-Lager können Sie mit Hülsen für klassische BSA-Lager umrüsten. Dies kann notwendig werden, wenn die Passung der Lager im Rahmen zerstört ist. Diese Hülsen, die verschiedene Hersteller anbieten (z. B. Cannondale, FSA, Reset) können eingeschoben oder eingepresst werden. Die Lagerschalen fixieren diese dann im Rahmen. Bei unzureichender Passung sollten Sie die Hülse mit mittelfestem Wellen-Naben-Klebstoff (z. B. von Loctite) einkleben.

▸ Eine Explosionszeichnung erleichtert die Montage- und Wartungsarbeiten. Liegt dem Lager keine bei, sehen Sie auf den Internetseiten der Hersteller nach, dort gibt's Anleitungen meistens als Download.

▸ Kontrollieren Sie die Verschraubungen nach etwa 100 bis 300 Kilometern Fahrt mit dem Drehmomentschlüssel und danach alle 2000 Kilometer.

Pressfit-Innenlager (BB 86) montieren

1 Pressfit-Lager sind prinzipiell die gleichen wie die eingeschraubten, nur ersetzt eine Presspassung das Gewinde. Der Rahmen muss mit einem speziellen, 86,5 Millimeter breiten Tretlagergehäuse und definiertem Innendurchmesser den Gegenpart bilden. Zur Montage benötigt man das spezielle Shimano-Werkzeug.

2 Setzen Sie die beiden Kunststoff-Lagerschalen zusammen mit dem Werkzeug von Hand an. Beide Lagerschalen müssen dabei mit der Innenseite schon leicht ins Gehäuse reichen, die Außenseiten müssen planparallel am Werkzeug anliegen. Halten Sie die Sechskantaufnahme des Werkzeugs mit einem Ringschlüssel fest.

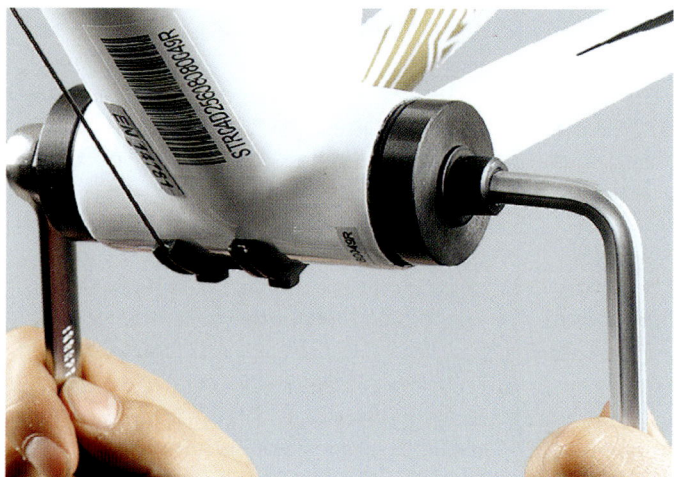

3 Drehen Sie mit dem Innensechskant auf der anderen Seite langsam und gleichmäßig. Die Lagerschalen sollen gleichmäßig hineingleiten, ohne zu verkanten. Drehen Sie so lange, bis beide Schalen mit dem Bund am Gehäuse anliegen. Erhöht sich der Widerstand, setzen Sie ab und schieben die Kurbel mit der Welle hinein. Diese sollte sich leicht drehen.

Pressfit-Innenlager (BB 86) demontieren

1 Zur Demontage der Lagereinheiten benötigen Sie den speziellen Shimano-Austreiber mit den sich aufspreizenden Klauen. Mit anderen Werkzeugen besteht die Gefahr, dass der Rahmen beschädigt wird. Spannen Sie den Rahmen bei diesen Arbeiten keinesfalls an einem Rahmenrohr oder an einer Carbonstütze in einen Montageständer ein!

2 Schieben Sie das Werkzeug von einer Seite hinein, bis es auf der anderen Seite etwas herausschaut. Halten Sie die drei Klauen fest und schieben Sie das Werkzeug weiter hinein. Die Klauen werden dabei aufgespreizt, bis diese innen am Lager anliegen. Drehen Sie das Werkzeug etwas, um sicherzugehen, dass es sauber anliegt.

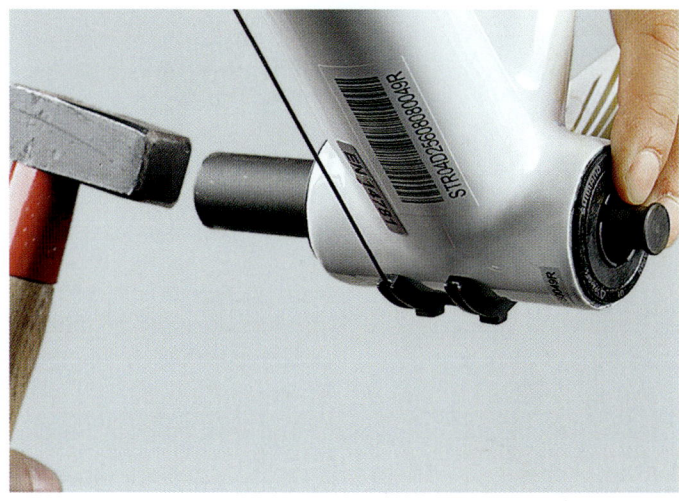

3 Halten Sie den Rahmen mit einer Hand fest, um das Lager etwas zu sichern. Klopfen Sie mit einem Hammer vorsichtig gegen das Werkzeug, bis sich das Lager löst. Gelingt dies nicht mit leichten Schlägen, bitten Sie jemanden, den Rahmen festzuhalten, damit etwas härtere Schläge der Rahmenstruktur nichts anhaben. Verfahren Sie mit der zweiten Seite ebenso.

Einbau konventioneller Cartridge-Lager

1 Bereiten Sie das Tretlagergehäuse wie zum Einbau vor. Drehen Sie dann die auch auf der Innenseite gut gefettete linke Schale ein, bis diese an der Patrone eingreift.

2 Führen Sie das Tretlagerwerkzeug in das Keilwellenprofil der Lagerpatrone rechtsseitig ein und drehen Sie die Patrone mit einem Maulschlüssel in das Gehäuse. Kommt Widerstand auf, arbeiten Sie besser mit einem Drehmomentschlüssel und passendem Sechskant-Einsteckwerkzeug weiter. Drehen Sie die Patrone mit einem Drehmoment von 70 Nm (Campagnolo), beziehungsweise 50 bis 60 Nm (Shimano) fest. Ziehen Sie nun die linke Seite fest.

3 Die Diskussion darüber, ob Fett auf den Achsvierkant gehört oder nicht, ist so alt wie diese Befestigungsart selbst. Campagnolo und Shimano untersagen es, Fett zu verwenden. Die Hersteller befürchten vermutlich, dass sich die Kurbel durch verringerte Reibung weiter aufschieben lässt und sich die Vierkantaufnahme dabei weitet. Reduziert man das Anzugsmoment, droht diese Gefahr nicht. Ohne Fett besteht hingegen kein Korrosionsschutz.

4 Nachdem Sie beide Seiten festgezogen haben, kontrollieren Sie den sauberen Lauf des Lagers. Hakt es oder läuft es schwer, muss es ausgebaut und das Gewinde und die rechte Gehäusefläche nachbearbeitet werden. Hilft auch das nicht, rät Campagnolo die fettfreie linke Schale mit Schraubenkleber und reduziertem Moment von 30 Nm zu befestigen. Das erschwert allerdings die spätere Demontage.

5 Die TOUR-Erfahrungen mit gefettetem Vierkant und reduziertem Drehmoment an der Untergrenze der Herstellerangabe sind durchweg positiv. Voraussetzung ist, dass man die Verschraubung regelmäßig mit dem Drehmomentschlüssel kontrolliert. Schieben Sie, gefettet oder nicht, beide Kurbeln auf die Vierkante.

6 Die Schrauben zur Vierkantbefestigung der beiden großen Hersteller weisen bereits Schraubensicherungsmasse auf. Diese Maßnahme gegen selbsttätiges Lösen ist sinnvoll, allerdings widerspricht auch hier das Fettverbot dem Korrosionsschutz. TOUR-Empfehlung: Fetten Sie wenigstens die Kopfauflagen, wenn Sie schon das Gewinde trocken lassen. Drehen Sie die Schrauben fest, bei Campagnolo mit 32 bis 38 Nm, bei Shimano mit 35 bis 50 Nm.

Steuerreform

Der traditionelle Schaftvorbau am Rennrad ist dem Ahead-Vorbau inzwischen fast vollständig gewichen. Das hat auch Konsequenzen für Montage und Wartung des Lenkungslagers.

Das Lenkungslager, auch Steuersatz genannt, gehört zu den Teilen am Rennrad, die am schnellsten verschleißen, da es während der Fahrt ständigen Stößen ausgesetzt ist. Dazu kommen Wasser und Schmutz, die mit der Zeit an den Dichtungen vorbei ins Lager-Innere dringen und den schützenden Schmierfilm verdünnen, der für einen reibungslosen Lauf der Lenkung sorgt. Um festzustellen, ob der Lagerlauf noch einwandfrei funktioniert, ziehen Sie die Vorderbremse, umfassen den unteren Lagerbereich mit zwei oder drei Fingern und dem Daumen und schieben das Rad vor und zurück. Gabel und Lagerschale dürfen sich dabei nicht gegeneinander bewegen, sonst ist zu viel Spiel im Lager, das justiert werden muss. Jetzt halten Sie das Rad am Oberrohr des Rahmens hoch, sodass das Vorderrad nicht mehr auf dem Boden steht. Wenn Sie nun ein Lenkerende leicht antippen, sollte das Vorderrad aus der Mittelstellung zur Seite kippen. Ist dies nicht der Fall, prüfen Sie zunächst, ob Bowdenzüge die Bewegung hemmen oder ob das Lager selbst schwer läuft. Die sehr langlebigen Walzenlager laufen übrigens immer etwas schwergängiger als Kugellager. Wenn Sie aber das Vorderrad ohne großen Krafteinsatz ganz von links nach rechts drehen können, das Rad jedoch in der Mittelstellung einrastet, ist die Lagerung bereits

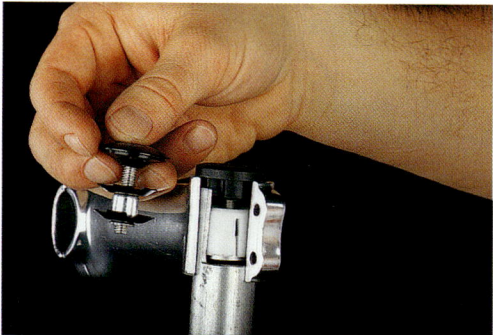

Einblick: Beim Aheadset drückt ein Deckel auf den Vorbau, der wiederum das Lagerspiel fixiert.

TIPPS

► Geräusche (Knacken!) kommen oft von zu wenig Schmierung. Bei Gabeln mit Metallschaft darf man Montagefett auf den Schaft, zwischen alle Bestandteile des Lagers und die Spacer bringen. Bei Vollcarbongabeln darf zwischen Schaft und Vorbau sowie zwischen Vorspannmechanismus (Klemmkonus) und Schaftinnenseite kein Fett, sonst kann man die Teile dauerhaft nicht ausreichend klemmen. Bei Carbongabeln muss man mit Bedacht und gezielt zwischen den metallischen Bestandteilen des Lagers, der Klemmung oder zwischen den Auflageflächen der Alu-Spacer fetten.

► Wenn immer wieder Lagerspiel auftritt, liegt das oft an fehlender Reibung zwischen Vorbau und Gabelschaft und/oder zu wenig Halt eines Klemmkonus im Gabelschaft. Ein dünner Film Carbon-Montagepaste auf den Klemmflächen sichert die exakte und materialschonende Klemmung. Kontrollieren Sie auch, ob der Gabelschaft zwei bis drei Millimeter unterhalb der Oberkante des Vorbaus endet, sonst kann man das Lagerspiel nicht eingestellen.

► Widerstand beim Lenken oder Spiel in manchen Stellungen des Lenkers kann von falschen Passungen kommen, wenn die Lagersitze im Rahmen durch Bearbeitungsmängel nicht zueinander fluchten oder wenn unpassende Lager montiert wurden. Hier hilft nur der Weg zum Händler.

► Es gibt verschiedene Lagerdurchmesser und Winkel. Die genaue Lagerbezeichnung ist oft auf dem Außenring der Lager aufgedruckt (siehe Bild). Wenn nichts aufgedruckt ist, hilft die Lagerlehre von FSA, mit der die meisten Radhändler arbeiten.

beschädigt – das Rad fährt nicht mehr richtig geradeaus. Wegen der Stoßkräfte von unten ist meist jedoch nur das untere Lager verschlissen.

Bevor Sie Ersatz besorgen, sollten Sie einen Blick in das Innere des Steuersatzes werfen. Denn je nach Lagertyp benötigen Sie andere Ersatzteile. Bei klassischen Kugellagern, die aus Konen, Kugelringen und Außenschalen bestehen, muss man zumindest die komplette untere Lagerung ersetzen.

Messen Sie Ihr altes Lager immer genau aus, bevor Sie Ersatz besorgen. Es gibt Lagerschalen- und Konussitze mit verschiedenen Durchmessern. Auch die Bauhöhe des Lagers ist zu beachten – vor allem, wenn Sie einen neuen Lagertyp oder ein Nachfolgemodell Ihres bisherigen Typs einbauen wollen. Die Höhe misst man von der Unterkante des Konus auf der Gabel bis zur Oberkante der Schale am Übergang zum Rahmenrohr. Ist das neue Lager weniger hoch als das bisherige, müsste die Gabel gekürzt werden, sonst lässt sich das Lager nicht mehr justieren. Ist es höher, könnte die Kontermutter nicht mehr auf den Gabelschaft passen – man bräuchte eine neue Gabel mit längerem Schaft.

Ahead-Technik

Der auffälligste Unterschied des Aheadset-Systems im Vergleich mit dem klassischen Vorbau ist, dass der Vorbau nicht schlank

Wie groß? Die genaue Lagerdimension steht meistens auf dem Außenring

So sollte es nicht aussehen: Hier hat der scharfkantige Vorbau den Carbongabelschaft eingekerbt.

▶ Bei den meisten Lenkungslagern ist es empfehlenswert, dass der Vorbau nicht direkt auf die obere Lagerschale drückt. Legen Sie deshalb zumindest einen dünnen Zwischenring/Spacer unter den Vorbau.

▶ Verwenden Sie keine Einschlagkrallen als Widerlager, um das Lenkungslager einzustellen. Besser geeignet sind flächig anliegende Klemm-Mechanismen, welche nach dem Konusprinzip arbeiten. Diese Klemmen steifen gleichzeitig den Schaft von innen aus, damit der Vorbau das Fasermaterial nicht schädigt.

▶ Zu kurz abgesägte Carbongabeln kann man nicht mehr verlängern. Stecken Sie daher zumindest anfangs mehr Spacer (aber nicht mehr als insgesamt 50 Millimeter) unter den Vorbau – so finden Sie leichter Ihre Sitzposition.

aus dem Gabelinneren austritt, sondern oben am Lager ansetzt. Die entscheidende Idee bei der Ahead-Technik besteht im Weglassen. Die Funktion der oberen Lagerschale übernimmt der Vorbau. Der wird auf dem Gabelschaft nach unten geschoben, wo er aufs Lager drückt. Den dosierten Druck zur spielfreien Klemmung übt der obere Abschlussdeckel aus, der sich im Inneren des Gabelschaftes abstützt.

Damit das Lager eingestellt werden kann, muss zwischen Oberkante des Gabelschaftes und Unterkante des Deckels ein Spalt verbleiben – sonst sitzt der Deckel auf dem Schaft auf und kann den Vorbau nicht nach unten schieben. Ungefähr zwei Millimeter Abstand genügen, aber der Schaft muss präzise rechtwinklig zur Schaftmitte abgelängt werden. Ist der Abstand zwischen Schaft und Deckel größer, wird die Fläche kleiner, mit der sich der Gabelschaft im Vorbau abstützt.

Aus der Notwendigkeit, den Gabelschaft auf die exakte Länge kürzen zu müssen, resultiert die Unsicherheit von Monteuren und Benutzern. Die nachträgliche Höhenverstellung des Lenkers ist nur möglich, wenn von vorneherein Zwischenringe verwendet werden. Diese sogenannten Spacer fädelt man zwischen Vorbau und oberer Lagerschale auf den Gabelschaft. Um den Lenker in der Höhe zu verstellen, kann man die Zwischenringe von unten nach oben tauschen. Eine zweite Möglichkeit zur Höhenverstellung des Lenkers erlauben unterschiedlich gewinkelte Vorbauten.

Gut geeignet für das Finden der richtigen Position sind Flip-Flop-Vorbauten, die umgedreht werden können. Dadurch sind zwei Lenkerhöhen möglich. Je größer der Winkel eines solchen Vorbaus, umso größer der Höhenunterschied zwischen den zwei Positionen. Vorbauten mit 17 Grad Neigung ergeben einen sehr großen Sprung, sie taugen nicht zur Feinabstimmung. Flip-Flop-Vorbauten erkennt man am symmetrischen Klemmbereich am Gabelschaft – die obere und die untere Kante der Klemmung müssen parallel zueinander liegen. Außerdem wird der Lenker mit einem Deckel geklemmt.

WERKZEUG

verschiedene Innensechskante, Drehmomentschlüssel

HILFSSTOFFE: Montagefett, Carbon-Montagepaste (z.B. von Dynamic, Ritchey, Syntace, Tacx), Lappen

Lager kontrollieren

1 Ziehen Sie die Bremse des Vorderrades und legen Sie die Finger der anderen Hand an den Spalt zwischen Rahmen und oberem Lagerring. Belasten Sie den Sattel und schieben Sie das Fahrrad etwas vor und zurück. Bewegt sich der Spalt, weist das Lenkungslager zu viel Lagerluft auf. Machen Sie die Prüfung auch mit quer stehendem Vorderrad.

2 Um die Leichtgängigkeit zu prüfen, heben Sie Ihr Rad am Oberrohr vorne etwa 20 Zentimeter hoch. Tippen Sie den Lenker leicht an, er sollte sich dann selbsttätig aus der Mittelposition heraus drehen, bis entweder die Bremse am Rahmen oder der Lenker am Oberrohr ansteht. Prüfen Sie das zu beiden Seiten hin.

3 Schwenkt der Lenker nicht vollständig zu beiden Seiten, versuchen Sie, die Züge zu entspannen und probieren Sie es erneut. Gehen Sie Knack- oder Schleifgeräuschen nach. Oft sind es nur die Züge, die trocken oder angerostet in den Anschlägen sitzen. Tragen Sie dann dünnflüssiges Schmieröl auf. Wenn das nichts hilft, kontrollieren Sie, ob die Gabel unten am Rahmen frei läuft und der obere Lagerring rundherum genug Luft aufweist. Die Spalte müssen gleich hoch sein, die Dichtringe gleichmäßig aufliegen.

Lager einstellen

1 Öffnen Sie die seitlichen Klemmschrauben des Vorbaus zwei bis drei Umdrehungen. Sie brauchen die Schrauben nicht ganz herauszudrehen.

2 Justieren Sie das Lagerspiel neu, indem Sie an der oben am Vorbau liegenden Schraube drehen. Im Uhrzeigersinn wird das Spiel weniger, entgegen des Uhrzeigersinns größer. Wichtig: Drehen Sie die Schraube nicht fest, es handelt sich um eine Einstellarbeit. Schrauben Sie lediglich in Vierteldrehungen weiter und prüfen Sie dazwischen immer wieder das Spiel, wie beschrieben.

3 Wenn das Spiel in Ordnung ist, richten Sie den Vorbau wieder genau senkrecht zum Vorderrad aus. Peilen Sie dazu über Rahmen und Vorbau zum Vorderrad. Der Lenker steht dann genau rechtwinklig zur Fahrtrichtung.

4 Drehen Sie die Schrauben des Vorbaus gemäß den Herstellerangaben fest. Verwenden Sie dazu einen Drehmomentschlüssel. Sollten keine Angaben vorliegen, erhöhen Sie, beginnend mit 4 Nm, das Anzugsdrehmoment in Schritten von einem halben Newtonmeter, bis der Vorbau sicher auf der Gabel klemmt (s. nächstes Bild).

5 Um die Klemmung zu überprüfen, klemmen Sie das Vorderrad zwischen Ihre Knie, umfassen den Lenker und versuchen, den Lenker mit moderaten Kräften gegenüber dem Vorbau zu verdrehen.

Lager warten

6 Zur Wartung der Lager, oder wenn trotz korrekter Einstellung Geräusche auftreten oder das Lenkverhalten unbefriedigend ist, demontieren Sie die Gabel. Schrauben Sie die vordere Bremse ab, nehmen Sie das Vorderrad heraus. Lösen Sie die Vorbauschrauben, und halten Sie ab jetzt die Gabel fest.

Lager einstellen und warten

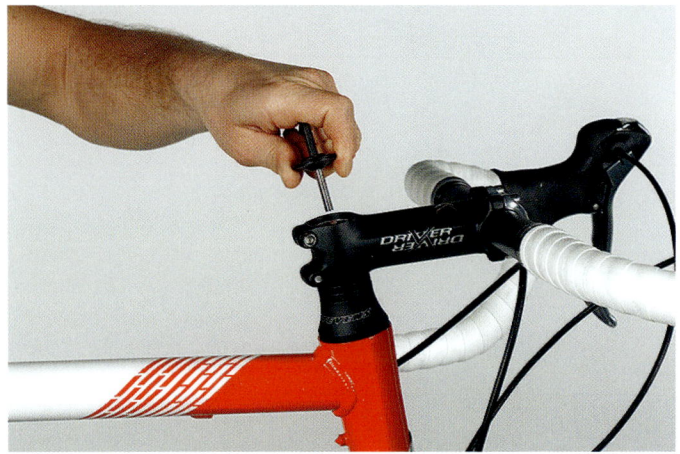

7 Drehen Sie die Schraube auf der Oberseite vollständig heraus, und nehmen Sie den Deckel ab. Ziehen Sie zuerst den Lenker samt Vorbau ab und hängen Sie diese so nach unten, dass Rahmen, Hebel, Lenker und Vorbau nicht beschädigt werden.

8 Nehmen Sie die Spacer, den Abschlussdeckel und den oberen geschlitzten Konus ab. Merken Sie sich die Position aller Teile und legen Sie diese, mit einem Lappen sauber abgewischt, der Reihenfolge nach ab.

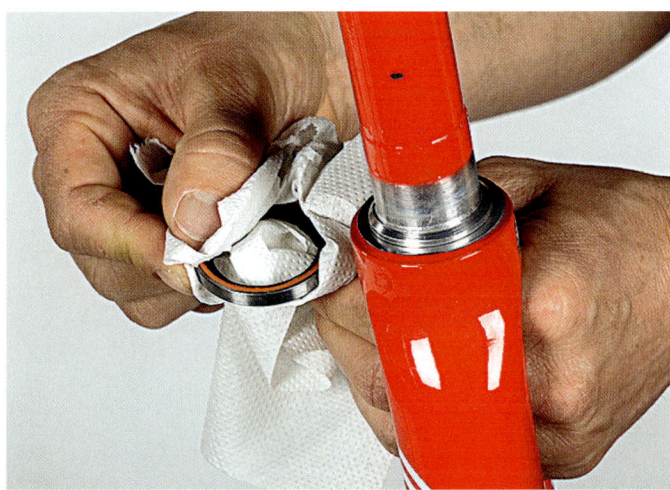

9 Ziehen Sie die Gabel nach unten heraus, wischen Sie alle Teile sauber. Kontrollieren Sie an der Gabel, ob der untere Lagersitz plan aufgebracht wurde, unbeschädigt ist und der Schaft keine Kratzspuren aufweist. Nehmen Sie die Lager heraus, wischen Sie das Fett von den Lagerläufen bzw. Lagersitzen im Rahmen. Lassen sich die Lager leicht und spielfrei drehen und sind sie frei von Spänen oder Schmutz? Sind offene Lager gut gefettet? Schauen Sie auch nach eventuellen Laufspuren oder Kerben.

10 Fetten Sie das Lager und die Sitze beim Zusammenbau großzügig ein, damit das Fett die Lager zusätzlich abdichtet. Wischen Sie überschüssigen Schmierstoff nach dem Zusammenbau ab. Bei Carbonschäften darf kein Fett auf den oberen Klemmbereich des Schaftes gelangen.

11 Beachten Sie die Einbaurichtung und legen Sie das untere Lager auf den Sitz am Gabelkopf. In der Regel zeigt bei integrierten Lagern die Fase am Außenring zum Rahmen hin, die des Innenrings zum Sitz auf der Gabel. Führen Sie die Gabel von unten in das Steuerrohr des Rahmens ein.

12 Schieben Sie das obere, außen gefettete Lager, den geschlitzten Konusring, die Abschlusskappe und die Spacer ganz auf den Schaft, bis die Gabel weitgehend spielfrei montiert ist. Schieben Sie dann den Vorbau auf und montieren Sie den oberen Einstelldeckel. Stellen Sie das Lager wie oben beschrieben ein.

So wählen Sie den richtigen Vorbau

1 Vorbauten mit Segmentklemmung sind nicht geeignet. Der Gabelschaft wird nahezu punktuell geklemmt. Der sensible Carbonschaft kann zerstört werden.

2 Vorbauten mit vielen Aussparungen im Bereich der Schrauben und solche mit breitem Schlitz eignen sich ebenfalls nicht. Der Schaft wird verformt und möglicherweise vorgeschädigt.

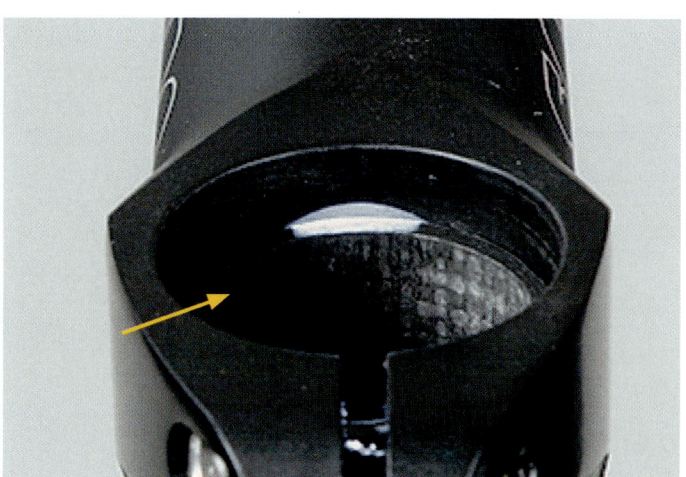

3 Vorbauten mit einem großen Loch (siehe Pfeil) gegenüber der Klemmung scheiden auch aus. Der Schaft stützt sich möglicherweise nur wenige Millimeter an der Oberkante des Vorbaus oder gar nicht ab!

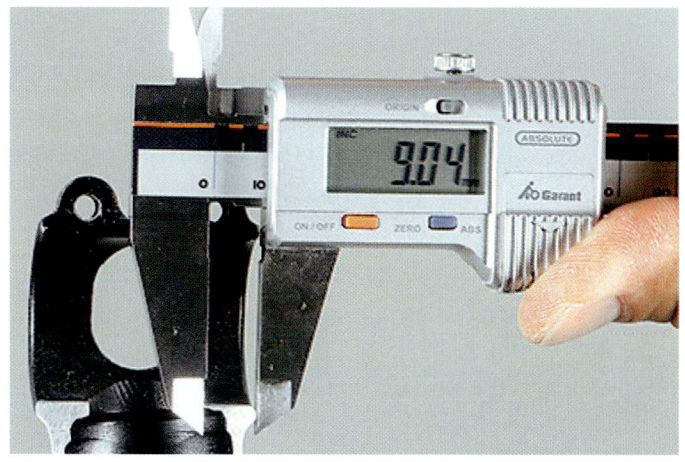

4 Die Vorbau-Oberkante muss zwei bis drei Millimeter über den Gabelschaft hinausragen, damit das Lager eingestellt werden kann und der Abschlussdeckel drauf-passt. Messen Sie auch den Bund des Vorbaus nach (im Bild ein Querschnitt des Vorbaus): Er sollte oben und unten mindestens sieben Millimeter dick sein.

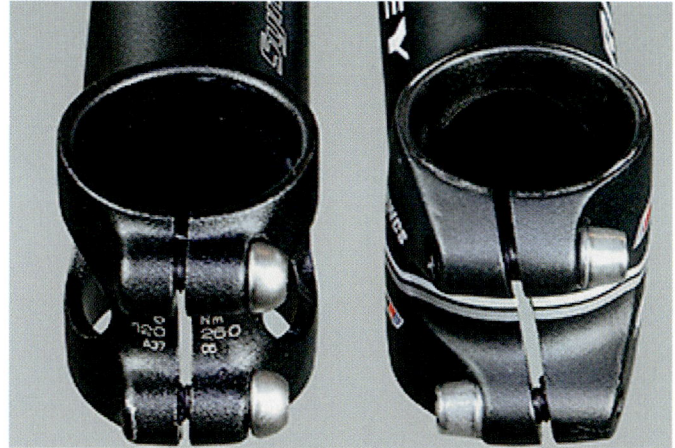

5 Generell sind Vorbauten zu empfehlen, bei denen die speziellen Anforde-rungen für Carbonschäfte berücksichtigt sind. Erkennbar ist dies an der geschlossenen Klemme mit schmalem Schlitz, an einer symmetrischen Außenklemmung und an genügend großen Abstützlängen oben und unten vorne am Vorbau.

6 Haben Sie ein geeignetes Exemplar gefunden, prüfen Sie, ob der Vorbau frei von Graten ist. Hin und wieder rutschen nicht ganz grat-freie Exemplare durch die Qualitäts-kontrollen. Tauschen Sie den Vorbau in diesem Fall aus. Ist dies nicht mög-lich, glätten Sie kritische Stellen mit feinkörnigem Schmirgelleinen.

So montieren Sie den Vorbau

1 Lösen Sie die oben liegende Schraube und drücken Sie sie wieder ins Innere. Einige Mechanismen werden so gelöst und lassen sich komplett mit dem Deckel herausziehen. Achtung: Die Gabel ist nicht mehr fest, nachdem Sie die Schraube gelöst haben. Lässt sich der Mechanismus so nicht herausziehen, drehen Sie Deckel oder oben liegende Schraube komplett heraus und entfernen Sie beides. Der eigentliche Klemm-Mechanismus bleibt in der Gabel und muss separat ausgebaut werden.

2 Schieben Sie den neuen Vorbau mit geöffneten Klemmschrauben probehalber auf den Gabelschaft. Er muss sich satt aufschieben lassen – weder darf man dafür viel Kraft benötigen, noch darf der Vorbau Spiel haben. Die Oberkante des Gabelschaftes muss etwa zwei bis drei Millimeter unterhalb der Oberkante des Vorbaus liegen. Legen Sie falls nötig einen Spacer mehr oder weniger ein.

3 Demontieren Sie den Vorbau wieder und säubern Sie den Klemmbereich beider Teile von Schmutz und Fett mit Reinigungsbenzin oder Spiritus. Bringen Sie Carbon-Montagepaste an der Stelle des Gabelschaftes auf, wo der Vorbau klemmen soll. Montieren Sie die Gabel und klemmen Sie den Vorbau gerade so fest, dass die Gabel nicht durch ihr eigenes Gewicht nach unten herausfällt.

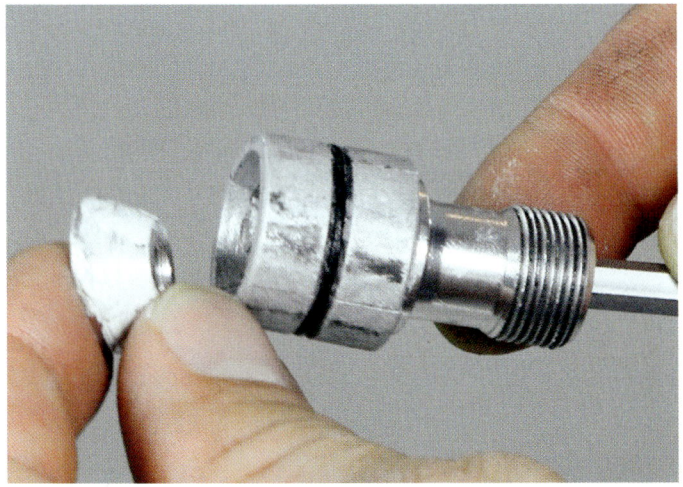

4 Zerlegen Sie den Mechanismus der Lenkungslager-Abstützung und kontrollieren Sie ihn auf Grate, die die Teile daran hindern könnten, leicht aufeinander zu gleiten. Entfernen Sie solche Grate mit Feile und Schmirgelleinen. Fetten Sie die aufeinander gleitenden Flächen, die Gewinde und unter den Schraubenköpfen sehr sparsam. Es darf kein Schmierstoff auf die Außenseite gelangen, sonst klemmt die Abstützung nicht mehr.

5 Bringen Sie Carbon-Montagepaste im Gabelschaft in den Klemmbereich des Konus ein. Spreizen Sie den Mechanismus so weit auf, dass er sich gerade in den Schaft einführen lässt. Schieben Sie den Klemmkonus ein, bis der Deckel aufliegt. Drehen Sie die zentrale Schraube an; dabei wird die Lagerluft eingestellt und der Mechanismus befestigt. Vorsicht: Sie stellen hier Lagerspiel ein – das ist keine feste Schraubverbindung!

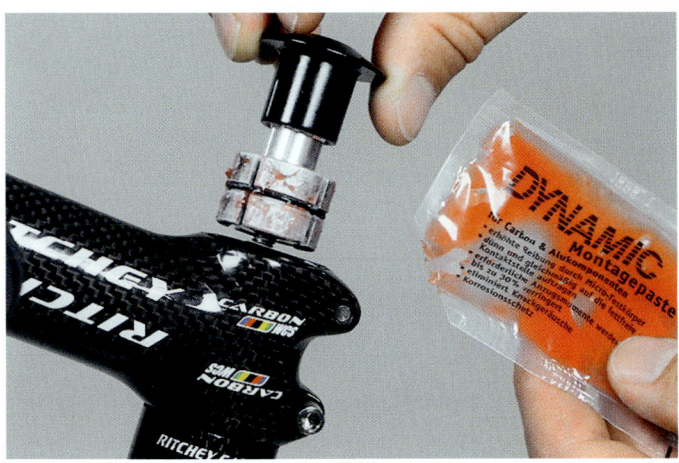

6 Bei Mechanismen, bei denen die Klemme zuerst eingeschraubt und dann das Lager mit einem separaten Gewinde justiert wird, drehen Sie den Einstelldeckel je nach System zwei bis fünf Umdrehungen auf, nachdem Sie den Konus passend vorgespannt haben. Schieben Sie dann den gesamten Mechanismus hinein, bis der Deckel aufliegt.

So montieren Sie den Vorbau

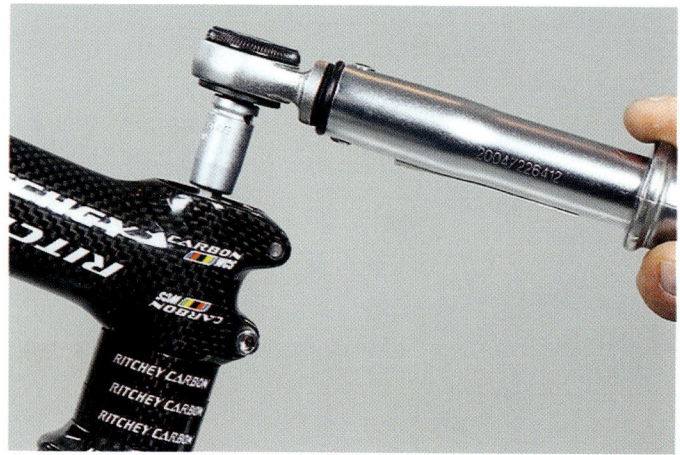

7 Entfernen Sie den Einstelldeckel wieder, ziehen Sie die Klemmschraube mit etwa drei bis vier Newtonmetern fest und montieren Sie den Deckel erneut (Herstellerangabe beachten!). Stellen Sie das Spiel des Lagers über den Deckel ein. Vorsicht: Auch hier geht es in beiden Fällen um eine behutsame Einstellung der Lagerluft!

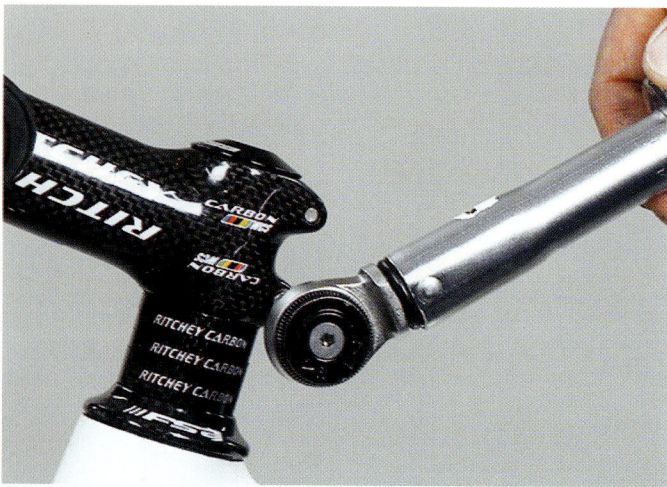

8 Haben Sie alle Punkte beachtet, dann brauchen Sie nur geringe Anzugskräfte für die seitlichen Klemmschrauben des Vorbaus. Drehen Sie die Schrauben mit einem Drehmomentschlüssel fest, beginnend mit dem minimalen Moment, das der Hersteller angibt. Klemmen Sie das Vorderrad nach dem Anziehen zwischen die Knie und versuchen Sie, den Lenker samt Vorbau zu verdrehen.

9 Bewegt sich der Vorbau noch gegenüber der Gabel, müssen Sie das Moment in 0,5-Newtonmeter-Schritten steigern und den Sitz kontrollieren. Überschreiten Sie keinesfalls das maximale Drehmoment, das Gabel- oder Vorbauhersteller angeben. Kontrollieren Sie den festen Sitz der Schrauben des Vorbaus abermals nach 100 Kilometern Fahrt.

Austausch des klassischen Lenkungslagers

Drehen Sie den oberen Lagerkonus ab, nachdem Sie den Vorbau demontiert, den Lenker am Rahmen festgebunden und die Vorderradbremse von der Gabel losgeschraubt haben. Wischen Sie das alte Fett und den Schmutz mit einem Lappen vom Lagerkonus und kontrollieren Sie ihn auf Beschädigungen. Sind deutliche Laufspuren, Dellen, Ausbrüche oder Korrosion in der Oberfläche erkennbar, muss der Konus ersetzt werden.

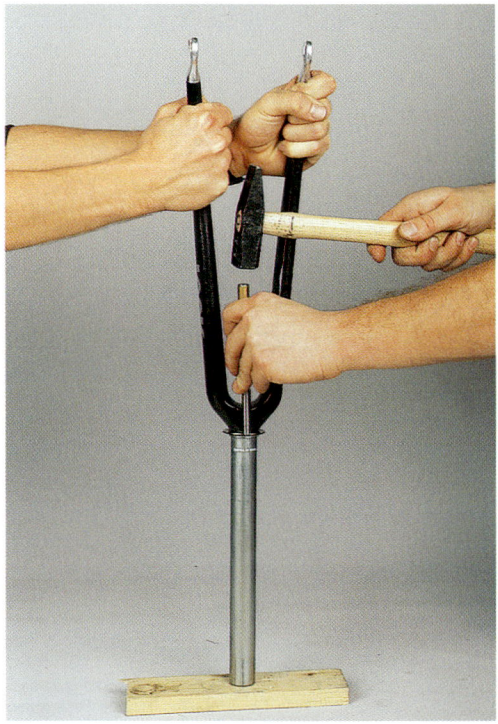 

1 Stellen Sie die Gabel kopfüber auf ein Stück Holz und bitten Sie einen Helfer, die Gabel zu halten. Treiben Sie den Konus mit einem Durchschlag oder einem großen Schraubendreher vom Sitz. Führen Sie die Schläge gleichmäßig vorne und hinten aus, damit der Konus nicht verkantet. Dann kontrollieren Sie den gereinigten Gabelschaft, insbesondere den Lagersitz, auf Beschädigungen.

TIPPS

▶ Carbongabeln sind bei Handhabung und Montage sehr sensible Teile. Sie müssen deshalb grundsätzlich sehr exakt gefertigt sein und genau zum Rad und den anderen verwendeten Komponenten passen. Das gilt sowohl für den Lagersitz als auch für den Vorbau.

2 Entfernen Sie die Lagerringe aus den Gehäusen und säubern Sie die Laufbahnen, um sie zu kontrollieren. Zum Austreiben der Lagerschalen sollte ein Helfer den vorderen Lenkkopfbereich gut abstützen, damit durch die Schläge nicht die Komponenten oder der Rahmen beschädigt werden. Der Versuch, das Unterrohr auf einer Werkbank abzustützen, kann bei dünnwandigen Rahmen zu hässlichen Beulen führen. Führen Sie ein Rohr, dessen Kanten nicht zu stark abgerundet sind, von oben leicht schräg in das Lenkrohr des Rahmens, bis es sich auf dem Bund der Lagerschale abstützt. Treiben Sie die Lagerschale mit leichten Schlägen – abwechselnd vorne und hinten – aus der Passung heraus. Achten Sie auf Ihre Füße, denn häufig löst sich die Schale plötzlich und schießt mitsamt dem Rohr zu Boden!

Austausch des klassischen Lenkungslagers

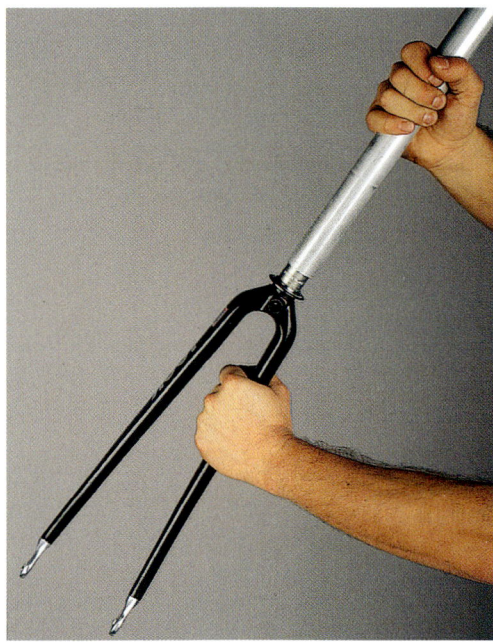

3 Fetten Sie den Konussitz und den Konus selbst, bevor Sie ihn gerade aufsetzen. Schlagen Sie den Konus mit einem eng am Schaftrohr anliegenden Rohr auf. Die Stöße sollten nicht auf die Lagerlaufbahnen und nicht auf die meist sehr dünnen Dichtungsbereiche einwirken. Optimal: weiche Aluminiumrohre.

4 Wenn kein Spezialwerkzeug zur Verfügung steht, können Sie die Lagerschalen auch mit einer Schraubzwinge in den Rahmen pressen. Voraussetzung hierbei ist allerdings, dass die Toleranzen eingehalten und die aufeinander gleitenden Flächen gut gefettet werden. Ziehen Sie bei dieser Methode eine Schale nach der anderen ein – das verringert die Gefahr, dass eine Schale schräg gezogen wird und sich ein Bund aufwirft. Legen Sie zwei Holzplatten auf die Schalen beziehungsweise auf das Lenkungsrohr und setzen Sie die Zwinge mittig an. Drehen Sie die Zwinge gleichmäßig zu und beobachten Sie, wie die Schale gleitet. Gerät sie in Schräglage, müssen Sie die Zwinge entsprechend versetzen.

Höhenmesser

WINKEL LÄNGE	-17	-8	0	+8	+17
70 mm	-20,5	- 9,7	0	+ 9,7	+20,5
90 mm	-26,3	-12,5	0	+12,5	+26,3
110 mm	-32,6	-15,3	0	+15,3	+32,6
130 mm	-38,0	-18,1	0	+18,1	+38,0

In der Tabelle kann man ablesen, wie groß der Höhenunterschied ist, der sich aus der Verwendung eines Vorbaus mit anderem Winkel ergibt. Beispiel: Ein 90 Millimeter langer Vorbau mit minus acht Grad bringt den Lenker 12,5 Millimeter tiefer. Der Höhenunterschied bei einem Flip-Flop-Vorbau ergibt sich aus der Addition der beiden Werte bei gleicher Gradzahl. Bei einem 130 Millimeter langen Vorbau mit 17 Grad sind das folglich satte 76 Millimeter.

5 Wer öfter Lenkungslager tauscht, kann sich mit geringem finanziellem Einsatz selbst ein Werkzeug bauen. Man braucht dazu: eine Gewindestange, drei passende Muttern, eine Hülse beziehungsweise einen Rohrabschnitt und mehrere Karosseriescheiben mit verschiedenen Außendurchmessern für die unterschiedlichen Lagermaße. Drehen Sie eine Mutter auf die Stange, fädeln Sie eine Karosseriescheibe auf und fixieren Sie die Scheibe mit einer zweiten Mutter. Ziehen Sie die Muttern stark gegeneinander an, damit sich die Konterung im späteren Einsatz nicht löst. Mit der Hülse und den verschiedenen Scheiben wird die Lagerschale aufgenommen und in das Steuerrohr geführt. Über eine dritte Mutter, die sich an einer Scheibe auf der gegenüberliegenden Seite abstützt, wird das Lager eingezogen.

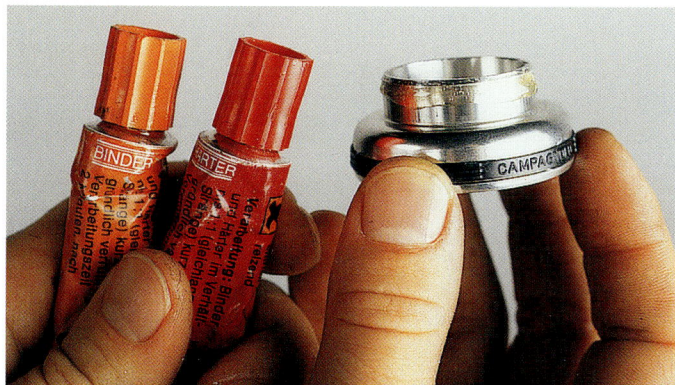

6 Lagerschalen, die von Hand hineingeschoben werden können, stören beim Fahren durch Knack- oder Klappergeräusche. Entfetten Sie die Schalen und den Lagersitz im Rahmen und tragen sie Zweikomponentenklebstoff oder Klebstoff für Wellen-Naben-Verbindungen auf (Gebrauchsanweisung beachten!). Lassen Sie den Klebstoff gut aushärten, bevor Sie die Gabel wieder montieren.

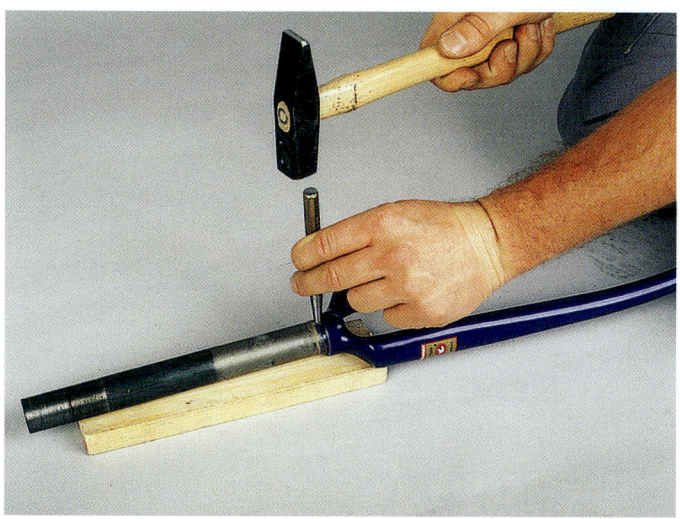

7 Rutscht der Konus auf den Sitz, ohne dass man dafür Kraft aufwenden muss, bedeutet das, dass er nicht fest genug sitzt – auch dies führt zumindest zu Klappergeräuschen. Entweder klebt man den Konus ebenso fest oder man weitet den Sitz etwas auf: Dazu legen Sie den Gabelschaft wie im Bild gezeigt auf ein Holzbrett. Setzen Sie einen Körner in der Mitte oder in der dem Gabelkopf abgewandten Hälfte des Lagersitzes an und schlagen Sie mit dem Hammer am Umfang gleichmäßig verteilte leichte Vertiefungen in das Material. Am Rand der Eindrücke wird das Material aufgeworfen – dadurch vergrößert sich der Durchmesser des Sitzes.

Wickelkunst

Beim Lenkerband zählt nicht nur die Optik – es sorgt auch für sicheren Griff am Lenker und schützt Hände und Gelenke. Ein paar wissenswerte Details über die verschiedenen Bänder und Tipps zum richtigen Wickeln.

Die Folgen sind zwar weniger gravierend, doch Lenkerbänder verschleißen genauso wie Reifen, Ketten und Bremsbeläge. Sie sind nicht nur Kosmetik fürs Rad, sondern erfüllen auch wichtige Funktionen.

Daher sollte man beim Kauf auf Qualität achten. Griffigkeit bei Regen oder verschwitzten Händen ist ein Kriterium. Ein anderes ist eine gleichmäßige Polsterung durch das Lenkerband. Sie soll die permanenten Stöße und Vibrationen mildern, denen die Hände ausgeliefert sind. Sie schmerzen dann weniger und schlafen nicht so leicht ein. Beim Material gibt es eigentlich nur drei Alternativen: Bänder aus Geweben wie Baumwolle, Kunststoff – Pelton genannt – und Kork. Baumwollbänder sind auch heute noch zu bekommen und preisgünstig, werden aber schnell speckig und schmutzig und bieten keine Polsterung. Sie empfehlen sich eher als griffiger Untergrund unter dem eigentlichen Lenkerband. Bänder aus Kunststoff sind bei Nässe etwas rutschig und daher selbst bei einem Preis von um die zehn Euro für den sportlichen Einsatz unter allen Bedingungen keine Empfehlung mehr.

Die vergleichsweise besten Eigenschaften besitzen so genannte Korkbänder. Der Begriff ist allerdings irreführend, da nur wenige dieser Bänder einen geringen Anteil von ungefähr zehn Prozent Kork enthalten. Sie bestehen hauptsächlich aus geschäumtem Kunststoff, der durch mikroskopisch kleine Bläschen stoßdämpfende Eigenschaften und eine angenehm raue Oberfläche besitzt.

TIPPS

- ▶ Die Lebensdauer von Rennlenkern und Vorbauten ist nicht unbegrenzt. Zur Sicherheit sollten Sie daher nach einem Sturz stets ein neues Band wickeln und dabei den Lenker gründlich auf mögliche Sturzschäden überprüfen. Tauschen Sie im Zweifelsfall auch den Lenker aus!
- ▶ Wickeln Sie das Band nicht von oben aus der Lenkermitte heraus – das mag auf den ersten Blick schöner aussehen, das Band neigt aber im Bereich des oberen Lenkerbogens erfahrungsgemäß zum Verrutschen.
- ▶ Lenkerbandwickeln benötigt Zeit und Muße. Fangen Sie nicht damit an, wenn die Radkumpels schon im Anrollen sind. Verzweifeln Sie nicht, wenn Sie das Band nochmal einige Zentimeter abwickeln müssen. Auch erfahrene Rennmechaniker korrigieren den Bandverlauf mehrfach, bevor es perfekt sitzt.
- ▶ Die mitgelieferten Abschlussklebestreifen sind oft aus sprödem und schlecht haftendem Klebeband. Besser: Isolierband oder Textilklebeband.
- ▶ An einigen Lenkern bildet der Griffkörper einen kantigen Übergang zum Lenker. Druckschmerz und eingeschlafene Finger können die Folge sein. Fertigen Sie aus weichem Kunststoff, zum Beispiel Silikondichtmasse, passgenaue Beilagen an. Zur Not gehen auch ein Stücken Reifen oder einige Lagen Lenkerband.

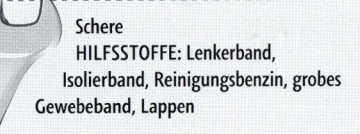

Schere
HILFSSTOFFE: Lenkerband,
Isolierband, Reinigungsbenzin, grobes
Gewebeband, Lappen

Schön gewickelt

1 Klappen Sie die Bremsgriffgummis nach vorne um, wickeln Sie das alte Band ab. Säubern Sie den Lenker mit Reinigungsbenzin oder Spiritus und lassen Sie das Mittel vollständig verdunsten. Ist der Lenker stellenweise verfärbt oder korrodiert, fragen Sie Ihren Händler um Rat, ob das Teil noch weiterverwendet werden kann.

2 Kleben Sie einen Streifen groben Gewebebandes oder einen Rest von Textilfelgenband auf den Oberlenker, das bildet eine rutschfeste Unterlage fürs Lenkerband. Entfernen Sie vorsichtig die Schutzfolie vom Klebestreifen auf der Rückseite des Lenkerbandes. Lösen Sie die Folie ein paar Zentimeter entfernt vom Anschnitt, so vermeiden Sie, dass sich der Klebestreifen gleich mit vom Lenkerband löst.

3 Setzen Sie das Band am Lenkerende innen an und lassen Sie etwa eine halbe Bandbreite nach außen überstehen. Halten Sie den Anfang fest und wickeln Sie das Band nahezu rechtwinklig einmal um den Lenker. Das Band muss über den gesamten Umfang mindestens fünf Millimeter überstehen. Wenn nicht, müssen Sie neu ansetzen.

Schön gewickelt

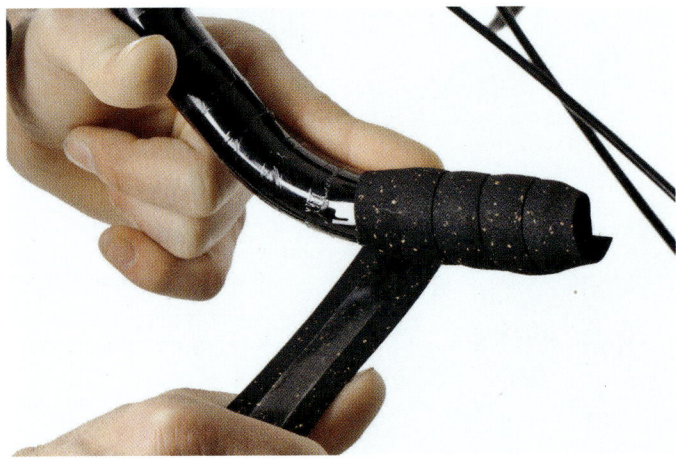

4 Halten Sie das Band gleichmäßig straff und wickeln Sie es schräg am Unterlenker in Richtung Bremsgriff weiter.

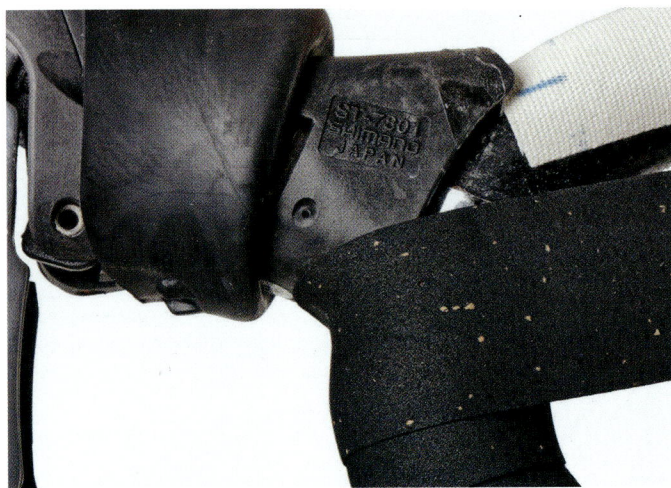

5 Legen Sie die einzelnen Wicklungen so übereinander, dass sich das Band zu einem Viertel bis einem Drittel überlappt. Die Grenze ist üblicherweise der Klebestreifen. Überlappt das Band zu stark, wird die Oberfläche wellig.

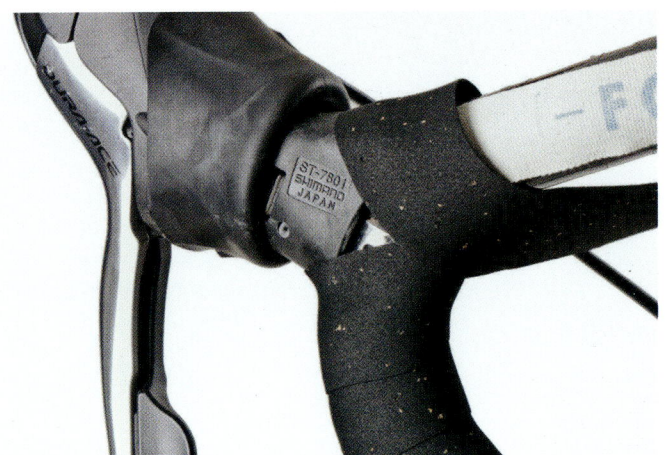

6 Im Lenkerbogen ist der äußere Radius maßgeblich, hier muss das Band gerade noch überlappen. Innen liegt das Band wegen des kürzeren Weges etwas weiter übereinander. An der Unterkante des Bremsgriffs sollte das Band den Griff etwas überdecken. Bei Campagnolos Ergopower-Griffen ist ein Spalt zwischen Griff und Lenker vorhanden, durch den das Band durchgeführt werden kann.

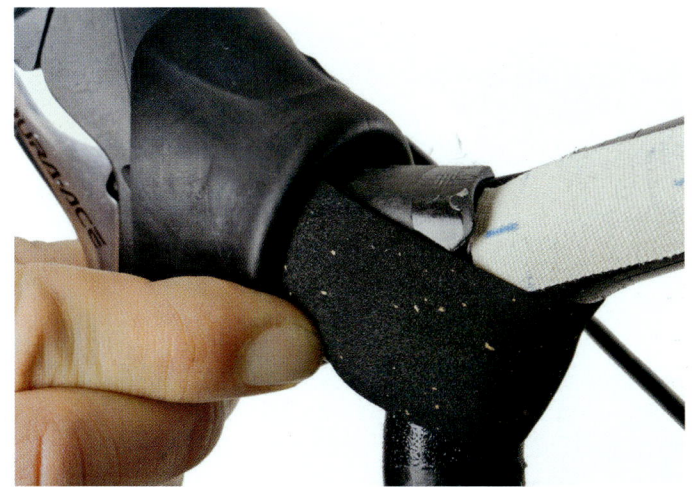

7 Wickeln Sie über die Befestigungsschelle hinweg und schauen Sie, wo Sie das zusätzlich mitgelieferte kurze Stück Band anbringen müssen, damit kein blankes Rohr durchblitzt. Lösen Sie das Band dann wieder bis unter den Griff, kleben Sie das separate Bandstück an die entsprechende Stelle und stecken Sie die Enden unter das umgeklappte Griffgummi.

8 Ziehen Sie das Lenkerband straff nach oben und achten Sie bei der nächsten Wicklung darauf, dass das Band zusammen mit dem Griffgummi auch oben den Lenker und den Griffkörper komplett bedeckt. Wickeln Sie das stets unter Zug gehaltene Band gleichmäßig um den Oberlenker bis zum Beginn der verdickten Lenkermanschette.

9 Halten Sie das Band weiter in Wickelrichtung und schneiden Sie das überschüssige Band auf Höhe der Verdickung mit einer senkrecht zum Lenker gehaltenen Schere ab, sodass das verbleibende Ende schräg ausläuft. Kürzen Sie das Band keinesfalls mit einem Messer auf dem Lenker, die entstehenden Kerben können zum Lenkerbruch führen!

Schön gewickelt

10 Legen Sie das keilförmige Bandende so um den Lenker, dass sich ein gerader Abschluss bildet, der senkrecht zum Oberlenker verläuft. Kleben Sie das Band dann mit dem mitgelieferten Abschlussband oder zwei bis drei Lagen Isolierband fest.

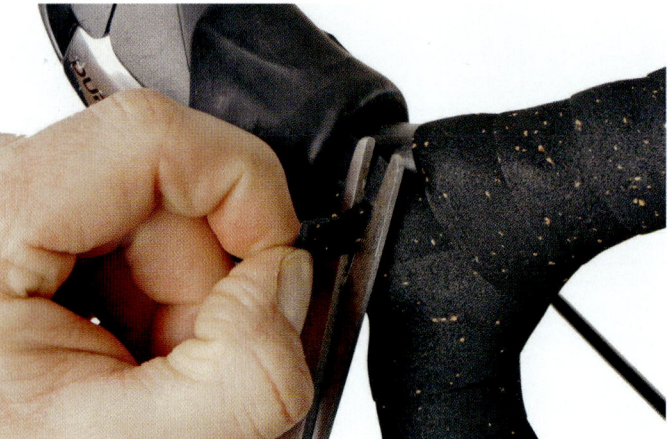

11 Kontrollieren Sie, wie weit sich das zusätzliche Bandstück am Bremsgriff und der Griffgummi überlappen. Kürzen Sie die zu langen Enden, damit der Griffgummi nicht unnötig ausbeult. Besonders elegant wird's, wenn Sie nur den verdickten Klebestreifen aus dem Bandstück schneiden. Achten Sie darauf, dass Verzahnungen zwischen Griffgummi und Griff durch das Band nicht wirkungslos werden.

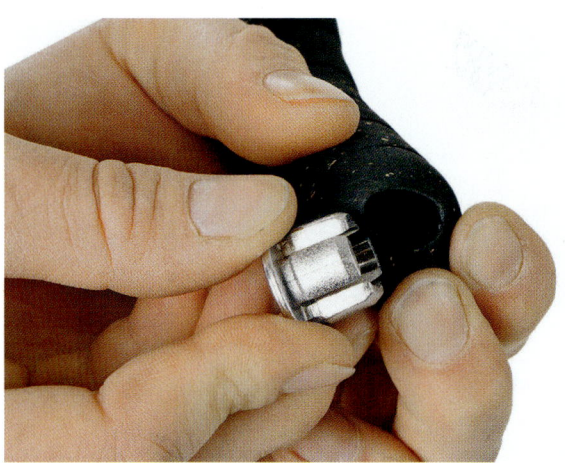

12 Schieben Sie das überstehende Bandende ins Lenkerinnere und drücken Sie den Endstopfen in das Rohr. Der Stopfen wird durch das nach innen geklappte Band gehalten. Sollte der Stopfen wegen zu geringen Bandüberstandes nicht halten, wickeln Sie zwei bis drei Lagen des groben Gewebebandes um den Stopfen.

Double-Tap-Griff

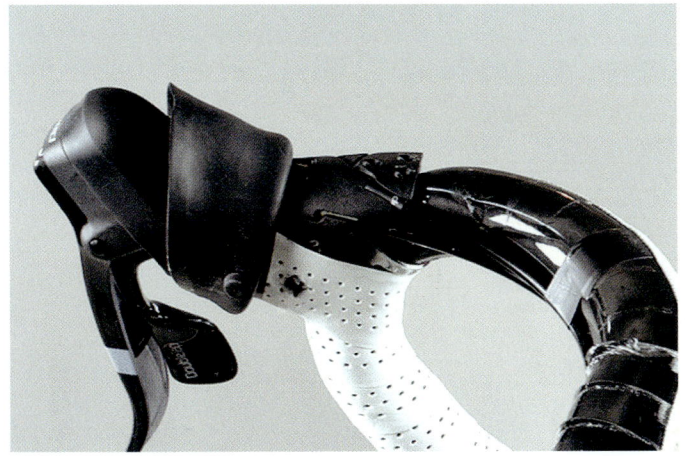

1 An einigen Lenkern bildet der Griffkörper der SRAM-Bremsschaltgriffe einen kantigen, harten Übergang zum Lenkerbogen. Druckschmerz und eingeschlafene Finger können die Folge sein.

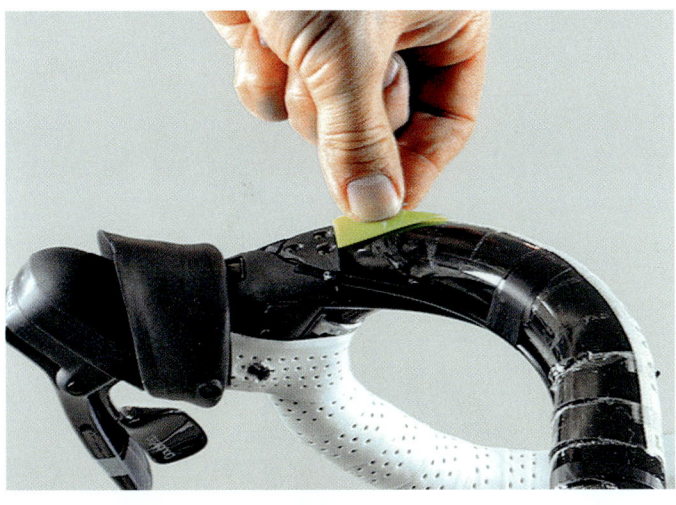

2 Fertigen Sie aus weichem Kunststoff, zum Beispiel Silikondichtmasse, passgenaue Beilagen an. Zur Not gehen auch ein Stücken Reifen oder einige Lagen Lenkerband.

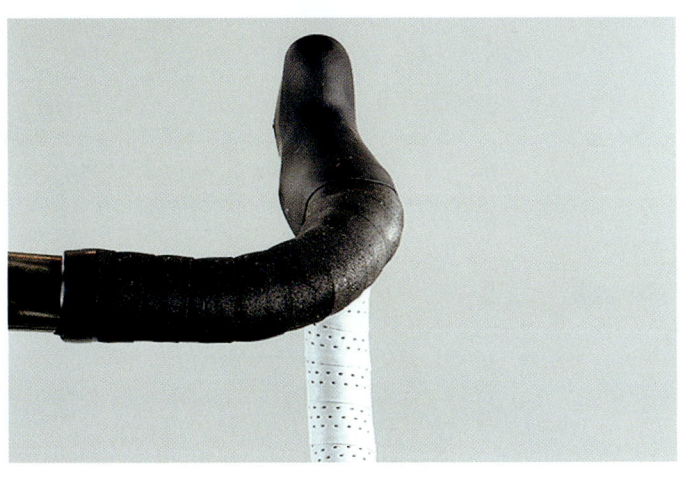

3 Fixieren Sie die Beilage mit Tape und wickeln Sie das Lenkerband wie gewohnt darüber. So ergibt sich eine weiche Auflage.

Kontaktsuche

Neue Felgen- und Gabelformen sowie exotische Speichen vereiteln mitunter die Montage von Radcomputern. Mit nachfolgenden Tricks zaubern Sie dennoch präzise Zahlen auf die Anzeige.

So lange sie funktionieren, sind Radcomputer eine feine Sache, denn sie machen sportliche Leistung messbar. Die Anzeige von Momentan-, Durchschnitts- und Maximaltempo gehört heute genauso zum Standard der kleinen, handlichen Elektrogehirne wie eine 24-Stunden-Uhr oder die Messung der Tages- und Jahreskilometer. Was auch immer man mit diesen Informationen anfängt – »100 Kilometer im 33er-Schnitt« klingt nun mal besser, als wenn man nur sagen kann, man sei drei Stunden schnell Rad gefahren. Wer sich so ein Mäusekino anschafft, will's genau wissen. Umso ärgerlicher, wenn die Anzeige ungenau ist oder der Computer sogar ganz streikt.

Die häufigsten Funktionsstörungen lassen sich meistens in Eigenregie beheben, denn die Technik ist weit weniger kompliziert als vielfach angenommen: Ein Magnet, der an den Speichen befestigt ist, erzeugt in einem an der Gabel angebrachten Geber Impulse, die über Kabel oder Funk an den

Rechner übermittelt werden. Der Impulsgeber funktioniert so einfach wie ein Lichtschalter: Es fließt nur dann Strom – und nur dann erhält der Computer Informationen – wenn sich zwei Kabel im Impulsgeber berühren. Das wiederum bewirkt der Magnet, der bei jeder Umdrehung des Rades am Impulsgeber vorbeiläuft und die beiden dünnen Drähte für einen kurzen Moment zusammenzieht. Ist der Magnet wieder weg, biegt sich der Draht zurück, der Stromkreis ist wieder unterbrochen. Damit dieser Mechanismus richtig funktioniert, ist es besonders wichtig, dass Magnet und Impulsgeber genau so befestigt werden, wie der Hersteller es vorgesehen hat. Dieser hat am Impulsgeber meist Kerben oder Striche angebracht, die die optimale Kontaktstelle zum Magneten kennzeichnen. Bei jeder Umdrehung sollte die Mitte des Magneten genau über diese Markierung streichen. Wichtig ist auch der Abstand, ein bis zwei Millimeter sind optimal. Bei größerer Distanz kann sich der Stromkreis nicht schließen, bei kleinerem Abstand streift beim Wiegetritt der Magnet am Geber.

Die Bedienungsanleitungen der Radcomputer sind zwar meistens ausführlich, dennoch tauchen immer wieder Probleme beim Einsatz der Geräte auf. Zu den häufigsten gehören die von Computer zu Computer unterschiedlichen Daten, die angezeigt werden – was bei gemeinsamen Radausfahrten mit Freunden besonders auffällt. Unterscheiden sich Momentangeschwindigkeit oder Fahrstrecke, liegt es meist an nicht exakt programmierten Radumfängen. Differenzen in der Durchschnittsgeschwindigkeit am Ende einer Radtour haben ihre Ursache dagegen eher in der selbsttätigen Start- und Stoppfunktion der aktuellen Computer. Diese Funktion stoppt die Zeitmessung automatisch, wenn der Radfahrer für längere Zeit – zum Beispiel an einer Ampel – anhält. Wann sich der Computer jeweils abschaltet, ist von Hersteller zu Hersteller verschieden und kann nicht verändert werden. Die Durchschnittsgeschwindigkeit ist am Ende umso niedri-

TIPPS

- ▸ Abweichungen bei Momentangeschwindigkeit und Fahrtstrecke sind meistens die Folge nicht exakt programmierter Radumfänge. Der Umfang Ihres verwendeten Reifentyps kann von den Standardwerten in den Bedienungsanleitungen deutlich abweichen.
- ▸ Wenn die Zahlen auf der Anzeige schwächer werden oder einzelne Segmente ausfallen, müssen Sie die Batterie ersetzen. Hilft das nichts, lassen Sie den Computer einige Minuten ohne Batterien liegen, dann setzt er sich in der Regel auf die Werkseinstellung zurück.
- ▸ **Tuning-Tipp:** Der Speichenmagnet »Pulsar« von Tune (links im Bild) wiegt weniger als ein halbes Gramm und bedient Tachogeber in aller Regel zuverlässig. Kleben Sie ihn mit Kontaktkleber auf die Speiche.

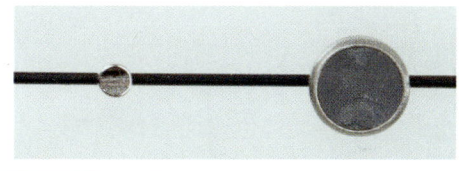

ger, je später die Uhr anhält. Sind allerdings die Zahlen auf der Anzeige schlecht lesbar oder fallen einzelne Segmente ganz aus, ist die Batterie leer. Bevor man sie erneuert, ist es sinnvoll, den Computer erst einige Minuten ohne Batterien liegenzulassen, damit sich jede Restspannung abbauen kann.

Bringt man den Computer gar nicht zum Laufen, gibt es verschiedene Ursachen. Wir haben die häufigsten Spezialprobleme zusammengestellt und sagen, wie man sie löst.

WERKZEUG

Schraubendreher, kleine Innensechskantschlüssel, Holzklötzchen
MATERIAL: doppelseitiges Klebeband, Zwei-Komponenten- oder Sekundenkleber, Isolierband, Schlauch

Magnetmontage

1 Magnet und Geber bilden eine Funktionseinheit und müssen exakt aufeinander ausgerichtet werden. Der Magnet muss an der vorgesehenen Stelle des Gebers vorbeilaufen, die meistens mit Kerben, Strichen oder Pfeilen markiert ist.

2 Die Geber funktionieren nur von einer Seite. Die Lage des Batteriefachs zeigt die Funktionsseite nicht eindeutig an; meistens weisen Markenlogo oder Produktname nach außen. Bei Funk-Tachos ist die Verbindung zum Empfänger umso besser, je höher der Geber an der Gabel sitzt.

3 Montieren Sie den Impulsgeber und den Lenkerempfänger von Funk-Tachos auf derselben Seite des Rades. Das verbessert den Empfang. Befestigen Sie den Geber keinesfalls an der Gabelrückseite – sonst kann er in die Speichen geraten und das Laufrad blockieren!

4 Der Abstand des Gebers zum Magneten ist entscheidend für die Funktion. Zwei bis drei Millimeter sind optimal – noch weniger bringt meistens nichts, sondern führt eher dazu, dass der Magnet im Wiegetritt am Geber streift. Verschieben Sie Geber und Magnet an der Gabel und an einer Speiche, bis die Position optimal ist.

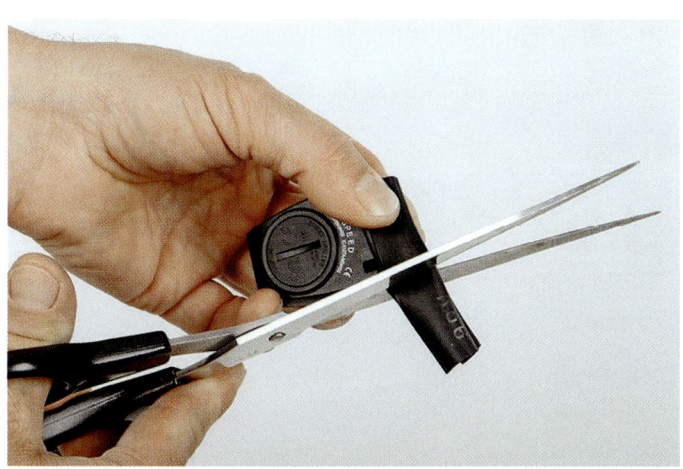

5 Lässt sich der Geber schlecht ausrichten, kann eine zusätzliche Gummi-Unterlage helfen, die Sie aus einem alten Schlauch schneiden. Fixieren Sie diese gegebenenfalls mit doppelseitigem Klebeband.

6 Gegen Verrutschen der Kabelbinder an der Gabel hilft ebenfalls ein Stück Schlauch. So fixiert, halten Computergeber auch an dünnen und kantigen Gabelscheiden sicher.

Magnetmontage

7 Die Art des Magneten ist nicht von Bedeutung, nahezu alle Exemplare arbeiten in der Regel mit allen gängigen Gebern. Bei besonderen Felgen- oder Speichenformen liefern Laufradhersteller den Magneten gleich mit – zum Beispiel gleich einlaminiert wie im Bild.

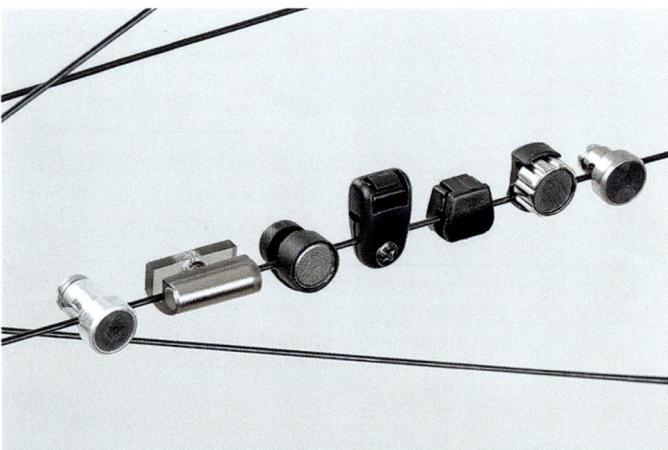

8 Wenn eine speziell geformte Speiche den Magneten nicht aufnehmen kann, versuchen Sie es mit einem Magneten eines anderen Herstellers.

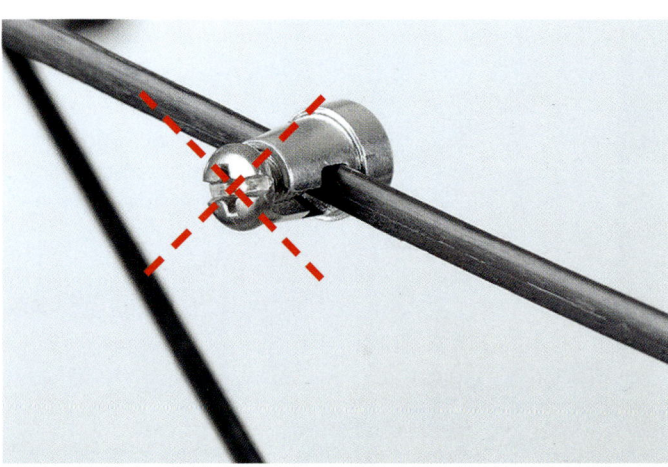

9 Bei Carbonlaufrädern mit faserverstärkten Speichen scheitert die vorgesehene Anbringung ebenfalls häufig. Auf keinen Fall dürfen Sie Magnete verwenden, die mit Schraube oder Gewindestift fixiert werden müssen, welche auf die Speiche drücken!

10 Fixieren Sie den Magneten an einer Carbonspeiche zuerst mit Isolierband. Ist die endgültige Position gefunden, befestigen Sie den Magneten mit Zwei-Komponenten-Kleber. Um ganz sicherzugehen, können Sie ihn zusätzlich mit ein oder zwei Lagen Isolierband fixieren.

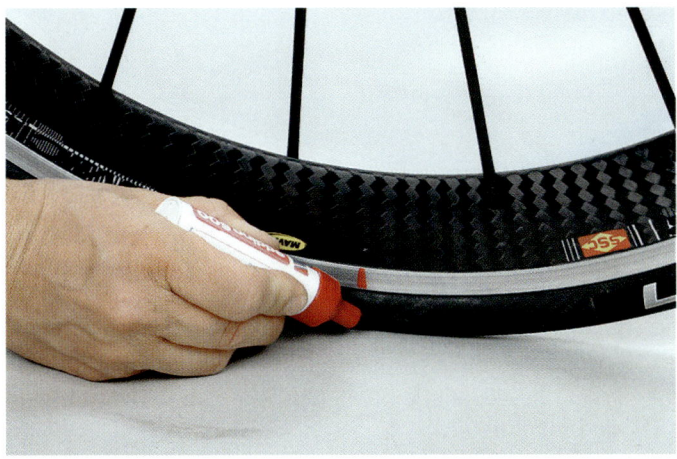

11 Zur genauen Geschwindigkeits- und Entfernungsangabe brauchen Sie das präzise Maß des Abrollumfangs. Markieren Sie dazu den wie üblich aufgepumpten Reifen und den Untergrund am Aufstandspunkt mit einem Strich.

12 Setzen Sie sich aufs Rad und lassen Sie sich von einem Helfer eine Laufradumdrehung weit schieben. Wo die Reifenmarkierung wieder am tiefsten Punkt steht, markieren Sie erneut den Untergrund. Die Strecke zwischen den Markierungen entspricht einer Radumdrehung und damit der Eingabegröße in Millimeter für den Radcomputer.

Alles zu seiner Zeit

Das richtige Schmier- oder Pflegemittel erhält Funktion und Glanz und erleichtert die Wartung des Rades und seiner Teile. Hier gibt es die ultimativen Wellness-Tipps für Ihren Renner.

Lack, Eloxal, Carbon

Lackoberflächen, auch auf Carbon, sowie Eloxaloberflächen auf Aluminium und alle Metallteile inklusive Schrauben mit Ausnahme der Bremsflächen der Felgen mit Wachs einreiben; nach dem Ablüften mit Baumwolllappen polieren **(halbjährlich, bei häufigen Regenfahrten öfter)**. Zerklüftete Bauteile wie Nabenkörper oder Zuganschläge mit Sprühwachs schützen.

Sattelstütze

Sattel, Sattelstütze und Stützenklemme demontieren, säubern, Montagefett an Schrauben geben; Montagefett nur dann an die Sattelstütze, wenn Rahmen und Stütze aus Metall sind; besteht ein Klemmpartner aus Carbon, muss spezielle Carbon-Montagepaste verwendet werden **(einmal pro Jahr)**.

Bremskörper

Waschen, trocknen lassen, Kriechöl an Gelenke, Zugentspanner und Kontakt- bzw. Reibungspunkte außenliegender Federn. Einwirken lassen, überschüssigen Schmierstoff abwischen **(halbjährlich, bei häufigen Regenfahrten öfter)**.

Umwerfer und Schaltwerk

Schaltwerk, Schaltrollen und Umwerfer säubern, Kriechöl an Gelenke und Kontakt- bzw. Reibungspunkte der Federn auftragen. Einwirken lassen, überschüssigen Schmierstoff abwischen **(halbjährlich, bei häufigen Regenfahrten öfter)**.

Kette

Kette sauber reiben, gleichmäßig mit Kettenschmierstoff beträufeln, durchdrehen, einziehen lassen und wieder abreiben **(alle 200 bis 300 Kilometer oder nach Regenfahrten)**.

Kurbeln und Innenlager

Kurbeln und Innenlager demontieren, säubern, Montagefett auf Gewinde und Flanken des Tretlagergehäuses und der Lagerschalen, gegebenenfalls Lagerfett bei offenen Lagern, Montagefett auf Welle und Schrauben auftragen **(einmal jährlich, bei häufigen Regenfahrten öfter)**.

Lenker und Vorbau

Lenker und Vorbau demontieren, säubern, Carbon-Montagepaste (um die Anzugsmomente gering zu halten) an Gabelschaft und Gabelschaftklemmung sowie Lenker und Lenkerklemme auftragen; Montagefett an Schrauben geben **(einmal pro Jahr).**

TIPPS

▶ Kontrollieren Sie die Bauteile nach Demontage auf Kratzer, Risse, Verfärbungen, aufgeplatzte Stellen, Dellen, Abrieb. Tauschen Sie zweifelhafte Teile unbedingt aus; fragen Sie Ihren Fachhändler um Rat.

▶ Wenn Sie Ihr Rad reisefertig verpacken, können Sie die Pflegearbeiten bei dieser Gelegenheit erledigen. Die turnusmäßigen Arbeiten können dann entfallen.

▶ Auch wenn Sie Schmierstoffe oder Pflegemittel korrekt einsetzen, bleiben die vorgegebenen Anzugsdrehmomente gültig. Verwenden Sie nur hochwertiges Werkzeug.

Lenkungslager

Vorbau demontieren, Lagereinheiten und Lagersitze säubern und mit Lagerfett wieder einsetzen **(einmal pro Jahr).**

Naben

Zahnkranz abziehen, Lager demontieren, Lagersitze, Lagereinheiten und gegebenenfalls Freilauf säubern, Lagerfett auf Lagereinheiten und Lagersitze aufbringen, eventuell speziellen Freilaufschmierstoff auf Sperrklingen oder Zahnscheiben, Montagefett auf Freilaufkörper außen auftragen **(einmal jährlich, bei häufigen Regenfahrten öfter).**

Pedale

Offenliegende Pedalfedern mit Kriechöl abschmieren oder mit Sprühwachs versiegeln, bei Knarz-Geräuschen an Pedalplatten Fett auf die Kontaktstellen geben **(halbjährlich, bei häufigen Regenfahrten oder Geräuschen öfter).**

WERKZEUG

je nach Montageaufwand
HILFSSTOFFE: Carbon-Montagepaste, Montagefett, Lagerfett, Kettenschmierstoff, Kriechöl, Wachs, Sprühwachs, Lappen

Glanzleistung

Kratzer und Steinschläge stören nicht nur die makellose Optik des Renners – wenn man nichts dagegen tut, kann Korrosion Schäden anrichten. Hier steht, wie man Macken im Lack, in Eloxal, Chrom und Pulverbeschichtungen beseitigt.

Glänzen muss es, leuchten und blinken: Ein schönes Rennrad strahlt nochmal so viel Faszination aus, wenn es tadellos sauber und gepflegt ist. Doch auch bei vorsichtigem Umgang lässt sich im Laufe der Jahre kaum vermeiden, dass Kratzer und Macken die makellose Oberfläche verunzieren. Schmutz und Flecken lassen sich abputzen – Schäden im Lack, der Pulver- oder Eloxalschicht nicht. Doch gerade deren Beseitigung ist dringend notwendig: Ist die Schutzschicht erst einmal durchdrungen, beginnt sofort die Korrosion. Tropft dann regelmäßig Schweiß auf die Stelle, der Inhalt der Trinkflasche oder gelegentlicher Regen, wuchert dort in kürzester Zeit ein veritabler Korrosionsherd.

Behebt man den Schaden sofort, ist der Aufwand gering. Bevor die Ausbesserungsarbeit beginnen kann, muss man sich allerdings auf die Suche nach dem passenden Farbton machen, denn nur wenige Radhersteller liefern Lackstifte in Originalfarben – eher wird man im Autozubehör-Handel fündig. Autolacke werden als Lackstifte angeboten, in deren Kappe gleich ein sehr feiner Pinsel eingebaut ist. Angesichts von über 10 000 Autolack-Farbtönen ist die

- Bringen Sie bei der Radpflege kein Wachs auf die Klemmbereiche von Carbonteilen, die Bremsflächen der Felgen und auf die Bremsbeläge.
- Waschen Sie Ihr Rad nicht mit Dampfstrahler oder scharfem Wasserstrahl wie manche Mechaniker der Profirennställe. Dabei wird nicht nur Schmutz und Salz, sondern auch Fett an Stellen abgelöst, die die Schmierung unbedingt benötigen, zum Beispiel zwischen den Kettengliedern, Ritzeln, etc. Der Wasserstrahl kann auch in Lager eindringen und dort die Fettpackung verwässern und dadurch zerstören.
- Unansehnlich gewordene Stahl- und Alu-Rahmen kann man sandstrahlen oder chemisch entlacken und neu pulverbeschichten. Eine Auswahl von Firmen, die damit Erfahrung haben: www.bike-colours.de, www.gleiss-rahmenbau.de, www.farb-wunsch.de, www.goetz-pulverbeschichtung.de
- Carbonteile dürfen nicht pulverbeschichtet oder einbrennlackiert werden, die hohen Temperaturen würden sie strukturell beschädigen. Ebenso tabu: sandstrahlen und chemisch entlacken. Den alten Lack bekommt man nur in sehr vorsichtiger Handarbeit durch Abschleifen ab.

- Befreien Sie bearbeitete Aluminium-Teile mit klarem Wasser von Schmutz und Salz und schützen Sie diese nach dem Abtrocknen mit Hartwachs. So bleibt auch die unlackierte Oberfläche lange versiegelt und damit schön. Eine dauerhafte Versiegelung mit Klarlack scheitert daran, dass der Lack auf der polierten Metalloberfläche nicht richtig hält.
- Schützen Sie Ihre Augen bei der Polierarbeit mit einer Schutzbrille, und ziehen Sie Arbeitskleidung an. Bei der Metallbearbeitung wird Alu-Schmutz abgetragen.
- Zerkratzte Lenker, Vorbauten und Sattelstützen sollten aus Sicherheitsgründen ausgetauscht werden. Bei Kurbeln und Pedalen hängt die Reparaturmöglichkeit davon ab, wie und wo diese beschädigt sind. Fragen Sie im Zweifel Ihren Fahrradhändler.
- Bei einem Set mehrerer Polierpasten und -scheiben müssen Sie die vom Hersteller des Sets vorgegebene Reihenfolge der Scheiben, der Mittel und die empfohlene Maschinendrehzahl beachten. Die Politur verläuft dann in Stufen, die Oberfläche wird mit jedem Bearbeitungsschritt glatter.

Chance relativ groß, die passende Farbe fürs Rad zu finden. Ist Ihr Rad pulverbeschichtet, kann die Suche nach der passenden Farbe einfacher sein: Die Pulver-Farbtöne entsprechen der genormten und weitverbreiteten RAL-Farbkarte.

Vor Arbeiten am Lack muss das Fahrrad gründlich gereinigt werden, am besten von Hand – verwenden Sie Wasser mit ein paar Spritzern Spülmittel, um Öl und Fett zu lösen. Kleinste Beschädigungen finden Sie eventuell sogar erst am sauberen Rad! Spülen Sie mit klarem Wasser nach und lassen Sie das Rad gut abtrocknen.

Noch ist nichts verloren: Mit etwas Aufwand glänzt auch diese Schaltung wieder.

Schraubstock mit Aluminiumbacken, Bohrmaschine mit Ständer, Polier-Set, Feilen, Schlüsselfeilen, Demontage-Werkzeug, Dreikantschaber, Pinsel, Schmirgelpapier, Schraubendreher
HILFSMITTEL: Schmirgelleinen, Hartwachs, Wachs, Sprühwachs, Montagefett, Politur, Verdünnung, Lack, Lackstift, Schleifpapier, transparente Klebefolie, Silikonspray, Lappen

Trocken legen

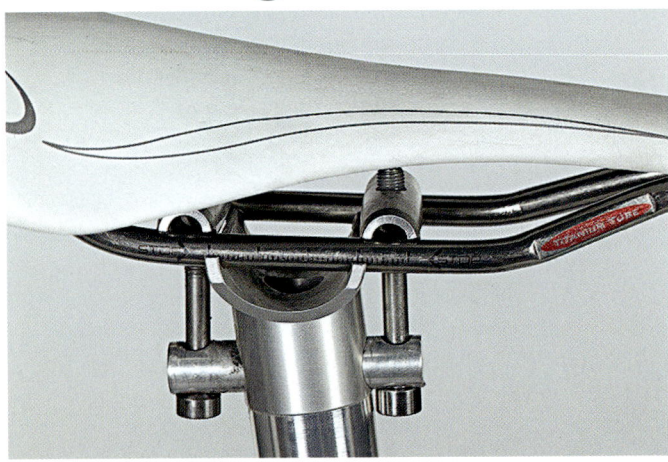

1 Nicht jede Sattelstütze ist so offen wie diese – aber Spritzwasser läuft immer an der Sattelstütze entlang ins Rahmeninnere. Weil Stütze und Rohr selten perfekt zueinander passen, dringt es durch kleine Schlitze ins Innere. Auch durch die Öffnungen innen verlegter Bremszüge oder das Lenkungslager kann Wasser eindringen.

2 Demontieren Sie auch die Einstellschraube und den Deckel des Lenkungslagers und kippen Sie eventuell eingedrungenes Wasser heraus. Stellen Sie das Rad an einen gut belüfteten Platz, damit das Innere austrocknen kann, bevor Sie Stütze und Deckel wieder montieren.

3 Markieren Sie die Auszugslänge der Sattelstütze mit Klebeband und bauen Sie sie aus. Drehen Sie das Fahrrad auf den Kopf, dann läuft das meiste Wasser heraus, wenn Sie den Rahmen etwas hin und her kippen.

Richtig reinigen und fetten

1 Waschen ist die beste Prävention: mindestens einmal im Monat mit viel Wasser – selbst wenn Sie nicht im Regen gefahren sind; das löst Salze von angetrocknetem Schweiß und Elektrolytgetränken. Lassen Sie das Rad gründlich trocknen, wiederholen Sie mindestens zweimal pro Saison die Wachskur.

2 Demontieren Sie Innenlager, Lenkungslager und Sattelstütze einmal pro Jahr. Lager und Stützen, die jahrelang unbeachtet im Rahmen montiert sind, korrodieren unter Umständen fest und lassen sich dann nicht mehr oder nur noch mit großem Aufwand demontieren.

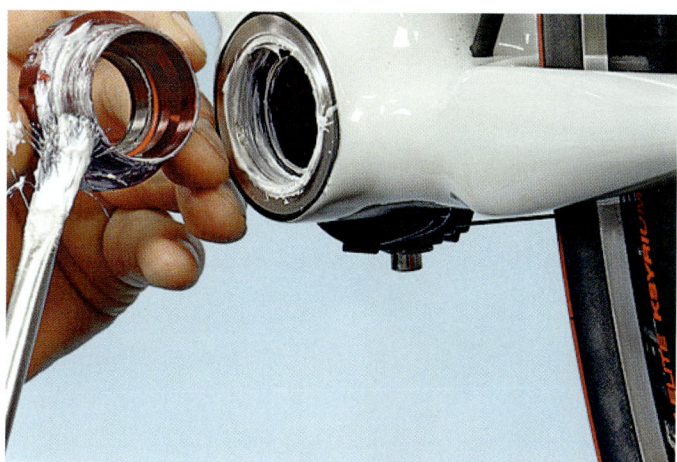

3 Frisches Fett an den Gewinden von Gehäuse und Schalen, zwischen Schalen und Lagern und an der Wellenverbindung zu den Kurbeln vermeidet Knackgeräusche und gibt der Korrosion keine Chance. Für Carbonsattelstützen bzw. Stützen in Carbonrahmen nur spezielle Carbon-Montagepaste verwenden!

Schutz vor Kratzern

1 Befestigen Sie Carbonrahmen nie direkt an einem Montageständer mit Klauenmechanismus; die auftretenden Hebelkräfte können ein Rohr leicht zerdrücken. Ständer mit Drei- oder Vierpunktaufnahme eignen sich besser. Alternative: Legen Sie sich für Arbeiten am Montageständer eine preiswerte, robuste Metall-Sattelstütze zurecht, die Sie gegen die Carbonstütze austauschen.

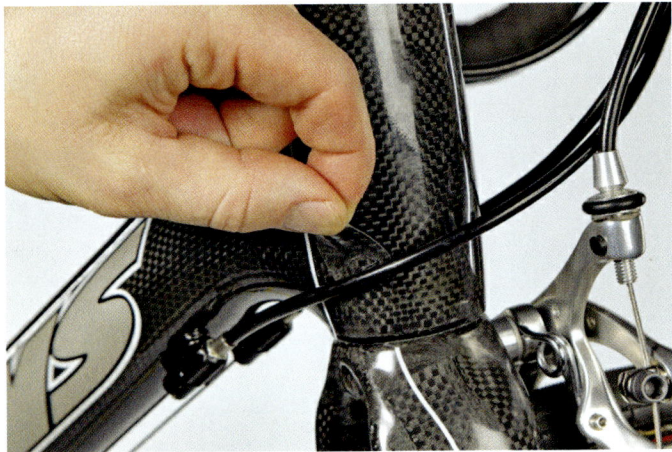

2 Transparente dicke Klebefolie schützt den Rahmen unauffällig vor Scheuerstellen (etwa durch Züge) oder Steinschlag (Kettenstrebe) und Kratzern.

3 Schützen Sie den Rahmen vor Kettenklemmern mit mehreren Lagen Klarsichtfolie übereinander im Bereich, wo die Kettenblätter an der Kettenstrebe vorbeilaufen. Bastel-Tipp: Dünnes Alu-Blech, beispielsweise aus einer Getränkedose, verstärkt den Schutz. Folie auf dem Tretlagergehäuse schützt, falls die Kette mal herabfällt.

4 Bringen Sie handelsübliches Autowachs auf alle Lackflächen und alle Metallteile wie Schaltbremsgriffe, Kurbeln etc. Lassen Sie das Wachs ablüften und polieren Sie nach. Zerklüftete Bauteile wie die Nabenkörper mit den Speichenlöchern behandeln Sie mit Wachs aus der Pumpspraydose. So gelangt das Wachs auch in die letzten Winkel.

5 Auch an Carbonrahmen gibt es Bauteile, die korrodieren können. Dazu zählen Flaschenhalterösen, Zuganschläge, Umwerfersockel, Sattelstützenklemmschelle und Ausfallenden. Oft befinden sich Spalten in diesen Teilen oder aber in der Verbindung zum restlichen Rahmen. Sprühwachs hält dort Salz und Feuchtigkeit ab.

6 Faserwerkstoffe rosten nicht und brauchen wenig Pflege. An Carbon-Rahmen sind jedoch fast immer Alu-Teile angeschraubt, geklebt oder genietet. Ist der Lack dort nicht perfekt oder sind Spalte vorhanden, können die Anbauteile korrodieren. Versiegeln Sie deshalb auch den Rahmen vor dem ersten Start und danach regelmäßig mit Wachs.

Eloxal pflegen

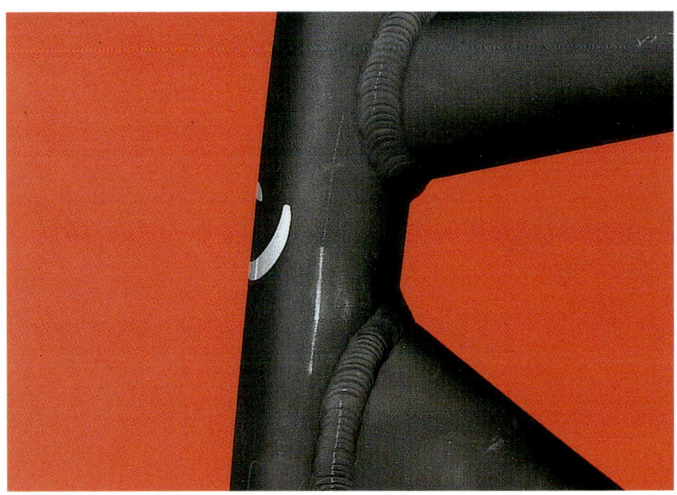

1 Kratzspuren in der anodisierten Oberfläche von Aluminiumrahmen sind oft weniger dramatisch, als es auf den ersten Blick aussieht. Blanke Stellen entpuppen sich oft als Abrieb von Fremdkörpern auf der harten Schutzschicht.

2 Verwenden Sie spezielles Eloxalpflegemittel und verreiben Sie es mit einem Baumwolllappen längere Zeit auf der entsprechenden Stelle. Abrieb und Verschmutzungen in der Oberfläche werden so herausgelöst, die Poren versiegelt.

3 Nach der Kur erstrahlt die gesamte Oberfläche in mattem Glanz. Lässt sich der Defekt nicht herauspolieren, muss die Stelle entfettet und mit schützendem Lack versiegelt werden.

Pulverlack ausbessern

1 Kleinere Kratzer in einer Pulverbeschichtung polieren Sie mit flüssiger Lackpolitur heraus. Tiefe Beschädigungen können mit handelsüblichen Lacken repariert werden. Der Politur-Flüssigkeit sind Festkörper beigemengt, welche die oberste Lackschicht hauchdünn abtragen, dabei Unebenheiten glätten und dadurch neuen Glanz verleihen. Noch härter gehen Lackreiniger vor. Sie enthalten mehr aggressives Schleifmittel und eignen sich daher auch zum Aufarbeiten sehr stumpfer Lacke.

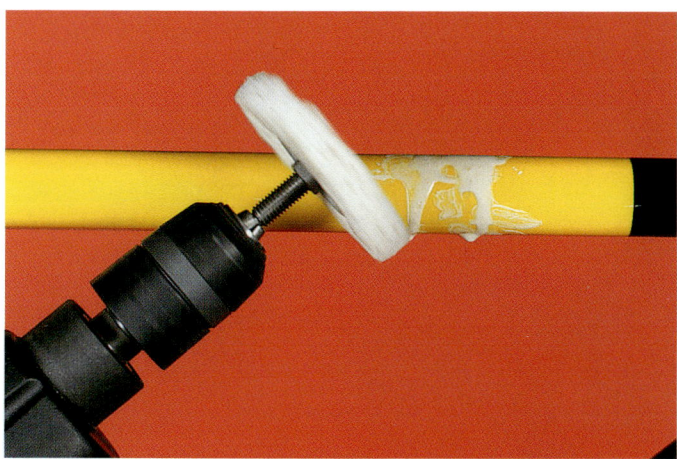

2 Bringen Sie etwas Lackreiniger oder Politur auf. Bearbeiten Sie den Bereich mit einer rotierenden Schwabbelscheibe. Bewegen Sie die Maschine hin und her, damit zu allen Seiten hin weiche Übergänge entstehen. Das Poliermittel muss nicht nur verteilt werden – es muss die Lackschicht regelrecht abschmirgeln können. Benetzen Sie die Stelle bzw. die Scheibe daher mehrfach mit frischem Mittel.

3 Schützen Sie die nun wieder glatte Oberfläche sofort und versiegeln Sie am besten gleich den ganzen Rahmen mit flüssigem Hartwachs. Tragen Sie mit einem Lappen eine dünne Schicht auf den ganzen Rahmen auf, verwenden Sie an Ecken und Kanten etwas mehr, damit dort keine Spaltkorrosion beginnt. Polieren Sie nach dem Ablüften die matte Wachsoberfläche mit einem sauberen und weichen Lappen. Danach glänzt der Pulverlack wieder wie neu.

Chrompflege

1 Oft befinden sich an der Oberfläche einer Chromschicht größere Roststellen, die Schlimmes befürchten lassen, während der eigentliche Rostherd relativ klein ist. Rost, der sich auf der Oberfläche des Chroms ausgebreitet hat, lässt sich leicht entfernen. Ist die Chromoberfläche regelrecht zerfurcht, hilft kein Polieren mehr. Um weitere Schäden zu vermeiden, müssen Sie gegebenenfalls diesen Bereich vom abgelösten Chrom befreien und das Metall wie bei den Lackarbeiten beschrieben versiegeln.

2 Entfernen Sie stark anhaftenden Schmutz und Rost mit Stahlwolle. Wichtig ist, dass Sie die Faserrichtung der Stahlwolle beachten. Diese sollte quer zur Bewegungsrichtung während des Polierens verlaufen, sonst schabt die Wolle Riefen in das Material.

3 Nach der Grobbehandlung muss möglicherweise, wie beim Pulverlack beschrieben, kräftig poliert werden. Auf alle Fälle wird die Oberfläche zum Abschluss der Chromkur mit Wachs versiegelt.

Kleine Lackschäden ausbessern

1 Kleine Blessuren im Lack sollten Sie sofort ausbessern, damit größerer Schaden vermieden wird. Mit einem Glasfaser-Radierstift bereiten Sie den Bereich punktgenau vor. Dieser glättet das Material und entfernt Korrosion.

2 Reinigen Sie den Bereich von Staub und Fett mit einem weichen, mit Alkohol oder Verdünnung getränkten Lappen.

3 Tupfen Sie die Stelle mit einem Lackstift aus. Lassen Sie den Lack gut abtrocknen, bevor Sie das Rad oder zumindest die reparierte Stelle mit Wachs versiegeln. Lackstifte bekommen Sie beim Radhändler oder im Autozubehörhandel.

Größere Schäden reparieren

1 Von Korrosion befallene Bereiche sind oft größer, als es den ersten Anschein hat. Deshalb müssen Sie das Grundmaterial komplett freilegen. Entfernen Sie lose Lack-Bestandteile rund um die Macke mit Schraubendreher oder Dreikantschaber. Erst wenn der Lack nicht mehr wegplatzt, sind Sie im tragfähigen und daher noch ausreichend korrosionsgeschützten Bereich.

2 Wenn die Stelle angerostet ist, müssen Sie die Korrosion mit grobkörnigem Schleifpapier entfernen, bis die Metalloberfläche blank ist. Auch Mulden oder Poren im Material müssen vollständig vom Rost befreit werden.

3 Glätten Sie die entstandenen Riefen abschließend mit feinerem Schmirgelpapier so lange, bis der zu lackierende Bereich möglichst glatt ist. Reinigen Sie die Stelle mit Alkohol oder Verdünnung, damit der Untergrund fettfrei wird.

4 Lackieren Sie in mehreren möglichst dünnen Schichten – sie verhindern, dass der benachbarte Lack durch Lösungsmittel aufgeweicht wird. Halten Sie sich an die Herstellerempfehlung hinsichtlich Ablüftzeit und Temperatur.

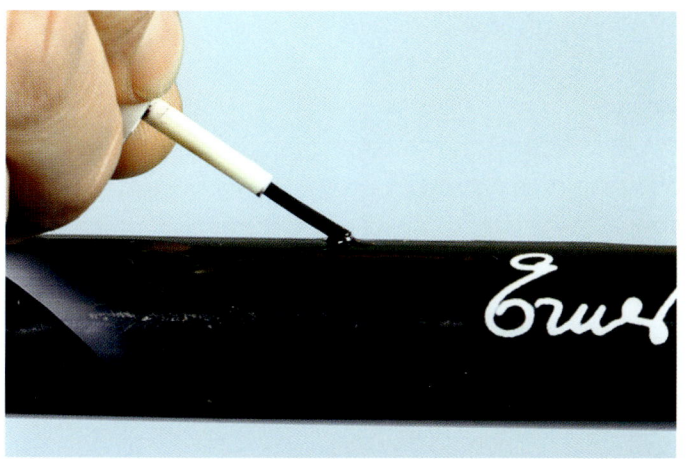

5 Sie können zwischen den einzelnen Lackschichten vorsichtig mit feinem Schleifpapier beischleifen, damit die Fläche glatt wird. Tragen Sie die abschließende Schicht mit dem Pinsel dünn auf. Bei Metallic-Lacken ist Klarlack die letzte Schicht.

6 Für eine gleichmäßige Oberfläche müssen Sie die trockene Reparaturstelle mit sehr feinem Schmirgel glätten. Verwenden Sie Streifen von Nassschleif-Papier der Körnung 800 oder 1000 und schleifen Sie kreuzweise. Abschließend polieren Sie die Stelle mit Lackreiniger oder Lackpolitur, bis sie glänzt. Versiegeln Sie am Ende den lackierten Bereich oder am besten das gesamte Rad mit Wachs.

Kratzer polieren

1 Montieren Sie das zerkratzte Teil ab und zerlegen Sie es so, dass Sie es in einen Schraubstock spannen können. Es sollte sich bei der Bearbeitung nicht bewegen und darf gleichzeitig nicht zerdrückt werden. Beachten Sie, dass bei den nachfolgenden Arbeiten Späne und feiner Aluminiumstaub anfallen. Gelangen diese Partikel in die Mechanik des Bauteils, kann dessen Funktion gestört werden.

2 Demontieren Sie das Teil gegebenenfalls weiter, oder decken Sie empfindliche Bereiche mit einem sauberen Lappen ab und verschließen Sie die Bohrungen. Ein Stück Stoff schützt die Stelle, mit der Sie das Teil in den Schraubstock klemmen, der mit Backen aus weichem Alu oder Kunststoff entschärft sein sollte. Erhöhen Sie die Klemmkraft vorsichtig, bis sich das Werkstück nicht mehr bewegen lässt.

3 Feilen Sie das Material mit einer verhältnismäßig feinen und flachen Feile ab, bis die gröbsten Kratzer und Riefen eingeebnet sind. Führen Sie die Feile in langen Hüben und überstreichen Sie jedesmal einen möglichst großen Bereich, damit Sie keine Kanten und Vertiefungen in die Fläche hineinarbeiten.

4 Nach außen gewölbte Rundungen werden auch mit der Flachfeile bearbeitet, indem die Feile gleichzeitig nach vorne geschoben und der Griff nach unten geführt wird. Die Feile beschreibt dabei einen der Rundung der Oberfläche entgegengesetzten Kreisbogen.
Nach innen gewölbte Rundungen werden bei Stürzen kaum beschädigt. Sollte dies dennoch der Fall sein, empfiehlt sich die Behandlung von Hand mit grobem Schleifpapier.

5 Kleinere Beschädigungen, unzugängliche Stellen und schmale Kanten glätten Sie mit einer kleinen und sehr feinen Schlüsselfeile. Diese Feilen gibt es auch in runden und halbrunden Ausführungen, mit denen kleinere Grate auf der Innenseite von Bohrungen beseitigt werden können.

6 Schneiden Sie vom Schleifpapier mit etwa 180er-Körnung einen schmalen Streifen ab. Spannen Sie den Streifen mit beiden Händen und führen Sie ihn über den mit der Feile vorgeglätteten Bereich. Setzen Sie an einem Ende an und schleifen Sie mit regelmäßiger Bewegung vor und zurück – leicht schräg zur Fläche des Bauteils und immer weiter bis zum Ende des zu bearbeitenden Bereiches.

Kratzer polieren

7 Am Ende drehen Sie das Schleifpapier so, dass die neue Bewegungsrichtung und damit der Materialabtrag nahezu rechtwinklig zur vorherigen läuft. So vermeiden Sie Riefen in der Oberfläche. Bearbeiten Sie dann den Bereich wieder zum Ausgangspunkt zurück. Wiederholen Sie den Vorgang, bis grobe Feilstriche und Oberflächenverletzungen verschwunden sind.

8 Mit einem feineren Schleifpapier, etwa mit 600er-Körnung, verfeinern Sie den Schliff, bis auch die Riefen vom ersten Schleifpapier nicht mehr erkennbar sind. Schleifen Sie auch mit dem feinen Papier über Kreuz. Reinigen Sie das Bauteil von den entstandenen Spänen und blasen Sie es gegebenenfalls mit Pressluft frei.

9 Befestigen Sie eine Bohrmaschine im Ständer oder mittels spezieller Klemme sicher auf der Werkbank. Am besten können Sie polieren, wenn Sie die Maschine parallel zum Tisch ausrichten. Sollte Ihre Bohrmaschine waagerecht eingespannt sein, beachten Sie, dass sich die Scheibe auf der Vorderseite nach unten wegdreht, dann wird überschüssiges Poliermittel nach unten weggeschleudert. Stellen Sie – wenn nicht anders vorgegeben – eine mittlere Drehzahl ein und verriegeln Sie den Drucktaster.

10 Bringen Sie Polierpaste auf die Scheibe, nehmen Sie das Bauteil in die Hände und führen Sie es vorsichtig an die Polierscheibe heran. Erhöhen Sie den Druck gegen die Scheibe gefühlvoll. Achten Sie vor allem in Bereichen mit Kanten oder Bohrungen darauf, dass es Ihnen das Bauteil nicht aus der Hand reißt!

11 Wichtiger als maximaler Anpressdruck ist es, das Teil ständig zu bewegen und den gesamten zu polierenden Bereich regelmäßig an der Scheibe vorbeizuführen. Kontrollieren Sie von Zeit zu Zeit den Fortschritt der Arbeit und bringen Sie neue Polierpaste auf die Scheibe.

12 Wischen Sie nach vollbrachter Politur die Reste der Paste und den Abrieb vom Aluminium und der Scheibe ab. Wachsen Sie das Bauteil zum Schluss vollständig mit Hartwachs ein. Lassen Sie das Wachs gut ablüften, bis es einen matten Belag bildet. Wischen Sie diesen Belag mit einem weichen Tuch ab, um den endgültigen Glanz zu erzielen.

Lackreparatur auf Carbon

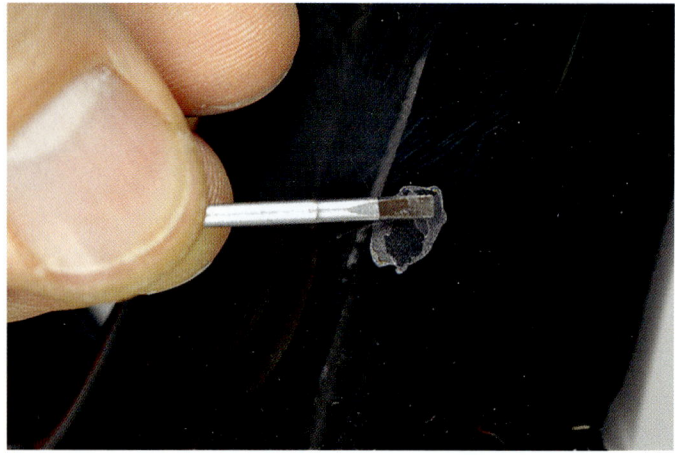

1 Ist ein Schaden in der Lackoberfläche Ihres Carbonrahmens entstanden, bessern Sie diesen so schnell wie möglich aus. Lösen Sie mit einem feinen Schraubendreher lose Lackbereiche vollständig ab.

2 Schleifen Sie den Bereich mit einem feinen Schleifpapier eng begrenzt und ganz vorsichtig an. Wischen Sie den Schleifstaub ab.

3 Die Epoxydharz-Matrix ist unempfindlich gegen übliche Lacke. Sie können die Stelle mit einem handelsüblichen Lackstift abtupfen. Matte Stellen oder oberflächliche Kratzer können Sie mit Lackreiniger, der Schleifpartikel enthält, polieren. Für regelmäßige Pflege ist er ungeeignet, da er die Oberfläche allmählich abträgt.

Lack auf Kunststoff

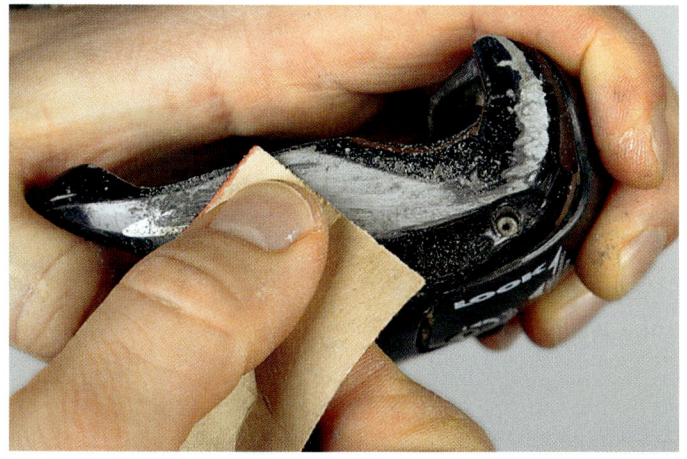

1 Pedale und Schaltbremsgriffkörper aus Spritzkunststoff erleiden schnell Kratzer wegen ihrer weichen Oberfläche. Diese Kratzer können Sie zuerst mit grobem Schleifpapier einebnen.

2 Mit feiner Körnung wird die Oberfläche dann annähernd wieder glatt. Behandeln Sie die verschliffene Stelle abschließend mit Silikonspray, um einen matten Glanz zu erzielen. Ist das Kunststoffmaterial nicht durchgefärbt, müssen Sie nachlackieren. Probieren Sie an einer verdeckten Stelle zuerst aus, ob sich der Lack mit dem Kunststoff verträgt.

3 Lackieren Sie anschließend den staubfreien Grund in mehreren dünnen Schichten. Lassen Sie dazwischen den Lack immer vollständig aushärten.

Ruhe, bitte!

Radeln in einsamer Natur könnte so schön sein – wenn das Rad nicht so nervtötend knacken würde. Stellen Sie's ab!

Geräusche am Rad entstehen meistens aus winzigen Bewegungen zwischen zwei oder mehr Teilen. Das ist zwar nicht neu, aber seit Rahmen aus großvolumigen und dünnwandigen Rohren üppigen Resonanzraum bereitstellen, dringen lästige Laute deutlich hörbar ins Ohr und nehmen das Gute-Laune-Zentrum unter Beschuss.

Gegen den gemeinen Knarz etwas zu unternehmen, ist nicht so einfach, denn der Grund der Nervenpein liegt meistens im Verborgenen. Selten macht ein echter Materialdefekt Lärm. Für die Kleinstbewegungen kommen nahezu alle Teile am Rad in Frage: Rahmen, Sattel, Stütze, Lenker, Vorbau, Kurbeln, Pedale. Allen ist gemein, dass sie durch Tretkräfte, Zug am Lenker und Fahrbahnstöße ständig minimal verformt werden. Schon eine leichte Gewichtsverlagerung im Sattel kann das Geräusch verursachen – oder verstummen lassen. Für die Ursachensuche kommt erschwerend hinzu, dass sich der Schall über den gesamten Rahmen ausbreitet und der Knacks nicht zwingend dort entsteht, wo man ihn zu hören glaubt. Unternehmen Sie deshalb eine systematische Fahndungsfahrt auf einer ruhigen Nebenstraße.

Fahndungs-Prinzip: Treten Sie mit wechselnder Intensität und lassen Sie das Rad zwischendurch für kurze Strecken rollen. Be- und entlasten Sie nacheinander die verschiedenen Bereiche des Rades wie Sattel und Pedale und schließen Sie so eine Geräuschquelle nach der anderen aus. Be- und entlasten Sie Lenker und Vorbau auch im Stand.

Haben Sie das Geräusch im Tretlagerbereich geortet, geht's an die Detailsuche. Arbeiten Sie sich von außen nach innen vor. Die erste sinnvolle Maßnahme erscheint vergleichsweise banal: Sprühen Sie Umwerferbereich, Kurbeln, Kettenblätter und Tretlagergehäuse mit Sprühwachs ein. Wenn das Wachs in alle Ritzen gekrochen und angetrocknet ist, werden sämtliche Verschraubungen kontrolliert. Ziehen Sie die Schrauben mit einem Drehmomentschlüssel nach. Knackst es weiter, müssen Sie mit der Demontage beginnen und im Inneren weiterforschen.

Nervt der Knacks weiterhin, müssen Sie die anderen Bauteile des Rades überprüfen, die durch die Tretbewegung belastet und bewegt werden.

Unsere Tipps zur Sattelstütze unterliegen einer Einschränkung, wenn Stütze und/oder Sitzrohr aus Carbon gefertigt sind: Dann darf bei dieser Klemmpassung kein Fett verwendet werden! Die Klemmung hält die Stütze sonst nur noch mit extrem hohen Anzugskräften, die Stütze und Rahmen dauerhaft schädigen können. Säubern Sie lieber regelmäßig die Carbon-Stütze und/oder das Innere des Carbon-Sitzrohres mit einem Tuch, um eingedrungenen Schmutz oder Feuchtigkeit als Geräuschquelle auszuschließen. Alle anderen gezeigten Tipps zur Sattelstütze gelten indes auch für Carbon-Modelle.

GERÄUSCHE-FINDER

- ▶ **Klappern** Bremshebel wird von der Bremse nicht stark genug zurückgezogen. Werkzeug rappelt im Satteltäschchen
- ▶ **Klopfen** Lenkungslager lose
- ▶ **Knacken** Tretinnenlager, Kurbeln, Umwerfer am Rahmen, Pedalachse oder Ausfallende benötigen Fett und das richtige Schraubenanzugsmoment; Schnellspanner sitzt nicht fest
- ▶ **Knarren** Pedalplatte benötigt Fett oder ist verschlissen; Sattelgestell knarrt in der Decke
- ▶ **Kratzen** Kette schleift am Umwerfer
- ▶ **Quietschen** Kette oder Schaltwerksrollen laufen trocken

Haben Sie die Sattelstütze demontiert, sollten Sie auch gleich überprüfen, ob sie lang genug ist. Ihr Ende muss über die Unterkante des Oberrohres hinaus ins Sitzrohr reichen, sonst kann sie sich nicht auf genügend großer Fläche abstützen. Sie »schaukelt« dann im Sitzrohr. Geräusche und ein Bruch des Rahmens sind sehr wahrscheinlich. Bauteile setzen sich, die Schraubenkraft lässt nach. Kontrollieren Sie deshalb alle geöffneten Verschraubungen nach rund 200 Kilometern Fahrt mit dem Drehmomentschlüssel. Machen Sie es sich zur Gewohnheit, alle Schrauben Ihres Rennrades alle 1500 bis 2000 Kilometer zu überprüfen; wenn Sie viel auf schlechten Straßen unterwegs sind auch öfter.

WERKZEUG

Tretlagerwerkzeug, Stiftschlüssel und Innensechskante, Drehmomentschlüssel Zahnkranzwerkzeug
HILFSSTOFFE: Sprühöl, Carbon-Montagepaste, Silikonspray, Kettenöl, Montagefett, Welle-Naben-Klebstoff, Wachs

Systematische Suche

1 Fahren Sie freihändig und treten Sie unterschiedlich stark in die Pedale. Verstummt das Geräusch, kann die Ursache im Lenker-Vorbau-Bereich liegen. Halten Sie an, greifen Sie den Lenker an den Bremsgriffen, drücken und ziehen Sie abwechselnd. Lassen sich die Geräusche so nicht erzeugen, kommt auch die veränderte Belastung des Sattels beim Freihändigfahren infrage.

2 Treten Sie unterschiedlich stark in die Pedale und stehen Sie dabei auch auf. Verstummen die Geräusche im Wiegetritt, liegt die Ursache wahrscheinlich im Sattelbereich. Halten Sie an und greifen Sie den Sattel vorne und hinten. Versuchen Sie, den Sattel gegenüber dem Rahmen in beiden Richtungen zu verdrehen. Drücken Sie den Sattel auch vorne hoch und hinten hinunter und umgekehrt.

3 Treten Sie unterschiedlich stark in die Pedale und lassen Sie das Rad immer wieder kurze Strecken rollen. Tritt das Geräusch sowohl im Wiegetritt als auch beim Treten im Sitzen auf, nicht aber wenn die Pedale in Ruhe sind, dürfte die Geräuschquelle bei den Schuhen, Pedalen oder Kurbeln liegen. Halten Sie an und drücken Sie seitlich aufs Pedal. Drücken Sie auch von der Gegenseite.

Ruhe am Lenker

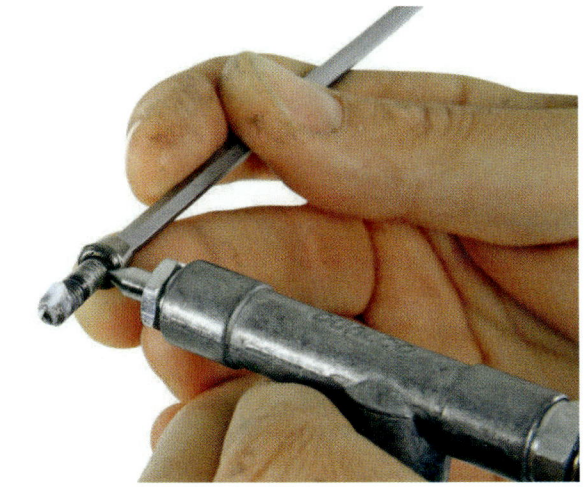

1 Demontieren Sie die Klemmschrauben des Vorbaus, nehmen Sie den Deckel ab. Achtung: Der Lenker sollte nicht nach unten fallen. Säubern Sie alle Teile. Bei Alu-Lenkern und -Vorbauten fetten Sie die Schrauben an Kopf und Gewinde und drehen sie gleichmäßig an. Der Schlitz am Vorbau muss oben und unten gleich breit und in sich parallel sein, bevor Sie die Schrauben anziehen.

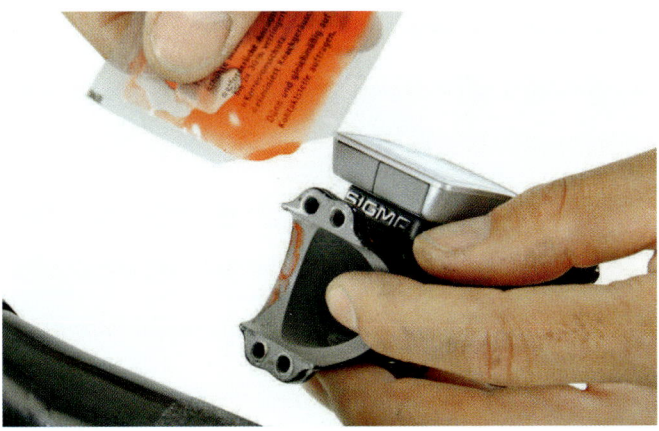

2 Bei Carbonlenkern bestreichen Sie den Klemmbereich des Lenkers und die Klemmflächen des Vorbaus dünn und gleichmäßig mit Carbon-Montagepaste. Montieren Sie den Lenker und drehen Sie die gefetteten Schrauben, wie oben beschrieben, zuerst gleichmäßig ein und erst dann mit einem Drehmomentschlüssel fest. Überschreiten Sie auf keinen Fall das empfohlene Drehmoment.

3 Kontrollieren Sie, ob die Bremsgriffe rutschsicher befestigt sind. Drehen Sie sie vorsichtig nach, überschreiten Sie das maximale Drehmoment nicht. Insbesondere bei Carbonlenkern ist das sehr sensibel; es kann besser sein, das Lenkerband abzuwickeln und unter die Griffkörper und -bandagen Carbon-Montagepaste zu streichen.

Ruhe an Sattel und Sattelstütze

1 Sprühen Sie Schmierspray – in diesem Fall solches mit Silikonanteil – dorthin, wo die Satteldecke auf das Gestell aufgesteckt ist. Lassen Sie es einwirken, kontrollieren Sie erneut.

2 Demontieren Sie den Sattel und zerlegen Sie den Stützenkopf. Reinigen Sie die Bauteile. Bringen Sie an Schraubenköpfen und Unterlegscheiben Fett auf. Ob das Gewinde gefettet werden darf, müssen Sie beim Hersteller erfragen, denn in einigen Fällen wird dies wegen der notwendigen Selbsthemmung der Schraube abgelehnt.

3 Drehen Sie die Sattelstützenschrauben auf alle Fälle mit einem Drehmomentschlüssel nach Hersteller-Angaben fest. Vor allem bei den Stützen, die nur mit einer Schraube befestigt sind, sind nicht ordnungsgemäß angezogene Schrauben oft der Grund für plötzliches Versagen.

4 Markieren und demontieren Sie die Sattelstütze. Reinigen Sie sie und das Rahmenrohr innen mit einem Lappen. Überprüfen Sie, ob die Sattelstütze lang genug ist: Sie muss mindestens bis unter das Oberrohr reichen. Ist die Stütze kürzer, kann sie oben im Sitzrohr »schaukeln« – das macht nicht nur Geräusche, es belastet auch den Rahmen.

5 Bei Metallrahmen und Aluminiumstützen verteilen Sie mit einem Pinsel Montagefett innen im Rahmenrohr und außen im Bereich der demontierten Klemmschelle. Bringen Sie auch eine dünne Schicht auf die korrespondierenden Bereiche von Stütze und Schelle auf, bevor Sie die Teile wieder montieren, ausrichten und befestigen.

6 Bei Carbonteilen ist Fett im Klemmbereich tabu! Bestreichen Sie das Innere des Sitzrohres und die Stütze im Klemmbereich mit Carbon-Montagepaste. Fetten Sie die Schraube der Stützenklemme, den äußeren Bereich des Sitzrohres und die Klemme ein. Dann brauchen Sie nur noch sehr geringe Anzugsdrehmomente, damit die Stütze klemmt.

Schaltauge

1 Ursache auswechselbare Schaltaugen? Kontrollieren Sie bei einlackierten oder pulverbeschichteten Exemplaren, ob Risse im Übergang zu sehen sind. Demontieren Sie gelöste und nicht überlackierte Schaltaugen und säubern Sie den Bereich. Fetten Sie die Kontaktflächen und drehen Sie die Schaltaugen wieder fest.

2 Knarzt es immer noch, können Sie das Schaltauge auch festkleben. Reinigen Sie zuerst die Klebeflächen mit Reinigungsbenzin oder Azeton, damit diese fettfrei werden. Verwenden Sie eventuell zusätzlich einen speziellen Aktivator, der die Flächen entfettet und die Haftung anschließend verbessert.

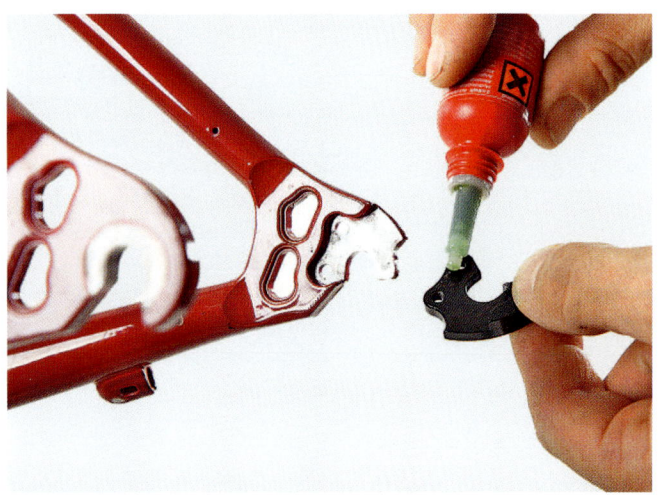

3 Benetzen Sie die Teile mit mittelfestem Klebstoff für Welle-Naben-Verbindungen oder Zweikomponentenklebstoff. Fügen Sie die Teile zusammen, drehen Sie die Schrauben fest. Verspannen Sie den Bereich sofort mit dem Laufrad samt Schnellspanner. Wischen Sie überschüssigen Klebstoff sofort ab.

Pedal

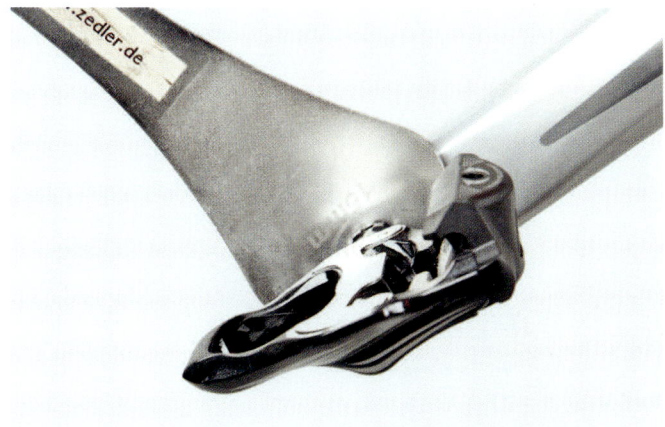

1 Ursache Pedale? Demontieren Sie sie. Verwenden Sie einen langen Pedalschlüssel oder leicht gekröpften Maulschlüssel, damit Sie sich nicht am Kettenblatt verletzen. Schalten Sie aufs große Kettenblatt. Halten Sie die Kurbel mit der anderen Hand fest, indem Sie Kurbelarm und Kettenstrebe gemeinsam umfassen.

2 Bewegen Sie am demontierten Pedal die Pedalachse in verschiedene Richtungen. Kippt die Achse, läuft sie merklich schwer oder hat sie fühlbar Spiel quer zur oder in Achsrichtung, müssen Sie das Pedal zerlegen, einstellen und zumindest mit Fett schmieren. Unter Umständen brauchen Sie neue Lager.

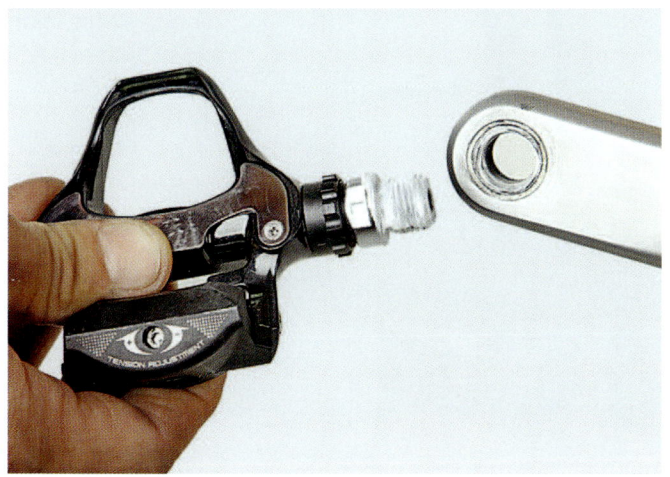

3 Reinigen Sie das Gewinde von Kurbel und Pedalachse. Fetten Sie beides mit speziellem Montagefett und achten Sie darauf, dass die Anlauffläche an der Achse gut mit Schmierstoff bestrichen ist. Montieren Sie die Pedale wieder.

Umwerfersockel, Kettenblätter

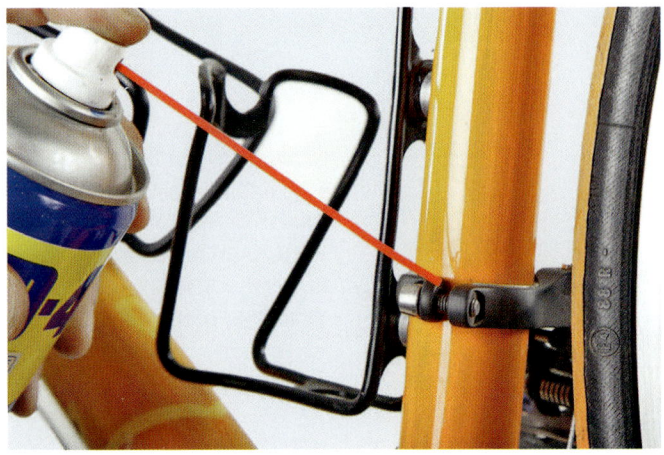

1 Im Bereich des Tretlagers arbeiten Sie sich von außen nach innen vor, um die Geräusche zu identifizieren und zu beseitigen. Tragen Sie zuerst reichlich Sprühwachs oder Kriechöl auf den Umwerferbereich, die Kurbeln und die Kettenblätter.

2 Wenn das Wachs oder Kriechöl in alle Ritzen eingedrungen ist, kontrollieren Sie sämtliche Verschraubungen gemäß der Herstellerangaben.

3 Ziehen Sie die Schrauben mit dem Drehmomentschlüssel nach. Dieser arbeitet nur korrekt, wenn Sie die Schraube mindestens eine Drittel-Umdrehung bewegen. Lösen Sie die Schraube eine halbe Umdrehung, bevor Sie sie nachziehen. Hilft das nicht, müssen Sie das Lager demontieren.

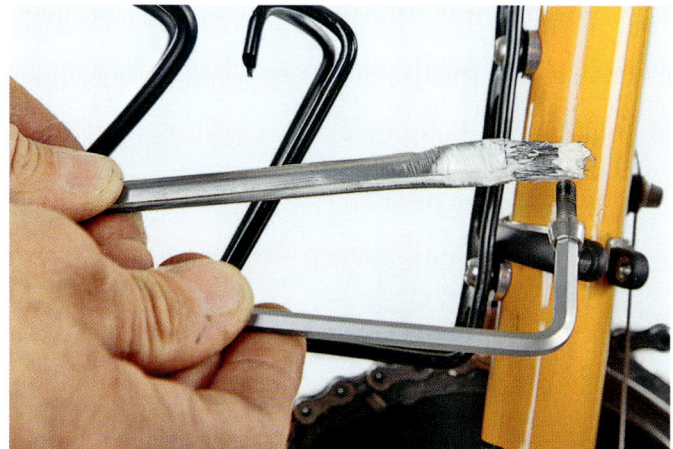

4 Geräusche können in der Verschraubung der Umwerferschelle und zwischen Schelle und Rahmen entstehen. Vor der Demontage der Schelle markieren Sie deren Position am Rahmen. Reinigen Sie Sitzrohr und Schelle. Demontieren Sie den Umwerfer. Fetten Sie die Teile und schrauben Sie sie korrekt ausgerichtet wieder an.

5 Bei eloxierten Alu-Rahmen bestreichen Sie die Schelle innen mit Fett, bei Carbonrahmen unbedingt mit Carbon-Montagepaste; bei lackierten und pulverbeschichteten Rahmen wird trocken montiert.

Kettenblätter und Kurbeln

1 Ursache Kettenblätter? Demontieren Sie die Kettenblattschrauben. Spezielles Werkzeug verhindert, dass sich die Hülsenmutter auf der Rückseite mitdreht. Arbeiten Sie auch hier gegen den Uhrzeigersinn mit langem Schlüssel. So vermeiden Sie Verletzungen, da sich Kettenblattschrauben oft ruckartig lösen.

2 Nehmen Sie die Blätter ab und wischen Sie sie mit einem trockenen Tuch sauber. Fetten Sie die Kontaktflächen auf Kurbelstern und Blättern. Wenn Sie die Blätter wieder aufstecken, sollten die meist pfeilförmige Markierung des kleinen Blattes und der Fangniet am großen Kettenblatt hinter dem Kurbelarm liegen.

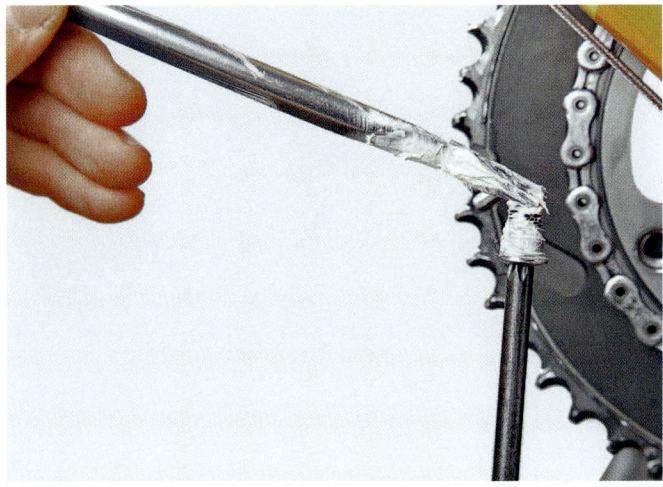

3 Fetten Sie die Befestigungshülsen innen und außen und schieben Sie diese in die Bohrungen. Setzen Sie alle Schrauben von Hand an und drehen Sie diese an, bis sie bündig aufliegen. Kontrollieren Sie den passgenauen Sitz aller Teile, bevor Sie die Schrauben über Kreuz wieder anziehen.

4 Ursache Tretlager? Lösen Sie die beiden quer zur Tretlagerwelle verlaufenden Schrauben der tangentialen Klemmung zwei bis drei Umdrehungen.

5 Drehen Sie die axiale Vorspannschraube heraus und ziehen Sie die Kurbel von der Welle. Ziehen Sie die rechte Kurbel mit der Welle aus den Lagern. Wischen Sie beide Kurbeln und die Welle sauber.

6 Demontieren Sie das Innenlager (Spezialwerkzeug!). Die Antriebsseite wird bei BSC-Gewinden (Kennung 1.37 x 24) im Uhrzeigersinn herausgeschraubt! Die linke Seite bei BSC und beide Seiten bei italienischen Gewinden werden gegen den Uhrzeigersinn geöffnet. Achten Sie darauf, dass das Werkzeug nicht abrutscht!

Kettenblätter und Kurbeln

7 Reinigen Sie die Teile und das Lagergehäuse. Fetten Sie Gewinde und Anlaufflächen der Lagerschalen, das Gewinde im Rahmen und die Welle dünn ein. Drehen Sie beide Lagerschalen von Hand zwei Umdrehungen ein. Wenn sie gegriffen haben, drehen Sie sie mit dem vom Hersteller empfohlenen Drehmoment fest.

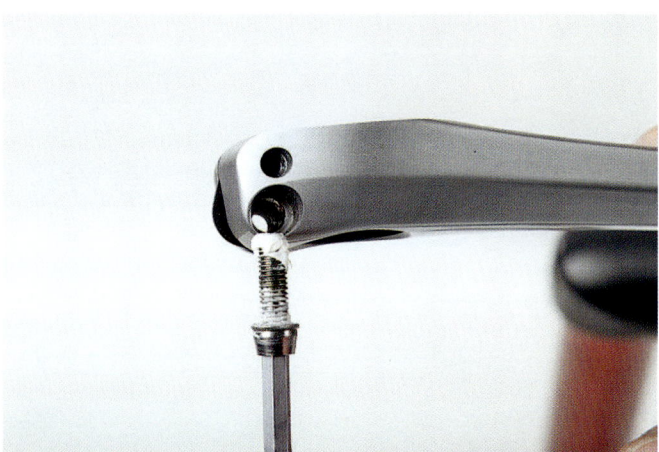

8 Drehen Sie die Schrauben ganz aus der Kurbel, reinigen Sie diese und die Kurbel. Fetten Sie Gewinde und Wellenprofil dünn mit Montagefett ein. Schieben Sie die Kurbel auf die Welle und drehen Sie beide Klemmschrauben von Hand etwas ein. Spannen Sie die axiale Vorspannschraube nur mit sehr geringer Kraft vor.

9 Drehen Sie die frisch gefetteten Klemmschrauben gleichmäßig von Hand an. Drehen Sie sie danach mit dem Drehmomentschlüssel erst mit 8, danach mit 12 Newtonmetern an. Erhöhen Sie das Drehmoment bei Shimano auf 15 Newtonmeter. Das schrittweise Vorgehen sichert eine gleichmäßige Krafteinleitung.

Innenlager

1 Wenn noch immer keine Ruhe herrscht, müssen Sie die Kurbeln abziehen. Bei vielen modernen Kurbelsätzen gelingt dies ohne zusätzliches Werkzeug durch die integrierten Abzieher. Lösen Sie die Schraube entgegen dem Uhrzeigersinn mit einem langen Innensechskant. Wenn die Schraube an der äußeren Kurbelkappe anliegt und der Widerstand wächst, drehen Sie mit Kraft weiter.

2 Schrauben Sie die Kurbelabdeckkappe mit einem Stiftschlüssel ab. Nehmen Sie ein Werkzeug mit passenden, runden Stiften, sonst beschädigen Sie eventuell die Bohrungen. Nehmen Sie die Schraube samt Beilagscheiben heraus und reinigen Sie die Einzelteile.

3 Demontieren Sie das Innenlager mittels Spezialwerkzeug – meist eine Nuss mit Vielzahnprofil, die in die Schalen der Lagerpatrone eingreift. Die rechte Seite wird bei BSC-Gewinden (Kennung 1.37 x 24) rechtsherum herausgeschraubt! Die linke Seite bei BSC und beide Seiten bei italienischen Gewinden werden linksherum geöffnet! Fetten Sie nach dem Reinigen die Gewinde an Patrone und Rahmen, sowie die Passung zwischen der Patrone (oft aus Stahl) und der Gewinde-Einschraubhülse.

4 Drehen Sie das Lager von der Kettenblattseite her von Hand drei bis vier Umdrehungen ein. Schrauben Sie die gegenüberliegende Gewindehülse ebenfalls von Hand einige Umdrehungen ein, bevor sie die Antriebsseite mit dem Drehmomentschlüssel festziehen. Ziehen Sie auch die zweite Schale fest. Kontrollieren Sie den Lauf des Lagers und den Sitz der Schalen zu den Gehäuseflächen. Läuft das Lager schwer, oder liegen die Schalen nicht plan, müssen das Gewinde des Lagergehäuses nachgeschnitten und die Flächen planparallelgefräst werden.

5 Fetten Sie bei Vielzahnprofilen sowohl die Welle als auch die Kurbel innen. Die Profilstücke müssen sauber ineinander gleiten. Setzen Sie die gefettete Kurbelschraube von Hand ein. Haben Sie die Schraube nicht ganz demontiert, müssen Sie Welle und Kurbel beim Eindrehen der Schraube gegeneinander verdrehen, bis das Keilwellenprofil greift.

6 Ziehen Sie beide Kurbelschrauben erst dann gemäß den Drehmomentangaben des Herstellers fest, wenn beide Kurbeln passend sitzen. Fetten Sie Kurbelschraube und Beilagscheibe auch außen. Drehen Sie zum Abschluss die ebenfalls gefetteten Kurbeldeckel gemäß den Herstellerangaben fest.

Andere Ursachen

1 Der Schnellspann-Mechanismus an der Hinterradnabe entwickelt gelegentlich ein Eigenleben. Die Spannachse ist ständigem Kettenzug ausgesetzt, was zu Geräuschen führen kann. Demontieren Sie die Spanner und träufeln Sie etwas (Ketten-)Öl in das Innere. Bewegen Sie den Spannhebel hin und her, so verteilt sich das Öl an die relevanten Stellen. Silikon-Öl eignet sich schlecht für die Schmierung von Stahlteilen. Wischen Sie überschüssiges Öl ab.

2 Setzen Sie zum Öffnen des Zahnkranzes den Abzieher in das Keilwellenprofil; der Schnellspanner sichert den Abzieher gegen Abrutschen oder Verkanten. Fixieren Sie den Zahnkranz mit einer Kettenpeitsche und lösen Sie den Verschlussring. Öffnen Sie dann den Schnellspanner, sonst blockiert er den Ring. Ziehen Sie die Ritzel zum Reinigen ab, säubern Sie auch den Freilaufkörper. Behandeln Sie die Teile mit Sprühwachs.

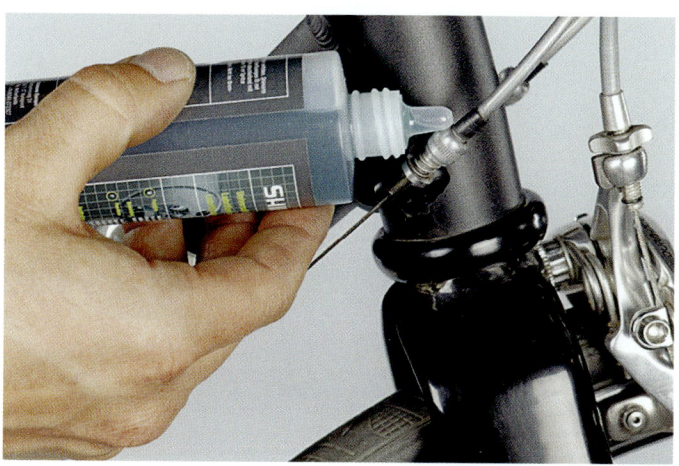

3 Wo Züge auf Rahmen oder Komponenten treffen, können Geräusche entstehen, wenn sich die Metallhülsen in den Widerlagern bewegen. Beträufeln Sie deshalb der Reihe nach alle Kontaktpunkte und bewegen Sie die Außenzüge in den Widerlagern. Vergessen Sie auch die Zugführung unter dem Tretlager nicht. Lassen Sie das Rad einige Zeit stehen, so hat der Schmierstoff Zeit, in die Spalte zu kriechen, und wischen Sie überschüssiges Öl ab.

Einsatzleitung

Carbonrahmen halten ewig – wenn sie gut behandelt werden. Hier steht, ob und wer sie reparieren kann, wie man selbst Defekte wie kaputte Flaschenhaltergewinde behebt und was man Rahmen aus Carbon und Metall sonst noch Gutes tun kann

Da nimmt man seinen edlen Carbonrenner schon mit in die Wohnung, um ihn vor den Gefahren des gemeinen Fahrradkellers zu bewahren, und dann das: Eine unbedachte Drehung, ein Schubs mit dem Ellbogen, das Rad kippt und knallt mit dem Oberrohr gegen den Couchtisch. Nun prangt ein kleines Loch im Lack des Oberrohrs, von dem sich Risse zur Seite hin ausbreiten. Ist der Rahmen jetzt kaputt? Fakt ist: Das lässt sich pauschal ebenso wenig beantworten wie die Frage, ob Rahmen, Gabel, Lenker oder andere Teile aus Carbon nach einem Sturz auf der Straße noch weiter benutzt werden können oder ausgetauscht werden müssen. Die Überprüfung und Beurteilung beschädigter Teile aus Carbon ist und bleibt bis auf Weiteres ein großes Problem.

Wie findet man den Schaden?

Genau hinzuschauen reicht jedenfalls nicht aus. Bauteile aus Carbon sind selbst nach Überlastung nicht verbogen, sondern nehmen ihre ursprüngliche Form wieder an. Eine Vermessung des Rahmens bringt, im Gegensatz zu Aluminium und Stahl, kein verwertbares Ergebnis. Verfahren wie Rönt-

Am Anfang steht die Zerstörung: Vor der Reparatur wird die Carbonstruktur schichtweise abgeschliffen.

CARBONRAHMEN-REPARATUREN

Die genannten Reparaturbetriebe für Carbon haben allesamt ihre Wurzeln im Auto-Rennsport; dort sind Reparaturen an der Tagesordnung, Ausrüstung und Können liegen auf hohem Niveau.

▸ UB Composites GmbH, Telefon 07144/814310, www.ubc-gmbh.com
▸ MAW Mariotto Art Works, Telefon 041/76/3656540, www.maworks.ch
▸ Carbo Tech Composites GmbH, Telefon 0043/66224140, www.carbotech.at

Reparaturen an Tretlagergewinde und Flaschenhalterösen:
▸ Reset Racing Koehn, Telefon 0511/473204-40, www.reset-racing.de

gen, Computertomographie oder die Impuls-Thermographie klingen in der Theorie vielversprechend. Auf dem Röntgenbild eines Carbonteils zum Beispiel sieht man im Wesentlichen die Konstruktionsmerkmale wie Wandstärken und metallische Anbauteile. Sich ablösende Faserlagen und kleine Risse bleiben hingegen verborgen. Eine Computertomographie wäre gut, aber die Kosten machen schon dem Gesundheitssystem schwer zu schaffen.

Bei der Impuls-Thermographie wird das Teil mit Lichtblitzen erwärmt und der Wärmeabfluss mit einer Kamera aufgenommen. Bei Carbon wird die unterschiedliche Wärmeabstrahlung durch Fehlerstellen im Laminat, Harzanhäufungen, Schaumeinlagen, Metallbestandteile, unterschiedlich dicke Lackschichten, aber auch schon allein durch Aufkleber beeinflusst. Ein Thermographie-Bild gibt über vieles Auskunft – ob die auffälligen Stellen aber Auswirkungen auf die Haltbarkeit haben, vermag seriös kein Experte zu sagen. Es sei denn, das fragliche Bauteil wäre im Neuzustand thermographiert und die Bilder archiviert worden. Der Abgleich der Bilder vor und nach einem Stoß oder Sturz könnte tatsächlich verlässlich Aufschluss über Veränderungen in der Materialstruktur geben.

Eine adäquate Methode, um den Zustand von Carbonbauteilen zu prüfen, sind Steifigkeitstests. Die Steifigkeit lässt in der Regel nach, wenn der Faserverbund sich auflöst, beschädigt wird oder wenn das Bauteil stark ermüdet ist. Aber auch hier gilt, dass ohne Abgleich mit dem Wert eines baugleichen Neuteils der Messwert eines gebrauchten oder beschädigten Produkts sehr wenig aussagt. Prüfstände ermöglichen über das belastete Teil aber noch weitere Erkenntnisse. Risse, die im entspannten Zustand nicht erkennbar sind, werden unter Last sichtbar oder erzeugen bei Lastwechseln Geräusche – beides kann auf Schäden hindeuten.

Wer kann was reparieren?

Carbon ist eigentlich ein Werkstoff, der mit einfachen Mitteln zu reparieren ist. Grundsätzlich braucht man dazu nur Epoxydharz und Fasermatten. Ob eine Reparatur erfolgreich ist, hängt vom Sachverstand und Erfahrungsschatz des Reparateurs ab. Gängig ist das Anlegen einfacher Bandagen, was man jedoch anschließend sieht. Außerdem kann es an den Übergängen von Bandage zu Originalteil zu abrupten Wechseln der Steifigkeit kommen, woraus weitere Schäden entstehen können. Technisch besser, schöner, aber deutlich aufwendiger ist das schichtweise Abschleifen der beschädigten Stelle. Der treppenartige Schliff ermöglicht den soliden Aufbau neuer Laminatschichten. So wird ein haltbarer Verbund ohne Steifigkeitssprünge hergestellt. Nach professioneller Lackierung ist die Reparatur nicht mehr zu erkennen.

Alles lässt sich aber nicht reparieren. Bei Fahrradgabeln, Lenkern und Sattelstützen stehen Prüf- und Reparaturaufwand in keinem Verhältnis zum Preis – da ist der Neukauf die eindeutig bessere Wahl. Schäden am Rahmen wie kleine Löcher, Risse im Oberrohr oder Spuren von Kettenklemmen an Tretlagergehäuse und Kettenstrebe sind Beispiele für mögliche Reparaturen, ein komplett in zwei Teile gebrochener Rahmen dagegen nicht. Die Kosten müssen individuell veranschlagt werden, aber mit einem Mindestbetrag von 300 Euro oder mehr, je nach Reparatur- und vor allem Lackieraufwand, sollte man rechnen. Bis zu welchem Betrag eine Reparatur sich lohnt, muss dann jeder für sich selbst entscheiden.Eine Reparatur, die man in der heimischen Werkstatt noch selbst bewerkstelligen kann, betrifft die Flaschenhaltergewinde am Rahmen, wie das geht zeigen wir nachstehend.

Ansonsten beschränken wir uns bei den hier gezeigten Rahmenreparaturen auf einen einfach zu bewerkstelligenden Klassiker: das Schaltauge. Wenn es beispielsweise nach einem Sturz richtig krumm ist, ist das noch kein Grund, den Rahmen auszurangieren. Ist die Schaltwerksaufnahme stark verbogen, muss man genau untersuchen, ob das Material unversehrt geblieben ist. Risse in der Oberfläche aus Lack oder Chrom müssen nicht in jedem Fall bis in das Rahmenmaterial reichen.

Auswechselbare Schaltaugen sind im Falle eines Defekts eine feine Sache – wenn man sie als Ersatzteil im Satteltäschchen auf der Tour dabei hat. Aufgrund der verhältnismäßig geringen Materialstärke lassen sie sich nämlich meistens nicht gerade biegen, sondern müssen tatsächlich ausgetauscht werden.

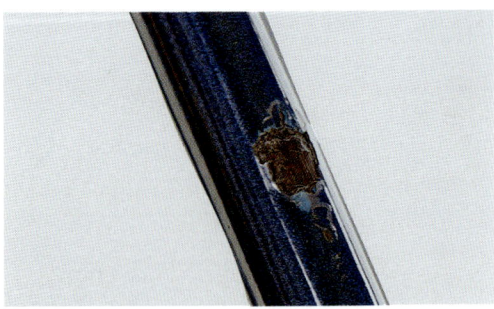

Der Schaden: Zwei aneinandergelehnte Räder waren umgekippt, ein Pedal hat die oberen Schichten der Hinterbaustrebe beschädigt.

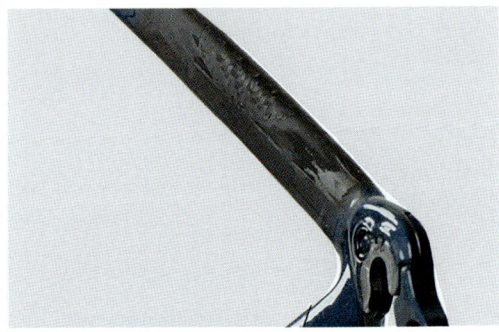

Die Reparatur: Da dieser Schaden nicht so tief reicht, muss man nur eine kleinere Fläche reparieren.

Das Finish: Die Herausforderung besteht für den Lackierer darin, den Farbton des Originallacks zu treffen. Sogar Schriftzüge sind reproduzierbar.

WERKZEUG

Innensechskant, Ringschlüssel, Nietzange, Akkuschrauber, ggf. Winkelbohrmaschine, Gewindebohrer
HILFSMITTEL: Zweikomponenten-Klebstoff, Schneidöl, ggf. Gewindeniet, Flaschenhalter

Schaltauge

Bei austauschbarem Schaltauge wird das beschädigte Teil komplett ersetzt. Sprühen Sie zuerst die Verschraubung mit dünnflüssigem Schmierstoff ein. Wurde das defekte Schaltauge zusammen mit dem Rahmen pulverbeschichtet, ritzen Sie die Kontur mit einem Teppichmesser an, um das Abplatzen von Lack zu verhindern, wenn Sie das Auge abnehmen. Reinigen und wachsen Sie den Bereich vor der Neumontage, stärken Sie die Verschraubung mit mittelfestem Schraubenkleber.

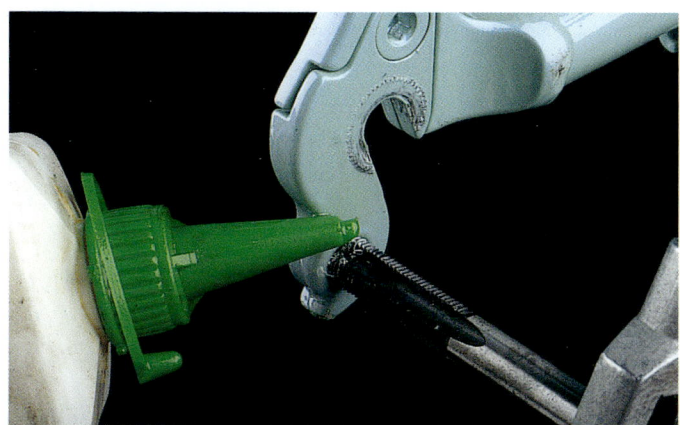

Wenn das Gewinde im Schaltauge beschädigt wurde, versuchen Sie es nachzuschneiden. Wichtig: Das Schaltauge weist üblicherweise ein Feingewinde von M 10x1 auf! Schmieren Sie Bohrer und Gewinde mit Öl ein. Setzen Sie den Bohrer senkrecht an und drehen Sie ihn in das noch übrige Restgewinde. Während der ersten Umdrehungen muss der Bohrer leicht laufen. Schneiden Sie das Gewinde, bis das Ende des Bohrers fast vollständig ins Ausfallende hineinläuft.

Hilfe unterwegs: Mit dem Hinterrad eines Mitfahrers können Sie ein verbogenes Schaltauge notdürftig richten. Drehen Sie es mit der Achse vorsichtig, aber so fest wie möglich in das Schaltauge, von dem Sie die Schaltung abgeschraubt haben. Das Rad dient als Bezugsebene für den Richtvorgang. Bitten Sie einen Helfer, den Rahmen festzuhalten, packen Sie das Laufrad mit beiden Händen und biegen Sie es in Richtung der größten Verbiegung, bis es parallel zum Hinterrad im Rahmen steht. Mit einem speziellen Richtwerkzeug geht die Reparatur natürlich wesentlich schneller und einfacher.

Gewinde intakt, Gewindeeinsatz lose

1 Kontrollieren Sie, ob das Gewinde läuft und halten Sie dabei die Blindnietmutter mit den Fingern fest. Klafft ein Spalt zwischen Nietmutter und Rahmenrohr, mischen Sie Zweikomponenten-Klebstoff an. Bringen Sie den Klebstoff rundum so gut wie möglich zwischen Nietmutter und Rohr an.

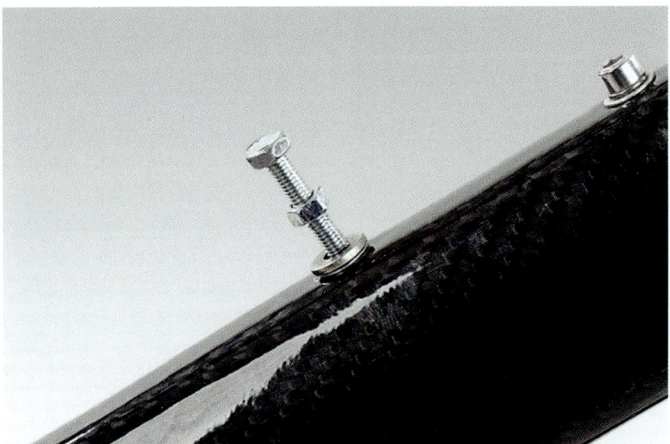

2 Nehmen Sie eine mindestens 30 Millimeter lange M5-Schraube mit Sechskant- oder Innensechskant-Kopf und drehen Sie eine Mutter bis kurz vor den Kopf darauf. Legen Sie eine Scheibe auf die Mutter. Der Scheibendurchmesser sollte mindestens so groß sein wie der Außendurchmesser der Blindnietmutter im Rahmen. Drehen Sie die Schraube mindestens einen Zentimeter ein.

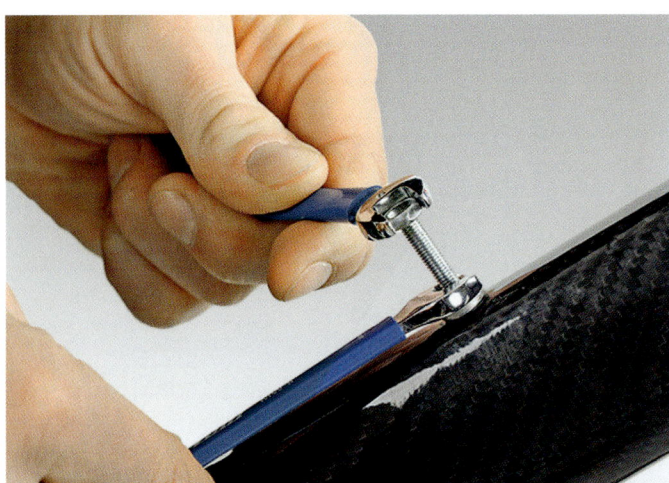

3 Drehen Sie die Mutter von Hand Richtung Rahmen, bis die Beilagscheibe auf der Blindnietmutter aufliegt. Setzen Sie einen Ringschlüssel an der Mutter an, halten Sie den Kopf der Schraube fest. Ziehen Sie die Mutter schrittweise etwas an. Wird der Spalt enger, quillt Klebstoff heraus. Lässt sich die Schraube zwischendurch noch drehen, klemmt die Blindnietmutter nicht fest. Achtung: Zu große Kräfte können Carbonrahmen beschädigen!

Gewinde beschädigt

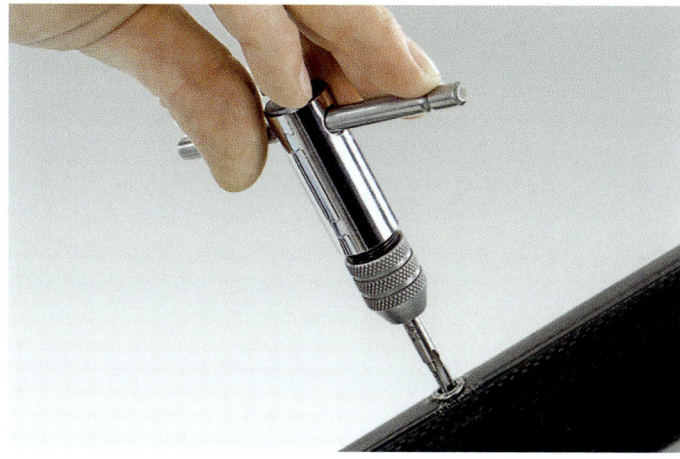

1 Beschädigte Gewinde können eventuell nachgeschnitten werden. Setzen Sie den mit Schneidöl versehenen Gewindebohrer senkrecht zum Rohr und in der Flucht der Blindnietmutter an. Schneiden Sie das Gewinde vorsichtig nach. Ist das Gewinde irreparabel defekt oder der Niet lose, muss er ersetzt werden.

2 Kleben Sie eine lose Blindnietmutter wie beschrieben mit Zwei-komponenten-Klebstoff fest und lassen Sie den Klebstoff nach Herstellerangabe aushärten. Solange er aushärtet, demontieren Sie die Tretkurbel und das Innenlager. Kontrollieren Sie, ob ein Verbindungsloch zwischen Rohr und Tretlagergehäuse vorhanden ist. Wenn nicht, müssen Sie die Gabel demontieren, um dort nach einem Ausgang zu suchen.

3 Bohren Sie die defekte Blindnietmutter – zuerst mit einem Bohrer der Größe 6M, dann 7M – schrittweise vorsichtig aus. Wichtig: Setzen Sie den Bohrer möglichst senkrecht an. Am besten eignet sich eine Winkelbohrmaschine. Wenn Sie keine zur Hand haben, arbeiten Sie mit einer kleinen Bohrmaschine oder einem Akkuschrauber. Setzen Sie gegebenenfalls abwechselnd links und rechts an. Dies erfordert noch größere Vorsicht, damit der Bohrer nicht ins Rahmenrohr eindringt.

Gewinde beschädigt

4 Setzen Sie die Bohrmaschine lieber etwas zu früh ab und brechen Sie den Bund mit einer Zange ab. Ist der Bund ab, lässt sich die Buchse nach innen drücken. Schütteln Sie den Nietrest aus dem Rohr, sonst klappert das Teil später. Kontrollieren Sie das Loch im Rohr, es muss frei von Graten und Rissen sein.

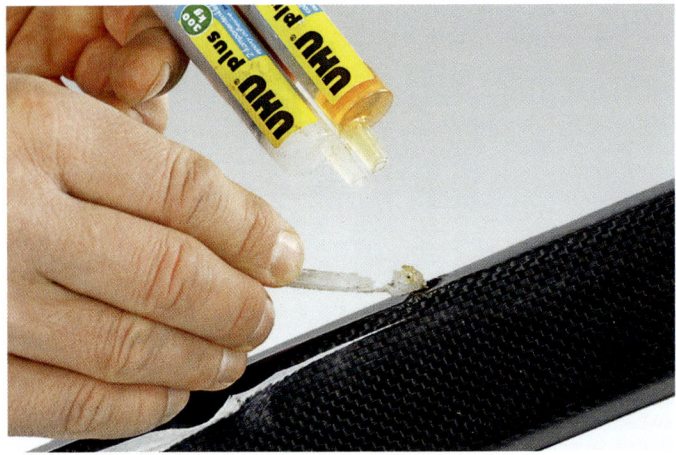

5 Sind Risse vorhanden, muss das nicht zwingend das Ende des Rahmens bedeuten. Kleinere Risse im Carbon bis ein oder zwei Millimeter Länge können Sie mit Zweikomponenten-Kleber versiegeln. Lassen Sie den Klebstoff im Rohr aushärten. Bei größeren Schäden sollten Sie einen Carbonspezialisten um Rat fragen. (Bei Schäden im Aluminiumrohr etwa die Firma Koehn, siehe Infokasten).

6 Ist der Bereich rissfrei, schieben Sie die Ersatzgewindebuchse zur Probe in den Rahmen. Das Rohr darf nicht zu eng sein. Feilen Sie gegebenenfalls die Bohrung mit einer Rundfeile bei geringem Druck sehr vorsichtig etwas größer. Achten Sie auch darauf, dass keine Grate stehenbleiben. Verwenden Sie zur Vergrößerung des Lochs keinesfalls die Bohrmaschine! Versiegeln Sie die befeilte Stelle mit Zweikomponenten-Klebstoff.

7 Montieren Sie den Flaschenhalter mit der einzusetzenden Gewindebuchse vor. Die kleine Beilagscheibe bleibt unter dem Schraubenkopf, die leicht gebogene und größere Scheibe ist unter dem Flaschenhalter. Achten Sie darauf, dass diese sich schön ans Rohr anschmiegt. Zwischen dieser Scheibe und dem Rahmenrohr wird die Dichtscheibe eingebracht.

8 Drehen Sie die Kunststoff-Spreizmuffe zwei bis drei Umdrehungen auf und schieben Sie diese in die Bohrung, bis die Spreizarme komplett im Inneren liegen. Wenn Sie nur ein Gewinde erneuern, fixieren Sie den Flaschenhalter mit der zweiten Schraube nur lose am bestehenden Gewinde. Achten Sie darauf, dass Sie die Schraube der Spreizmuffe nicht versehentlich aufdrehen, sonst ist die Muffe im Inneren und lässt sich nur schwer wieder entfernen.

9 Halten Sie die gebogene Scheibe mit Daumen und Zeigefinger in der Position und drücken Sie gleichzeitig den Flaschenhalter vom Rahmen weg. So ist etwas Spannung im System, und die Spreizmuffe dreht sich nicht mit. Drehen Sie die Schraube mit dem Kugelkopf am langen Ende des Innensechskant-Schlüssels an. Das Anzugsdrehmoment beträgt nur einen Newtonmeter. Nehmen Sie den Schlüssel auf Ihre nächsten Touren mit.

Entwässerungsbohrungen im Rahmen

1 Ist an der Unterseite des Tretlagergehäuses eine Bohrung vorhanden, kann eingedrungenes Wasser ablaufen, der Rahmen trocknet von alleine aus. Früher war das üblich, viele Rahmenkonstrukteure haben diese alte Tugend des Stahlrahmenbaus aber offensichtlich vergessen.

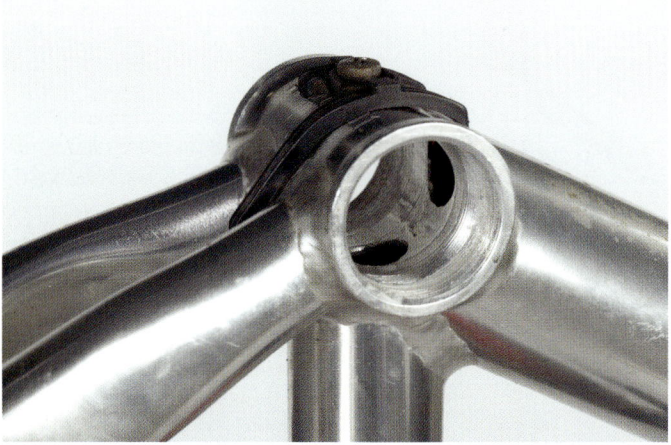

2 Ist das Loch verstopft, etwa durch zu viel Fett, müssen Sie die Kurbeln abziehen und das Innenlager demontieren. Säubern und trocknen Sie das Gehäuse gründlich. Öffnen Sie die verstopfte Bohrung und setzen Sie das Innenlager mit frischem Fett wieder ein.

3 Lösen Sie die Schraube der Schaltzugführung, schieben Sie das Teil zur Seite. Ist eine Bohrung vorhanden und die Züge laufen daran vorbei, können Sie ein Loch durch die Kunststoffführung bohren. Bei Carbonrahmen ohne Bohrung gibt's keine Abhilfe.

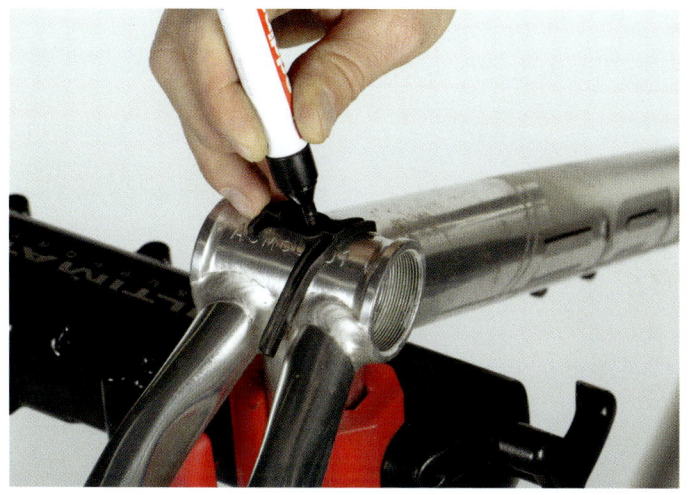

4 Muss ein Loch gebohrt werden, bleibt das Innenlager demontiert. Stellen Sie das Rad auf die Räder und zeichnen Sie den tiefsten Punkt am Tretlagergehäuse an. Drehen Sie das Rad wieder um und markieren Sie die Bohrstelle endgültig: Die Zugführung sollte sie nicht bedecken.

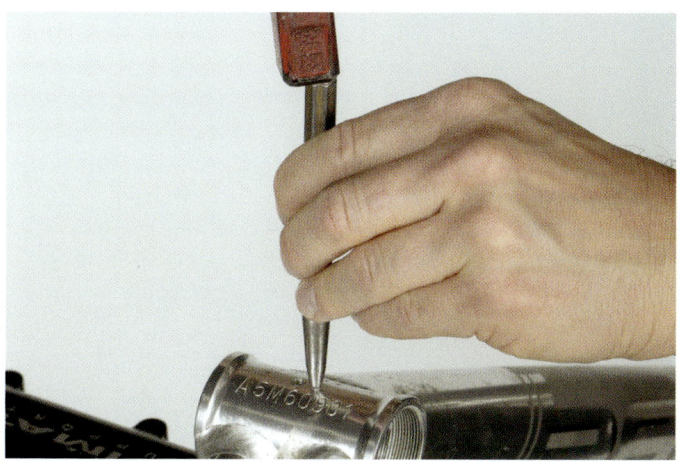

5 Spannen Sie den Rahmen in einen Montageständer oder klemmen Sie ihn an der Sattelstütze, wenn diese tief genug im Rahmen steckt. Oder Sie bitten jemanden, den Rahmen kurz festzuhalten. Körnen Sie die Bohrstelle an, damit der Bohrer nicht abrutscht.

6 Verstopfen Sie mit einem Lappen die Rohröffnungen im Tretlagergehäuse. Legen Sie zusätzlich ein Stück Holz hinein, in das der Bohrer laufen kann, nachdem er die Gehäusewand durchdrungen hat. So bricht er nicht so leicht ab. Bohren Sie ein etwa vier Millimeter großes Loch.

Entwässerungsbohrungen im Rahmen

7 Entgraten Sie die Bohrung außen mit einem Kegelsenker oder zumindest einem deutlich größeren Bohrer. Innen im Gehäuse entgraten Sie die Bohrung mit einem Dreikantschaber oder mit Schmirgelleinen. Reinigen Sie den Bereich gründlich.

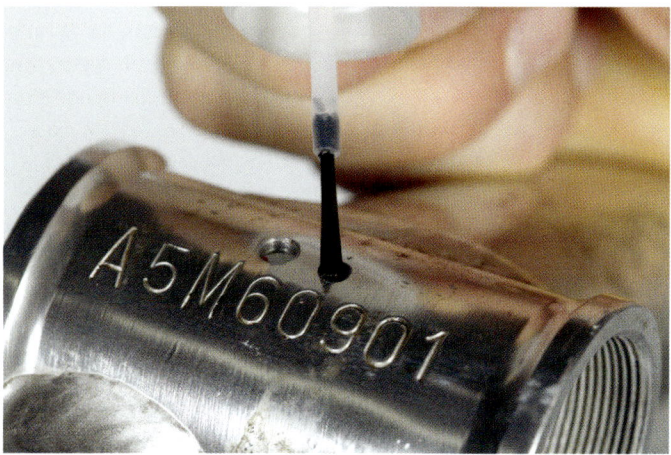

8 Versiegeln Sie die fettfreie Bohrung zuerst mit Grundierung, dann mit Lack, damit in diesem Bereich keine Korrosion ansetzen und den benachbarten Bereich unterwandern kann. Montieren Sie nach dem Ablüften des Lacks das Innenlager und die Kurbeln mit frischem Montagefett.

TIPPS

▸ Auch wenn Sie nur auf trockenen Straßen radeln: Wasser kann dennoch ins Rad eindringen, etwa beim Waschen oder beim Transport auf dem Autodach im Regen. Niederschlag bildet sich auch, wenn das kalte Rad in einen warmen Raum gebracht wird und die Feuchtigkeit der Luft kondensiert.

▸ Besten Schutz vor Wasser in Rahmen und Gabel durch Regenfahrten bieten vollwertige Schutzbleche.

▸ Stellen Sie Ihr Rad grundsätzlich in einem trockenen, gut belüfteten Raum ab, damit es innen wie außen gut abtrocknen kann.

▸ Bei Carbonrahmen besteht zwischen Rahmenrohren und Tretlagergehäuse keine Verbindung; ist keine Entwässerungsbohrung vorhanden, bringt es nichts, eine zu setzen. Hier hilft nur regelmäßiges Entleeren des Rahmens wie oben beschrieben.

Laufräder

1 Nicht nur Rahmen und Gabel, auch Laufräder können unbemerkt schwerer werden, wenn Spritzwasser, bedingt durch die Zentrifugalkraft des Rades, an den Speichen entlang und an den Nippeln vorbei in die Felgenkammern läuft. Hochprofilfelgen benötigen deshalb Entwässerungs-Bohrungen, manche Hersteller denken daran. Durch die kleine Öffnung läuft das meiste Wasser schon während der Fahrt ab – oder im Stand, wenn die Bohrung den tiefsten Punkt der Felge markiert.

2 Fehlt ein Loch, können Sie eines bohren. Die beste Stelle liegt unterhalb der Bremsflanke knapp unter dem Reifenbett, im Bereich der Hohlkammer. Ziehen Sie Reifen und Schlauch ab, um die Stelle zu orten. Körnen Sie die Stelle an und bohren Sie ein drei Millimeter großes Loch, entgraten und versiegeln Sie die Schnittstelle mit Lack.

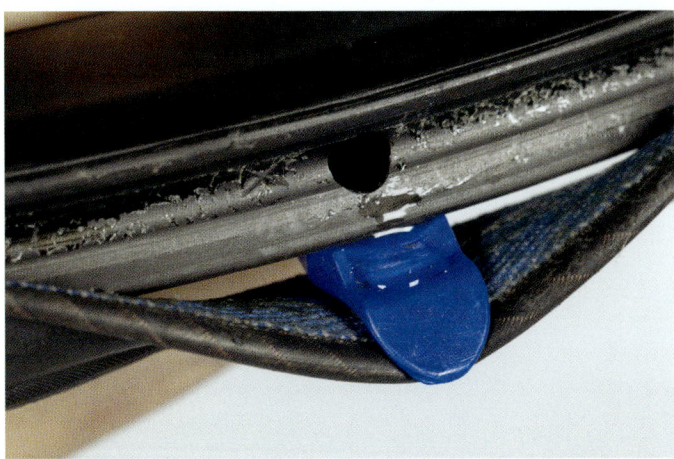

3 Es ist nicht ratsam, den Bohrer an Carbonfelgen anzusetzen. Einerseits ist es schwierig, die Hohlkammer der Felge zu treffen, andererseits kann der Faseraufbau beschädigt werden. Ziehen Sie stattdessen den Reifen an einer Speichenbohrung ab und lassen Sie das Wasser ablaufen.

Take off

Verreisen mit dem Rad will gelernt sein – oder zumindest gut vorbereitet. Hier gibt's die wichtigsten Tipps zum Transport Ihres Rades. Außerdem: die wichtigsten Notfallreparaturen – wenn doch mal was passiert.

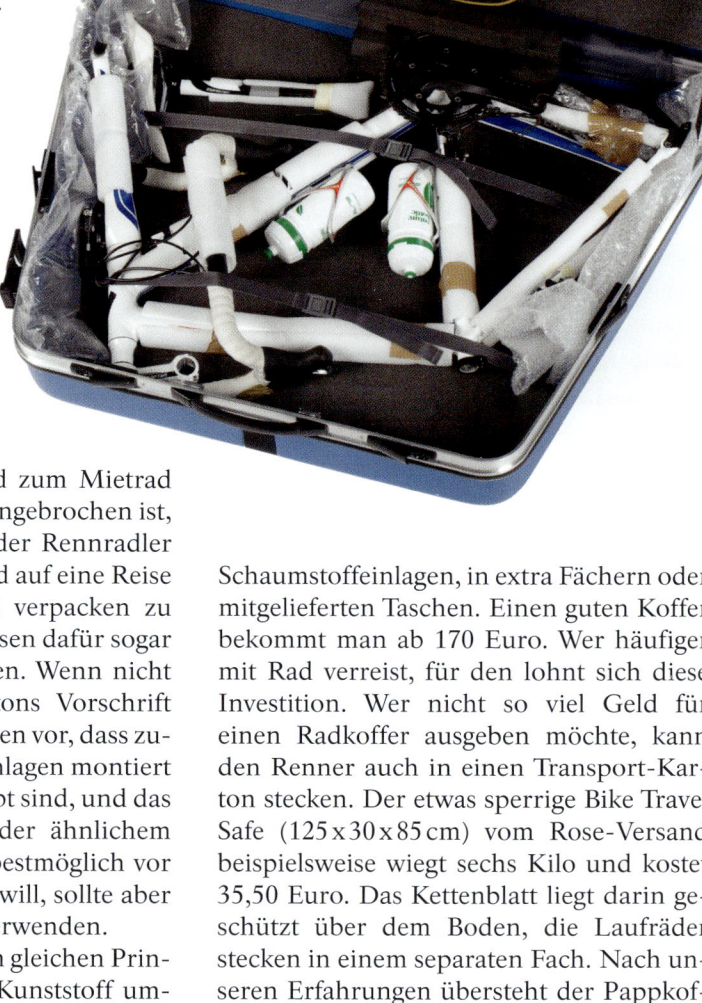

Auch wenn der Trend zum Mietrad fürs Trainingslager ungebrochen ist, kommt doch fast jeder Rennradler mal in die Situation, sein Rad auf eine Reise mitnehmen zu wollen und verpacken zu müssen. Bei Flugreisen müssen dafür sogar Vorschriften beachtet werden. Wenn nicht ohnehin Koffer oder Kartons Vorschrift sind, schreiben viele Fluglinien vor, dass zumindest der Lenker eingeschlagen montiert wird, die Pedale abgeschraubt sind, und das Rad mit Luftpolsterfolie oder ähnlichem verpackt ist. Wer sein Rad bestmöglich vor Transportschäden schützen will, sollte aber besser einen Spezialkoffer verwenden.

Radkoffer folgen alle dem gleichen Prinzip: Zwei Halbschalen aus Kunststoff umschließen das mehr oder weniger zerlegte Rad. Die Laufräder sind besonders geschützt, ruhen je nach Koffermodell hinter Schaumstoffeinlagen, in extra Fächern oder mitgelieferten Taschen. Einen guten Koffer bekommt man ab 170 Euro. Wer häufiger mit Rad verreist, für den lohnt sich diese Investition. Wer nicht so viel Geld für einen Radkoffer ausgeben möchte, kann den Renner auch in einen Transport-Karton stecken. Der etwas sperrige Bike Travel Safe (125 x 30 x 85 cm) vom Rose-Versand beispielsweise wiegt sechs Kilo und kostet 35,50 Euro. Das Kettenblatt liegt darin geschützt über dem Boden, die Laufräder stecken in einem separaten Fach. Nach unseren Erfahrungen übersteht der Pappkoffer mehrere Reisen – es sei denn, er wird auf dem Rollfeld nass; dann weicht er schnell durch. Im Internet finden sich auch Koffer-

FÜRS ABSTELLEN

▸ Schaumstoffrohre und Abstandshalter bekommen Sie meistens günstig oder gar kostenlos bei Ihrem Radhändler. Viele Hersteller verwenden solche Utensilien, um ihre Räder für den Transport zum Händler zu schützen.

▸ Radträger fürs Auto, die mit Halteklauen das Unter-, Sitz- oder Oberrohr fixieren, sind für Rennräder mit dünnwandigen Rohren ungeeignet. Die Klemmkräfte können das Rohr beschädigen – mitunter ohne dass man es sieht.

FÜR KLEINE DEFEKTE

▸ Nach einer Panne sollten Sie mit Bedacht weiterfahren. Provisorische Reparaturen, z. B. das erneute Vernieten einer Kette, können die optimale Funktion des Rades einschränken.

▸ Nach einem Sturz zurechtgebogene Bauteile, etwa wechselbare Schaltaugen, müssen sofort ersetzt werden, denn sie sind geschwächt und daher bruchgefährdet.

▸ Grundlage für eine defektfreie Fahrt ist die sorgfältige Erstmontage des Rades. Turnusmäßige Inspektionen, die in einer gut ausgerüsteten Werkstatt mit entsprechendem Fachwissen durchgeführt werden, gewährleisten, dass das Rad unanfällig gegen Defekte bleibt.

▸ Gerissene Bremszüge können prinzipiell auch, wie bei den Schaltzügen gezeigt, miteinander verbunden werden. Allerdings sollten Sie dies nur an der Hinterradbremse machen. Reißt der vordere Bremszug, tauschen Sie besser den Zug der Hinterradbremse an die wirkungsvollere Vorderradbremse!

FÜR RADKOFFER

▸ Ummantelter Kupferdraht aus Stromkabeln ist praktischer als Kabelbinder – er lässt sich leichter lösen und vielfach wiederverwenden.

▸ Der Weg zum Radhändler lohnt sich: Er wirft meistens weg, was Sie zum Verpacken benötigen.

▸ Leichte Kleidungsstücke, in Plastiktüten verpackt, eignen sich gut als zusätzliche Polsterung. Die clevere Aufteilung der Kleidung sichert außerdem das »Überleben« am Zielort, wenn eines der Gepäckstücke zu spät oder gar nicht eintrifft.

Verleiher, etwa unter *http://radkofferverleih. wordpress.com*. Die Kosten für eine Woche betragen 25 Euro (Kaution 200 Euro) plus 20 Euro Versand. Nach der Reise schickt man den Koffer zurück, beispielsweise per ePaket der DHL für 12,90 Euro. Verlust oder Beschädigung des Koffers sind vom Anbieter nicht versichert.

Ein Radkoffer wiegt gute zehn Kilo, etwa noch mal so viel kommen fürs Rad hinzu; da überschreitet man schnell die Gewichtsobergrenze für Sportgepäck von 20 Kilogramm, wie sie manche Fluglinien festlegen, und muss einen teuren Aufschlag für Übergepäck zahlen. Die meisten Airlines erlauben aber Sportgepäck bis zu 30 Kilo; das kann man eigentlich nur überschreiten, wenn man den Radkoffer mit Kleidung auspolstert – was einige Fluggesellschaften nicht dulden.

Melden Sie Ihr Rad außerdem möglichst früh an, am besten mit der Flugbuchung. Sonst kann es passieren, dass Sie zwar selbst einen Flug bekommen, aber alle Plätze für Radkoffer im Flieger schon belegt sind.

WERKZEUG

Innensechskante 4, 5, 6, 8 mm je nach Bedarf, Schlitzschraubendreher und Kettennietwerkzeug oder Minitool, ggf. spezifischer Zentrierschlüssel, Montierhebel und Pumpe, Drehmomentschlüssel, plus Bit-Set, Innensechskant-Set, Pedalschlüssel, Seitenschneider, Zentrierschlüssel
HILFSSTOFFE: Flickzeug, Kettenverschlussglied, Ventilverlängerung, Lüsterklemme, Reifenstück, Lappen, Kleingeld, Abstandshalter, Klebefolie, Schaumstoffrohre, Kettenöl, Kriechöl, Lappen, Montagefett, eventuell Montagepaste für Carbonteile
VERPACKUNGSMATERIAL: Ausfallenden-Abstandshalter, Isolierrohre, Karton, Kupferdraht, Luftfolie, Nabenschützer aus Kunststoff, Spanngurte

Abstellen – so nicht

1 Lehnen Sie Ihr Fahrrad nie mit dem Oberrohr gegen ein Geländer, ein Straßenschild oder ähnliches. Der Lenker kann einschlagen, das Rad rollt weg, das Oberrohr wird beschädigt.

2 Stellen Sie das Fahrrad nicht mit dem Pedal als Stütze gegen eine Mauer. Die Kurbel kann sich rückwärts drehen, das Fahrrad rollt und fällt um.

3 Verkeilen Sie das Rad auch nicht mit dem Pedal gegen den Randstein. Dabei zerkratzen nicht nur das Pedal und die Kurbel, sondern das Rad kippt auch extrem leicht um.

Abstellen – so geht's

1 Lehnen Sie das Hinterrad gegen den Pfosten. Die Reibung des Reifens vermeidet, dass das Rennrad losrollt und kippt. Profimechaniker stellen so eine ganze Reihe von Rennmaschinen auf engstem Raum an einer Hauswand ab.

2 Lehnen Sie Sattel und Lenker an eine Wand oder eine breitere Säule. Auch hier sichert die Reibung der Kontaktflächen den soliden Stand.

3 Wenn Ihnen der Stand nicht sicher erscheint, hilft der Trick, eine Bremse zuzudrehen. Öffnen Sie den Bremsentspannhebel, drehen Sie die Zugspannschraube einige Umdrehungen heraus und schließen Sie den Entspannhebel wieder.

Abstellen und lagern – aber sicher

1 Stellen Sie Ihr Rennrad zu Hause in einem geeigneten Fahrradständer ab. Die früher üblichen Dreibeinständer zerkratzen voluminöse Rahmenrohre. Besser geeignet sind Ständer, die das Hinterrad aufnehmen. Kontrollieren Sie bei längeren Standzeiten regelmäßig den Reifendruck.

2 Am sichersten ist es, das Rennrad an einem mit Gummi oder Kunststoff geschützten Haken aufzuhängen. Die Reifen sind entlastet und leiden auch bei längeren Standzeiten nicht. Aber: Nicht alle aerodynamischen Felgen sind zum Aufhängen geeignet; insbesondere Carbonfelgen können beschädigt werden.

3 Egal, für welche Methode Sie sich entscheiden: Wenn Sie ganz sichergehen wollen, schützen Sie den Rahmen immer mit Schaumstoffrohren – vor allem das Oberrohr.

Transportieren und verpacken – im Auto

1 Setzen Sie stets sofort Abstandshalter ein, wenn Sie die Laufräder ausbauen. Das vermeidet, dass die Ausfallenden beschädigt werden, dass sie den Untergrund zerkratzen und dass Gabel und Hinterbau versehentlich zusammengedrückt werden.

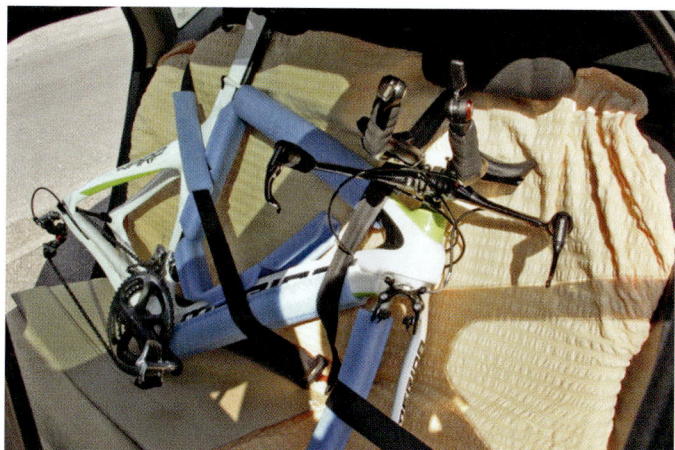

2 Transportieren Sie das mit Schaumstoffrohren geschützte Rad wenn möglich aufrecht stehend und in einem speziellen Befestigungssystem. Sollte dies nicht möglich sein, sichern Sie das Fahrrad mit Sicherheitsgurten oder Packriemen gegen Verrutschen.

3 Wenn Sie das Fahrrad liegend transportieren müssen, legen Sie nichts auf den Rahmen. Demontieren Sie die Schnellspanner aus den Naben und stellen Sie die ausgebauten Laufräder in Laufradtaschen neben das Rad.

Transport im Radkoffer

1 Markieren Sie die Einstecktiefe der Sattelstütze mit einem Klebestreifen, das erleichtert die spätere Einstellung der Sitzhöhe. Öffnen Sie die Stützenklemmschraube am Rahmen und ziehen Sie die Stütze heraus. Drehen Sie die Klemme so fest an, dass sie gerade sicher am Rohr hält.

2 Säubern Sie die Stütze und schützen Sie sie mit Iso-Rohr. Schrauben Sie die Pedale ab: Das linke Pedal weist ein Linksgewinde auf, wird also im Uhrzeigersinn geöffnet. Achtung: Pedale können sich ruckartig lösen, verwenden Sie deshalb einen gekröpften Schlüssel und setzen Sie das Werkzeug so an, dass sich die Hand von den spitzen Zähnen wegbewegt, wenn Sie das Pedal losdrehen.

3 Schalten Sie aufs große Kettenblatt und das kleinste Ritzel. Öffnen Sie die Bremsen-Entspannhebel, bauen Sie Vorder- und Hinterrad aus. Drehen Sie die Kurbel parallel zur Kettenstrebe und fixieren Sie das Pedalauge mit Draht an der mit Iso-Rohr geschützten Kettenstrebe. Fixieren Sie auch die Kette am Kettenblatt. So verursacht sie keine Kratzer und deckt die scharfen Kettenblattzähne ein wenig ab.

4 Drehen Sie das Schaltwerk etwas nach hinten und halten Sie es mit einer Hand weiter fest, damit es durch die Federspannung nicht unkontrolliert abfällt, wenn Sie die Schraube lösen. Verpacken Sie das demontierte Schaltwerk und binden Sie es mit Kupferdraht etwa in die Mitte der geschützten Strebe.

5 Stecken Sie einen Abstandshalter aus Kunststoff in die Ausfallenden der Gabel. Schieben Sie einen breiten Abstandshalter in die Radachsenaufnahmen des Hinterbaus. Fixieren Sie die Halter mit Kabelbindern oder Kupferdraht an den Kettenstreben beziehungsweise an den Ausfallenden.

6 Lösen und demontieren Sie die Ahead-Justierschraube samt Deckel. Öffnen Sie die Gabelschaftklemmung am Vorbau zwei bis drei Umdrehungen. Ziehen Sie den jetzt beweglichen Vorbau samt Lenker vom Schaft. Schieben Sie anstelle des Vorbaus Spacer auf, die Sie mit dem Deckel sichern. Rahmen und Gabel bleiben eine Einheit, und Sie reduzieren das Packmaß.

Transport im Radkoffer

7 Stecken Sie die Bidons in die Flaschenhalter. Schützen Sie den gesamten Rahmen entweder mit Iso-Rohren oder Luftpolsterfolie. Heben Sie den Rahmen in den Koffer. Die Lenker-Vorbaueinheit sollte nicht mit einem Rahmenrohr oder der Gabel kollidieren, die Bowdenzüge sollten nicht geknickt werden. Schützen Sie kritische Bereiche zusätzlich mit Schaumstoff.

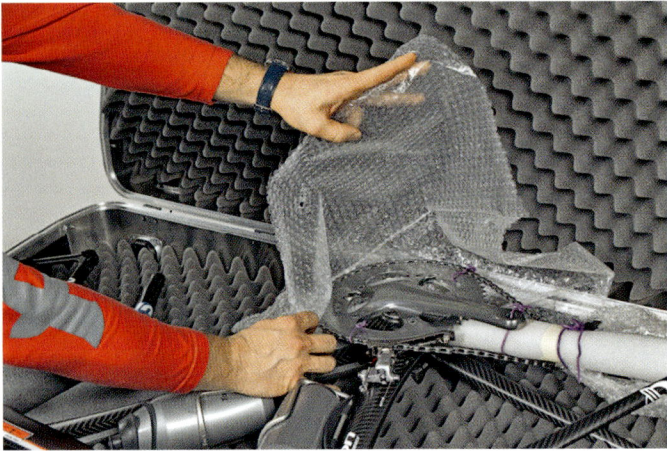

8 Wickeln Sie den gesamten Antriebsstrang in Luftpolsterfolie ein, sodass die immer etwas ölige Kette von der restlichen Fracht isoliert ist. Legen Sie die Sattelstütze an eine günstige Stelle.

9 Stecken Sie ein solides Stück Karton zwischen den Koffer und das große Kettenblatt. So vermeiden Sie, dass Kettenblatt und/oder Radkoffer beschädigt werden.

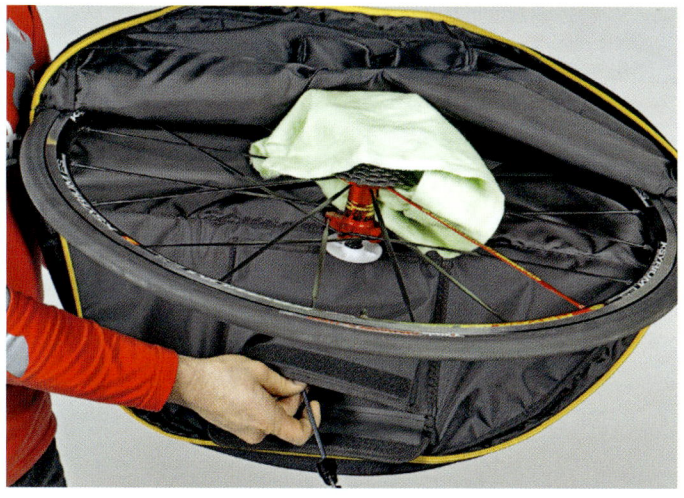

10 Entfernen Sie die Schnellspanner aus den Naben und verpacken Sie die Laufräder in Taschen oder Luftpolsterfolie. Nabenschützer aus Kunststoff vermeiden einigermaßen zuverlässig, dass sich die Achsen durch die Verpackung drücken. Ein Lappen über dem Zahnkranz verhindert, dass die Verpackung verschmutzt und leistet später gute Dienste für die Radpflege.

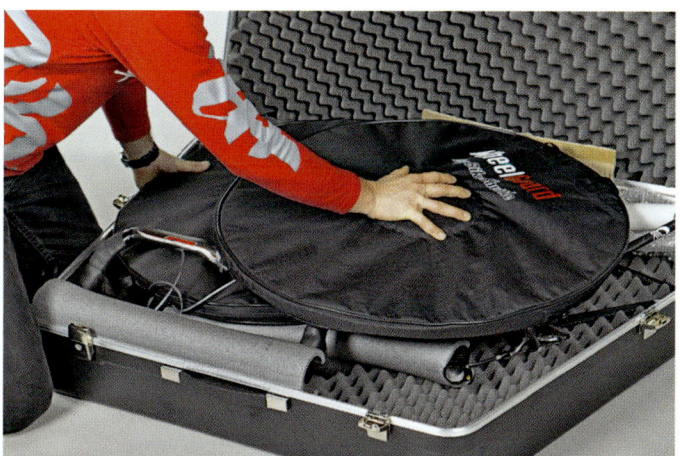

11 Legen Sie die verpackten Laufräder in den Koffer, den Zahnkranz nach innen, im Bereich des Rahmendreiecks, wo er keinen Schaden anrichten kann. Packen Sie Schnellspanner, Pedale, das verwendete Werkzeug, Lappen, Ketten- und Kriechöl zur Pflege in einen kleinen Karton, falls nicht Ihre Laufradtaschen spezielle Fächer dafür aufweisen. Vergessen Sie Luftpumpe und Satteltäschchen nicht.

12 Schließen Sie den noch liegenden Koffer und kontrollieren Sie, dass nichts eingeklemmt wird. Stellen Sie den Koffer auf und schlingen Sie einen Riemen um das gesamte Gepäckstück. Sollten die Schlösser versagen, hält immer noch der Spanngurt die Fracht zusammen.

Notfallreparaturen – Schaltzug

1 Beim Umwerfer ist ein Zugriss nicht so tragisch, da der Werfer automatisch auf das kleine Blatt schaltet. Weiterfahren ist kein Problem. Das hintere Schaltwerk schwenkt jedoch nach einem Zugriss nach außen, die Kette läuft auf dem schwersten Gang. In ebenem bis welligem Gelände kann es ausreichen, das Schaltwerk mit der Endanschlagschraube so weit es geht nach innen zu stellen, um einen etwas kleineren Gang aufzulegen.

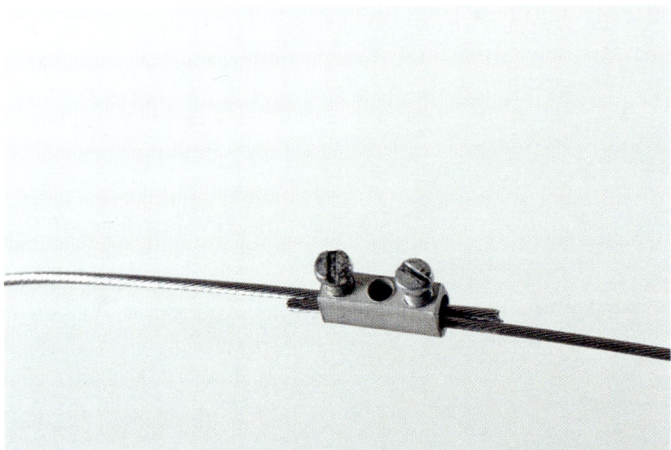

2 Mit einer von der Isolierung befreiten Lüsterklemme können gerissene Zugenden möglicherweise geklemmt werden, wenn sie nicht zu kurz sind oder in der Zughülle liegen. Lösen Sie die Zugklemmschrauben und ziehen Sie das hintere Teil des Zuges nach vorne, sodass sich die Enden innerhalb der Lüsterklemme überlappen. Drehen Sie die Schrauben an Lüsterklemme und Schaltwerk fest und stellen Sie die Schaltung ein.

3 Ist die Verbindung nicht mehr zu schaffen, schieben Sie die Lüsterklemme auf den Zug und ganz bis zum Anschlag an der Kettenstrebe. Drücken Sie das Schaltwerk von Hand nach innen und ziehen Sie den Zug so weit, dass ein mittlerer Gang aufliegt. Fixieren Sie den Zug in dieser Stellung, indem Sie beide Schrauben der Lüsterklemme zudrehen. Justieren Sie an der Spannschraube am Schaltwerk nach, damit die Kette nicht rasselt.

Steife Kettenglieder beweglich machen

1 Springt beim Treten das Schaltwerk oder tanzt die Kette plötzlich zwischen den Ritzeln, deutet dies auf ein steifes Kettenglied hin. Taucht dieses Phänomen nach ungefähr jeder zweiten Kurbelumdrehung auf, ist dies ein noch deutlicheres Indiz. Steigen Sie ab und drehen Sie die Kurbel langsam rückwärts. Das steife Glied macht sich durch Rucken am Schaltwerk bemerkbar und läuft leicht geknickt an der Kettenleitrolle heraus.

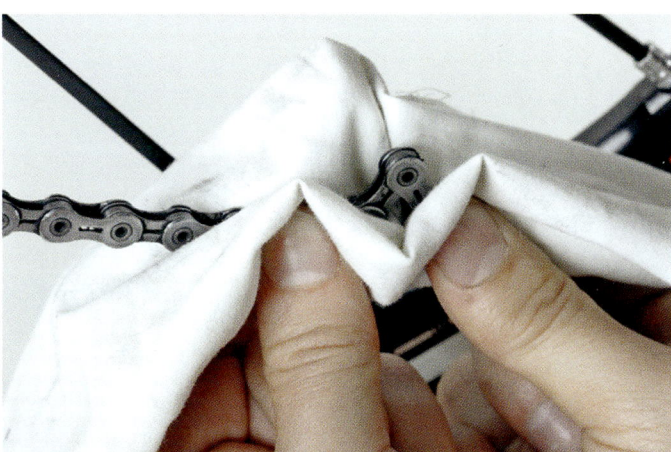

2 Ursachen wie schlechte Schmierung oder ein Kettenklemmer können nicht mehr behoben werden, wohl aber die Folge. Drehen Sie die Kette, bis das starre Gelenk der Kette an einer Position ist, an der Sie mit beiden Händen zugreifen können. Legen Sie den Lappen wie im Bild um die Kette und biegen Sie die Kette links und rechts des starren Gelenks quer zur Laufrichtung hin und her.

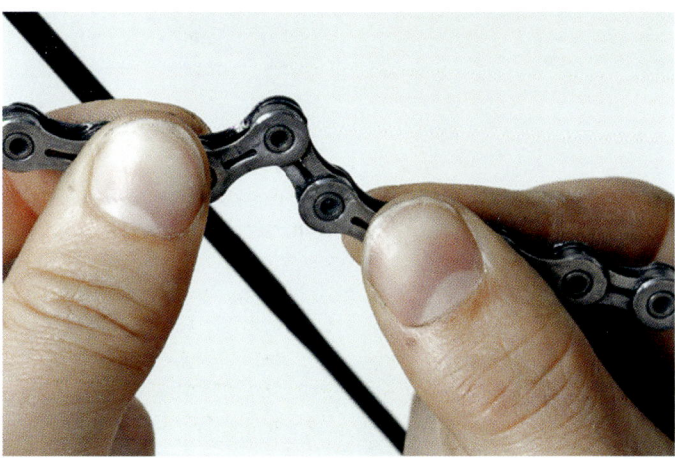

3 Schieben Sie zur Prüfung das Kettenglied zusammen und lassen Sie die Kette wieder los. Wird das Glied von der Spannung der Kette vollständig auseinander gezogen, ist die Kette wieder einsatzbereit. Drehen Sie zur Sicherheit die Kurbeln ein paar Umdrehungen rückwärts. Wichtig: Kontrollieren Sie die Vernietung an dieser Stelle darauf, ob die Laschen innen und außen noch unbeschädigt, nicht verbogen oder eingerissen sind.

Gerissene Ketten wieder verschließen

1 Reißt die Kette oder geht ein Niet auf, müssen Sie die Kette wieder schließen. Provisorien mit Stein und Nagel etc. scheitern bei modernen Zehn- und Elffach-Ketten. Zu filigran sind die Gliederstränge, zu gering ist der Platz zwischen den Ritzeln, als dass an der Kette etwas überstehen dürfte.

2 Drücken Sie die Bolzen defekter Kettenglieder mit einem Nietendrücker ganz heraus. Achten Sie darauf, dass zwei Paar Innenlaschen verbleiben. Entfernen Sie nur das Paar Außenlaschen, bleibt die richtige Länge erhalten, wenn Sie die Kette mit einem passenden Kettenschloss etwa von KMC, SRAM oder Wippermann verschließen.

3 KMC- und Wippermann-Schlösser können einfach zusammengefügt und straff gezogen werden. SRAM-Kettenschlösser müssen nach dem Zusammenstecken mit Druck aufs Pedal geschlossen werden.

Reifenschäden

1 Gelegentlich wird die Reifenkarkasse durch Steine oder Scherben zerschnitten oder bei einem heftigen Durchschlag zerquetscht. Zieht man lediglich einen neuen Schlauch ein, drückt sich dieser durch die Öffnung, bildet eine Blase und platzt. Hier hilft das Stück eines alten Reifens, das Sie unter den schadhaften Bereich legen.

2 Trennen Sie mit Schere oder Seitenschneider ein gut fünf Zentimeter langes Stück aus einem alten Reifen heraus, schneiden Sie die Reifenkerne so knapp wie möglich ab. Damit die Einlage möglichst wenig aufträgt, sollte die Gummilauffläche entfernt werden. Dies gelingt mit einer Raspel oder einfacher mit einem Bandschleifer mit grobem Schmirgelleinen. Wichtig: Montieren Sie den reparierten Reifen zu Ihrer Sicherheit auf das Hinterrad.

Zentrierschlüssel

1 Ist eine Speiche auf der Zahnkranzseite gebrochen, lässt sich diese nicht entfernen; wickeln Sie sie stattdessen sorgfältig um die benachbarten Speichen. Ziehen Sie die benachbarten Speichen der gleichen Seite an, damit die Felge zumindest nicht an Rahmen und geöffneter Bremse streift. Nutzen Sie die Bremsbeläge als optische Zentrierhilfe, um die Felge mittig zu positionieren.

Start klar?

Nichts ist beim Marathon ärgerlicher, als wegen eines vermeidbaren technischen Defekts im Besenwagen zu landen. Wir zeigen Ihnen die wichtigsten Handgriffe vor dem Start, damit Ihnen das nicht passiert.

Never change a winnig team! In abge-wandelter Form gilt dieser Spruch nicht nur fürs Personal, sondern auch fürs Material: Ändern Sie nicht kurz vor dem Wettkampf wesentliche Dinge an Ihrem Rad! Sie wären damit zwar durchaus in der Gesellschaft selbst von Profisportlern, aber Sie müssen denen ja nicht unbedingt darin nacheifern, mit neuem, ungewohn-tem Material eine bessere Platzierung zu verschenken.

Auch wenn die Verlockung groß ist, sich zum Jahreshöhepunkt etwa neue Aero-Laufräder zu gönnen: Fast immer erfordert ein anderer Laufradsatz mindestens die neue Einstellung der Bremsbeläge und die Justage der Schaltung. Wer das nicht be-denkt, ärgert sich möglicherweise während der gesamten Marathondistanz über ein ratterndes Getriebe und setzt vielleicht so-gar seine Sicherheit aufs Spiel, wenn die Bremsbeläge nicht exakt auf die Bremsflan-ken treffen, stattdessen aber die Reifenflan-ke touchieren und damit einen kapitalen Reifenplatzer riskieren!

Zwei Ausfahrten vor dem Wettkampf

1 Setzen Sie Ihre Wett-kampf-Laufräder ein. Kontrollieren Sie deren mittigen Sitz, indem Sie frontal von vorne über die Ober-kante des Reifens auf die Mitte der Gabel peilen. Die beiden Bremsbeläge müssen den gleichen Abstand zur Bremsflanke auf-weisen.

2 Kontrollieren Sie die Bremsbeläge und ersetzen Sie verschlissene oder schief abgenutzte Beläge. Wichtig: Schon ein Marathon in den Bergen bei Regen reicht, um selbst neue Bremsbeläge vollständig abzunutzen. Montieren Sie deshalb insbesondere für Carbonfelgen vor dem Wettampf neue Beläge.

Eine Woche vor dem Wettkampf

4 Lassen Sie beide Räder frei drehen, um den Rundlauf zu prüfen. Beobachten Sie den Spalt zwischen Bremsbelag und Felge. Verändert sich der Spalt stark, lassen Sie die Laufräder nachzentrieren. Schauen Sie auch, ob die Reifen in gutem Zustand sind und kein Fremdkörper in der Lauffläche steckt. Tauschen Sie Reifen aus, wenn Seitenwände aufgerieben oder aufgeschnitten sind.

3 Die Beläge müssen links und rechts gleichzeitig und mit ganzer Fläche die Felge treffen. Korrigieren Sie auch die Belagsposition und die Mittenstellung der Bremse. Werfen Sie außerdem einen Blick auf die Bremszüge. Sind diese an der Verschraubung oder oben am Bremshebel aufgerieben oder aufgesplissen, ist es höchste Zeit für den Austausch.

5 Prüfen Sie den Verschleißgrad der Kette mit einer geeigneten Messlehre an mindestens drei Stellen. Ist die Kette noch in Ordnung, reinigen Sie diese mit einem Baumwolltuch von Schmutz und verkrustetem Öl. Träufeln Sie frisches Öl auf, das Sie nach mehrmaligem Durchdrehen der Kette über Nacht in die Glieder einziehen lassen sollten, bevor Sie überschüssigen Schmierstoff wieder abreiben.

6 Haben Sie Laufräder getauscht oder ist Ihr Rad in der Hektik vor dem Start umgekippt? Dann überprüfen Sie unbedingt die Schaltung! Wer das unterlässt, riskiert sonst verbogene oder abgerissene Schaltaugen und zerstörte Hinterräder. Lassen Sie einen Helfer das Rad hochheben, schalten Sie vorsichtig die Gänge durch. Achten Sie darauf, dass das Schaltwerk den Speichen nicht zu nahe kommt, wenn die Kette auf die größeren Ritzel klettert. Drücken Sie im ersten Gang gegen das Schaltwerk, um sicherzugehen, dass die Kette nicht über das größte Ritzel hinausklettert.

7 Halten Sie die Finger einer Hand oben so ans Lenkungslager, dass Sie den Rahmen und die obere Abdeckung umgreifen. Sie spüren das, wenn Sie etwas am Lenker drehen. Ziehen Sie mit der anderen Hand die Vorderradbremse. Belasten Sie den Sattel mit dem Oberkörper und versuchen Sie das Fahrrad vor und zurück zu schieben. Wenn sich die Lagerschale etwas gegen den Rahmen bewegt, hat das Lager Spiel und muss dringend eingestellt werden.

8 Kontrollieren Sie die Pedalplatten Ihrer Schuhe. Kunststoffplatten von Campa, Look, Shimano und anderen verschleißen mit der Zeit. Die dünne Plattennase kann dann unter Last unvermittelt brechen. Sind die Verschleißindikatoren – in der Regel Sacklöcher (mit der Kugelschreiberspitze angezeigt) – nicht mehr zu sehen oder läuft die Platte an den Kontaktpunkten zum Pedal messerscharf zu, gehören neue Platten an den Schuh. Reinigen und schmieren Sie den Auslösemechanismus zum Beispiel bei Speedplay-Pedalen.

Zwei Ausfahrten vor dem Wettkampf

9 Ein Pannen-Set ist beim Marathon Pflicht. Montieren Sie zumindest eine Mini-Luftpumpe oder ein CO_2-Patronen-Set am Rahmen und hängen Sie ein Satteltäschchen, gefüllt mit Minimalwerkzeug, zwei Reifen-Montierhebeln, Schlauch und einem Lappen unter den Sattel.

10 Nehmen Sie einen neuen Schlauch mit, dessen Ventillänge zur Felgenhöhe passt. Der Ventilschaft ohne Rändelmutter sollte mindestens 10 bis 15 Millimeter überstehen, je nach Pumpentyp. Das gilt auch für Schlauchreifen. Montieren Sie auch auf den Ersatzreifen eine Ventilverlängerung.

11 Prüfen Sie den Zustand der Akkus und Batterien an Ihrem Rad und in Ihrem Pulsgurt. Laden Sie Akkus auf und wechseln Sie Batterien, wenn Sie nicht mehr wissen, wann der letzte Wechsel war.

Vor dem Start

1 Montieren Sie zum Transport demontierte Laufräder wieder in den Rahmen. Achten Sie darauf, dass beide Laufräder mittig in Rahmen beziehungsweise Gabel stehen. Lassen Sie beide Räder frei drehen, um zu prüfen, ob diese an den Bremsen schleifen. Seitlich oder nach hinten abstehende Schnellspanner (wie im Bild) sind gefährlich, weil sich ein Laufrad eines Mitradlers darin verhaken kann. Geschlossene Schnellspanner schmiegen sich an Gabel oder Rahmen an.

2 Beachten Sie, dass Sie Spanner, die im geschlossenen Zustand auf dem Rohr aufliegen, nur schwer wieder öffnen können, zum Beispiel mit kalten Händen. Kontrollieren Sie den festen Sitz der Schnellspanner, indem Sie versuchen, Hebel und Mutter um die Achse zu verdrehen.

3 Kontrollieren Sie den Reifendruck. Erfahrenen Radlern reicht die Daumenprobe, korrekt einstellen lässt sich der Luftdruck aber nur mittels Manometer-Pumpe. Faustregel für einen guten Kompromiss aus Komfort, Pannenschutz und Rollwiderstand: Fahrergewicht in Kilogramm, geteilt durch zehn, diesen Wert in Bar. Überschreiten Sie aber in keinem Fall den maximal zulässigen Druck, den der Hersteller auf der Reifenflanke angibt.

Vor dem Start

4 Machen Sie eine Bremsprobe im Stand, indem Sie die Bremshebel erst gefühlvoll und dann mit Kraft zum Lenker ziehen. Die Beläge sollten nach gleichem Hebelweg und mit definiertem Druckpunkt an der Felge anliegen. Bei größerer Kraft sollten sich die Hebel nicht bis zum Lenker durchziehen lassen! Alle vier Bremsbeläge müssen die Felgenflanken ganzflächig treffen. Sie dürfen die Reifen nicht berühren.

5 Wenn bei Campagnolo die Hebel ungleichmäßig weit weg stehen, oder der Weg bis zum Druckpunkt unterschiedlich lang ist, kann das am Entspannstift liegen, der zur Raddemontage ausgelöst war. Ziehen Sie den Bremshebel leicht und schieben Sie den Stift zur anderen Seite. War's das nicht, stellen Sie die Zugspannung an der Bremse etwas nach.

6 Bei Shimano und SRAM schließen Sie den Entspannhebel direkt am Bremskörper. Reicht das für einen gleichmäßigen Druckpunkt beider Hebel nicht aus, stellen Sie auch hier an der Spannschraube direkt am Bremskörper nach.

7 Stellen Sie sich vor das Rad und stützen Sie sich auf die Bremsgriffe am Lenker. Der Lenker darf sich dabei nicht verdrehen.
Beachten Sie, dass die Schrauben nicht unbedacht angezogen werden können, bis der Lenker fest ist. Halten Sie die Drehmomentangaben ein und forschen Sie nach den Ursachen, wenn die Verschraubung nicht hält. Oft vereitelt Fett im Klemmbereich den korrekten Sitz.

8 Klemmen Sie das Vorderrad zwischen die Knie und versuchen Sie, den Lenker nach beiden Seiten zu verdrehen. So prüfen Sie, ob der Vorbau fest in – beziehungsweise auf – der Gabel sitzt. Ziehen Sie auch hier mit Bedacht nach, damit Sie den sensiblen Gabelschaft nicht zerdrücken.

9 Packen Sie den Sattel vorn und hinten und belasten Sie ihn abwechselnd. Selbst bei höchster Kraftanstrengung darf sich am Klemmkopf nichts bewegen. Bei Stützen mit einer Befestigungsschraube benötigt diese meist ein hohes Drehmoment, das kein Bordwerkzeug erreicht. Verwenden Sie zur Kontrolle einen Drehmomentschlüssel.

Schneefräse

Sie können im Winter Ihren alten Dritt-Renner aus dem Keller holen und zum Viert-Renner verschleißen – oder mal ein paar Gedanken daran verschwenden, ein richtig gutes Winterrad auf die Reifen zu stellen: So eins wie dieses, das TOUR exemplarisch aufgebaut hat. Damit wird allerdings auch der letzte Grund für winterliche Radelfaulheit hinfällig ...

① Komponenten

Nässe, Straßenschmutz und Salz setzen Antriebsstrang und Anbauteilen mächtig zu. Bei preiswerten Komponenten wie Shimanos 105, deren Funktion auf Spitzenniveau liegt, schmerzt es nicht ganz so, wenn etwas häufiger Ersatz ansteht. Mountainbike-Pedale sind bei widrigen Bedingungen einfacher als Rennradpedale zu betreten – und vor allem von beiden Seiten. Dazu passende Mountainbike-Winterschuhe machen das Gehen auf winterlich glattem Untergrund sicherer.

▸ Shimano 105-Gruppe; Pedale: Shimano SPD-PDM 520, www.paul-lange.de

② Scheiben-bremsen

Shimanos seilzuggesteuerte Bremse ist im Winter ein Segen, denn sie spricht bei Nässe besser an, verschleißt die Felgen nicht, und es entsteht kein schlammiger Alu-Abrieb, der alles verdreckt. Die korrosionsarmen Streben des hinteren Schutzbleches müssen allerdings per Hand um den Bremssattel gebogen werden. Konsequent: nichtrostende V2A-Schrauben zur Befestigung der Anbauteile.

▸ Shimano BR-R505, SM-RT64 (160 mm), www.paul-lange.de

❸ Rahmen

Titan korrodiert nicht – dadurch behält der Rahmen selbst im härtesten Wintereinsatz sein schönes Äußeres. Auch die Komponenten lassen sich bei einem in Zukunft notwendigen Tausch leicht demontieren.

▸ Lynskey Cooper CX Disc, Sonderanfertigung, www.lynskeyperformance.eu

Lenkkopfsteifigkeit: 75 Nm/°
Tretlagersteifigkeit: 51 N/mm
Komfort: 228 N/mm
Gewicht: 1521 Gramm
Gabel: Wound Up X Disc
Seitensteifigkeit: 68 N/mm
Komfort: 68 N/mm
Gewicht: 678 Gramm

❹ Reifen

Eine Reifenpanne macht im Winter überhaupt keinen Spaß. Ein pannensicherer Reifen mit dem nötigen Volumen gegen Durchschläge ist deshalb trotz einiger Gramm Mehrgewicht erste Wahl. Wenn Glätte droht, werden diese durch Reifen mit Spikes ersetzt (z. B. Nordic Spike von Conti). Gut fürs Gesehenwerden in der grauen Zeit ist ein integrierter Reflexstreifen. Rennradfelgen für Scheibenbremslaufräder sind derzeit noch selten, je nach Verfügbarkeit muss man sich mit normalen Felgen und Bremsfläche behelfen.

▸ Continental Cyclocross Plus Reflex

❺ Schutzbleche

Handelsübliche Radschützer sind – meist aus optischen Gründen – viel zu kurz. Spritzwasser vom Vorderreifen trifft ungehindert auf Füße und Rad. Die Lösung ist ein selbstgefertigter Spritzlappen aus einem alten Reifen. Der wird passend zugeschnitten und mit Kabelbindern befestigt. So wirbelt wenig Wasser hoch, und der nachgiebige Gummilappen behindert auch beim Überfahren eines Randsteins nicht.

▸ SKS Bluemels B35, www.sks-germany.com

❻ Licht

Die StVZO ist kein Hindernis mehr für helles Licht am Rad: Der Diodenscheinwerfer Edelux von SON leuchtet die Straße auch bei zügigem Rennradtempo so gut aus, dass keine Schlaglöcher verborgen bleiben. Hinten verrichtet das Diodenrücklicht Seculite Plus von Busch & Müller seinen Dienst, das, doppelt verkabelt, über den Dynamo gespeist wird und im Stand genauso nachleuchtet wie der vordere Scheinwerfer. So wird kein Training mehr durch die Akkulebensdauer begrenzt.

▸ Edelux mit Sensor und Standlicht, www.nabendynamo.de
▸ Seculite Plus, www.bumm.de

❼ Dynamo

Der Nabendynamo SONdelux ist der leichteste seiner Art, sehr langlebig, und er fügt sich unauffällig ins Gesamtbild. Für ein preisgünstiges und haltbares Winterlaufrad sind 32 Speichen, dreifach gekreuzt, empfehlenswert. Im Falle eines Speichenbruchs gerät das Spannungsgefüge weniger in Unordnung als bei Systemlaufrädern. Weiterfahren ist auch dank der Scheibenbremse so gut wie immer möglich, die Reparatur einfach und preiswert.

▸ SONdelux disc (mit Shimano Centerlock-Aufnahme), www.nabendynamo.de

Das individuelle Winterrad

1 Mit ein paar cleveren An- und Umbauten wird Ihr Renner – oder ein spezielles Winterrad – fit für schlechtes Wetter. Wichtigstes Utensil: Schutzbleche. Die Bleche Ihrer Wahl sollten sich bestmöglich an Gabel und Hinterbau anpassen. Schrauben Sie die Bremse ab, legen Sie das gewinkelte Halteblech unter den Bremsbolzen auf der Gabelvorderseite.

2 Schieben Sie einen hinteren (langen) Schützer durch. Biegen Sie die Laschen zuerst nur so weit zu, dass Sie das Laufrad montieren und das Blech noch verschieben können. Der Schützer sollte hinten etwa zehn Zentimeter über dem Boden enden, nach vorne mindestens 15 Zentimeter über die Laufradmitte hinausragen. Drücken Sie dann die Laschen zu.

3 Schrauben Sie die Streben des vorderen Schützers nur mit so genannten Schutzblech-Sicherungen an, die den Schützer in kritischen Situationen freigeben. Erst wenn alles sitzt und festgeschraubt ist, zwicken Sie die am Schutzblech überstehenden Strebenenden ab. Verwenden Sie bei Rahmen ohne Gewindeösen Klemmschellen wie in Bild 11 beschrieben.

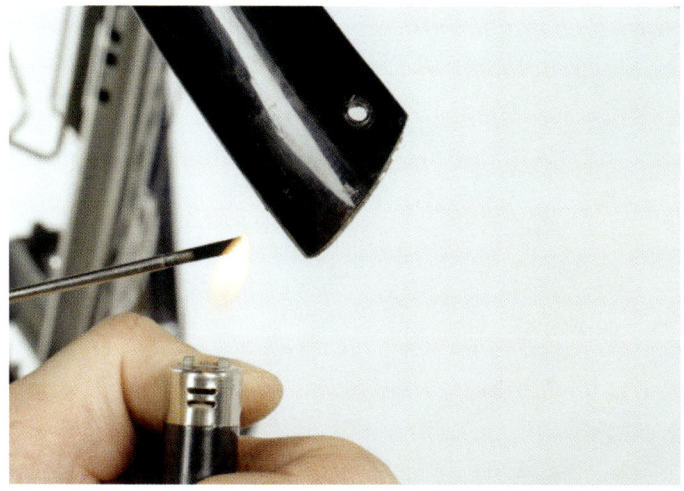

4 Um Spritzlappen zu ergänzen, müssen Sie am Ende des Schützers Löcher anbringen. Schmelzen Sie die mit der erhitzten Klinge eines Schraubendrehers hinein; bei dieser Methode wird der Lochrand gleich verstärkt, es entstehen keine scharfen Grate. Für Kabelbinder kann man ein genau ausgerichtetes Loch in der richtigen Größe erzeugen.

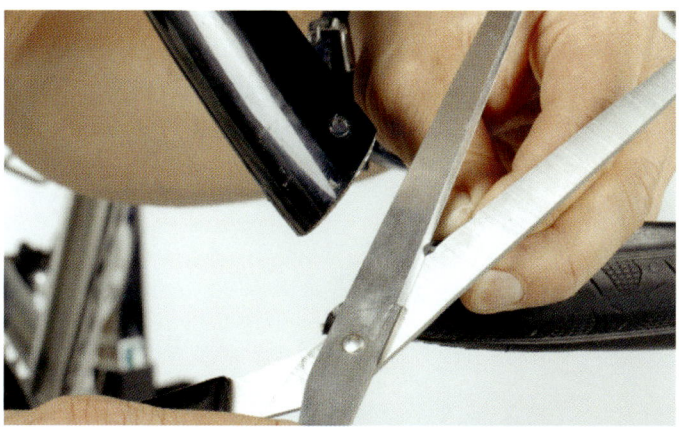

5 Schneiden Sie von einem abgefahrenen Reifen ein rund zehn Zentimeter langes Stück ab. Markieren Sie die gewünschten Löcher im Reifen. Falten Sie den Reifen genau an der markierten Stelle über Kreuz und schneiden Sie mit der Schere die Ecken ab – fertig sind die Befestigungslöcher.

6 Befestigen Sie den Spritzlappen entweder mit Kabelbindern oder einem Stück ummantelten Kupferdrahts. Letzterer lässt sich ohne Werkzeug schnell und mehrfach auf und zu zwirbeln.

Das individuelle Winterrad

7 Der Spritzschutz sollte erst etwa drei Zentimeter über der Fahrbahn enden, um die Füße bestmöglich zu schützen. Anstelle des Lappens das Schutzblech weit nach unten zu ziehen, ist nicht empfehlenswert – der Schützer könnte beim Überfahren von Bordsteinen aufsetzen und beschädigt werden.

8 Moderne Rahmen lassen wenig Platz zum Reifen, da passt kein kompletter Schützer durch. Der hintere Schützer muss dann auf Höhe des Bremsstegs, der vordere hinter dem Gabelkopf abgetrennt werden. Halten Sie die Schützer parallel zum Reifen, und zeichnen Sie die Schnittkanten so an, dass der Schützer sauber abschließt. Mit einer scharfen Eisensäge lässt sich das Material gut bearbeiten.

9 Nirostablech für eine Brücke über den Bremssteg gibt's beim Radhändler, der damit Gepäckträger befestigt. Biegen Sie es im Schraubstock so, dass es um den Steg herumreicht und parallel zum Reifen verläuft. Je nach Ausführung müssen Sie oben ein Loch bohren, damit der hintere Ausleger angeschraubt werden kann und ein zweites vorne auf Höhe der Hülsenmutter, in welches die Bremse befestigt wird.

10 Schrauben Sie vorne und hinten an der montierten Brücke die abgetrennten Stücke des Schützers an. Verwenden Sie Nirosta-Schrauben und Sicherungsmuttern (mit Kunststoffeinlage). Großflächige Beilegscheiben schonen das Material. Mit einem nach unten offenen Langloch für den Bremsbolzen kann man nach dem Öffnen der Hülsenmutter die Brücke schnell und einfach nach oben abziehen.

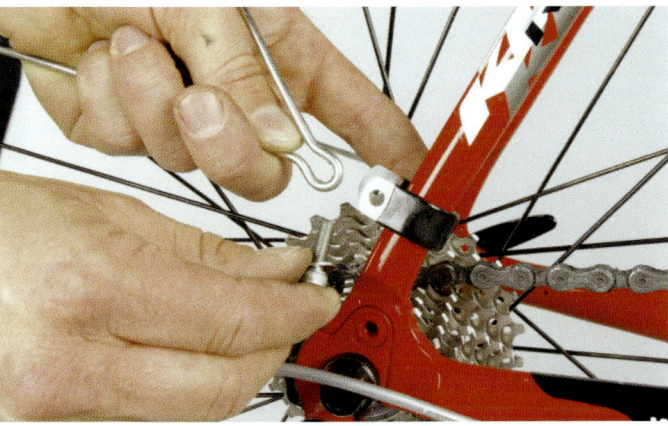

11 Wichtig: Die Hülsenmutter muss noch auf genügend Gewindegänge des Bremsbolzens greifen, damit die Bremse sicher sitzt. Nehmen Sie eventuell eine Beilegscheibe vom Bremsbolzen ab. Weist Ihr Rennrad keine Gewindeösen auf, brauchen Sie Adapter für die Schutzblechstreben. Beim Radhändler gibt's kunststoffummantelte Stahlblechschellen, wie sie vielen Gepäckträgern beiliegen.

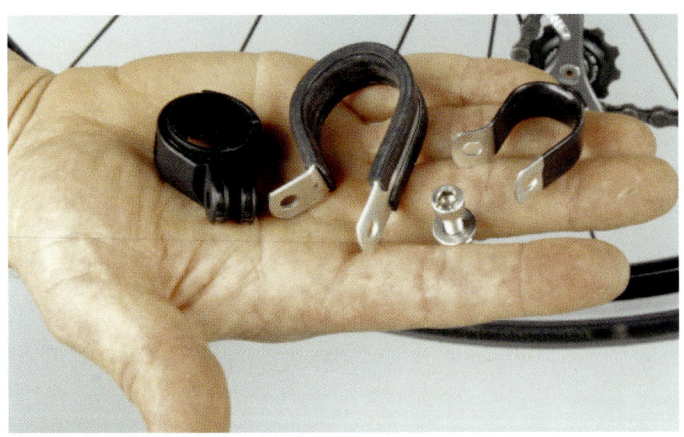

12 Plastikschellen von Radcomputern oder für Druckluftleitungen (aus dem Baumarkt) können ebenfalls als Halter dienen. Legen Sie Gummiunterlagen bei, das erhöht die Rutschsicherheit und vermeidet Lackschäden.

Das individuelle Winterrad

13 Ist das hintere Schutzblech montiert, schrauben Sie das Rücklicht so an, dass der Reflektor senkrecht steht. Ein kleiner Spritzlappen schützt das Licht vor direktem Wasserbeschuss. Im Gruppentraining schaffen Sie sich Freunde, wenn Sie einen zweiten langen Lappen nach dem vorderen Vorbild anfertigen.

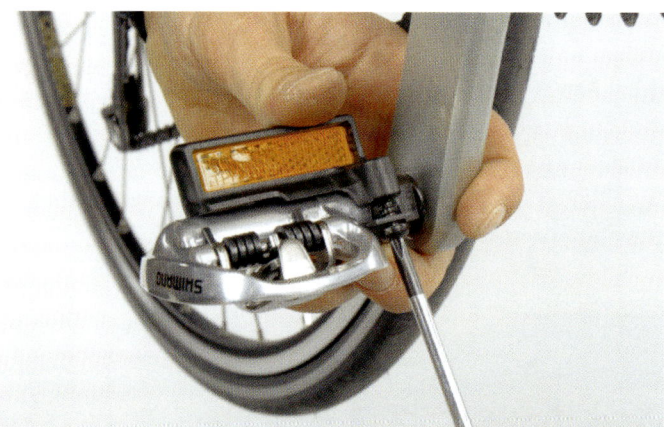

14 An einige Pedale passen Rückstrahler, die es als Zubehör gibt, beispielsweise für Shimanos SPD-System und die MTB-Pedale von Time. Sie sind sehr effektiv, da man beim Treten in Bewegung und nahe über der Fahrbahn im Scheinwerferlicht der Autos besser gesehen werden kann.

15 Verkabeln Sie die Beleuchtung sehr sorgfältig und grundsätzlich doppelt, verbinden Sie also Plus- und Minuspol der Lampen direkt mit dem Dynamo. Die frühere Methode, den Rahmen als Stromleiter (Masse) zu verwenden, führt häufig zu Problemen. Achten Sie darauf, dass man nirgends an den Kabeln hängen bleiben kann.

Montage des Nabendynamos

1 Montieren Sie das mit Nabendynamo ausgerüstete Laufrad gemäß der auf der Seite der Nabe angegebenen Laufrichtung in die Vorderradgabel. Schließen Sie den Schnellspanner wie gewohnt. Der Lichtanschluss sollte schräg nach hinten weisen, also hinter der Gabel liegen.

2 Drehen Sie die Hülsenmutter zur Bremsenbefestigung heraus und schieben Sie den Lampenhalter vorne auf den Bremsbolzen. Drehen Sie die Mutter wieder auf und zählen Sie die Umdrehungen mit. Die Hülsenmutter sollte mindestens acht volle Umdrehungen greifen, bevor Bremse und damit Lampe fest sind.

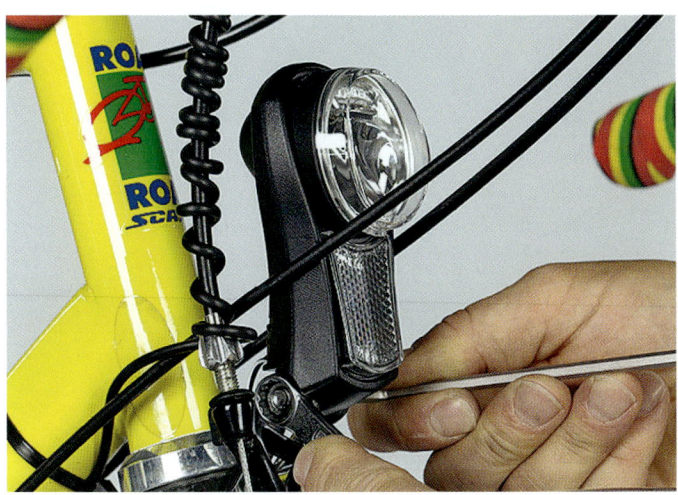

3 Je nach Lampenhalter kann die Hülsenmutter dafür zu kurz sein. Dann müssen Sie eine längere Hülsenmutter montieren, die Sie beim Radhändler beziehen können. Montieren Sie das Vorderlicht und führen Sie das meist bereits in der Leuchte angeschlossene Lichtkabel nach unten zum Dynamo hin.

Montage des Nabendynamos

4 Ziehen Sie den Stecker vom Anschluss des Dynamos. Drücken Sie mit einem kleinen Schraubendreher leicht in die Aussparung des Steckers und lösen Sie den grauen Deckel mitsamt Innenleben.

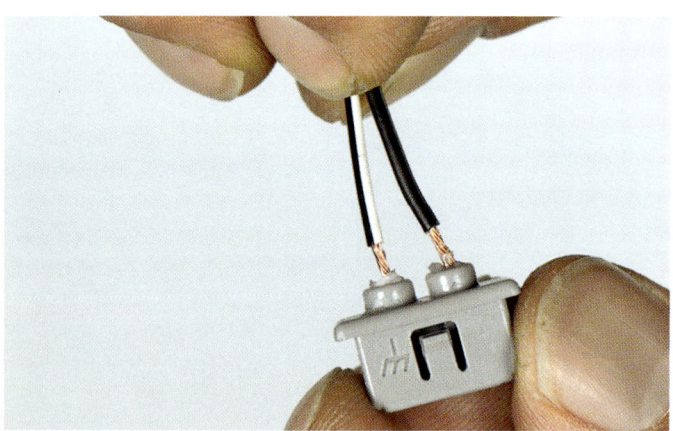

5 Entfernen Sie die Isolation an beiden Kabeln etwa zehn Millimeter mit einer Abisolierzange oder indem Sie den Kunststoff mit einem scharfen Messer rundherum einritzen und abziehen. Führen Sie die Kabel durch die Bohrungen hindurch, die im Neuzustand mit Fett gefüllt sind und geschlossen erscheinen.

6 Achten Sie darauf, dass Sie das meist zweifarbige Minuskabel (»Masse«) in die dafür vorgesehene Bohrung einführen: Sie ist mit einem Erdungssymbol gekennzeichnet, das aussieht wie eine umgedrehte Antenne. Biegen Sie die etwa fünf Millimeter herausragenden Kupferdrähtchen so um, dass sie sauber in den Rillen liegen und sich nicht berühren.

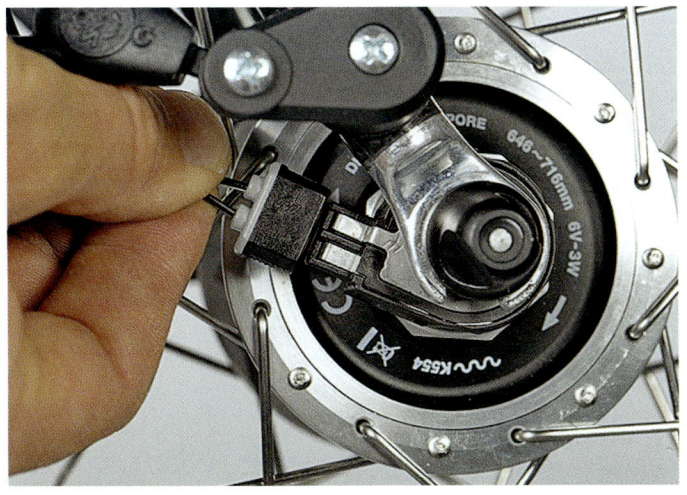

7 Schieben Sie Lichtkabel und Innenleben wieder in den Stecker und diesen auf den Dynamo. Die Richtung ist durch die Form vorgegeben. Führen Sie das Kabel so zur Gabel hin, dass ein Bogen verbleibt. Diese Überlänge ermöglicht, dass der Stecker abgezogen werden kann, etwa zum Ausbau des Laufrades. Das Kabel sollte jedoch nicht so lang sein, dass es an der Nabe oder den Speichen streifen kann.

8 Achten Sie auch darauf, dass oben im Bereich der Züge genügend Kabel verbleibt, damit nichts verspannt. Kürzen Sie gegebenenfalls das Kabel und montieren Sie es erneut, wie vorstehend beschrieben. Fixieren Sie das Kabel mit mehreren Kabelbindern an der Innenseite der Gabel nach oben hin.

9 Nabendynamos sollten mit speziellen Scheinwerfern kombiniert werden. Sie weisen nicht nur Ein- und Ausschalter auf, sondern bieten auch die Möglichkeit, dass dort die Kabel für das Rücklicht einfach eingesteckt werden. Achten Sie auch hier auf das Minus- bzw. Massezeichen und die Farbkennung des Lichtkabels.

Die Autoren

Dirk Zedler, Diplom-Ingenieur Fahrzeugbau, ist einer der kompetentesten Köpfe in der Fahrradszene. Der engagierte Hobby-Triathlet und mehrfache TOUR-Transalp-Finisher arbeitet seit 1994 regelmäßig als Autor der Werkstatt-Serie für das Radmagazin TOUR. Sein besonderes Interesse gilt der Produktsicherheit. Hier hat er in zahlreichen Veröffentlichungen Probleme aufgedeckt, deren Behebung für die Branche richtungweisend war. Zedler ist öffentlich bestellter und vereidigter Sachverständiger für Fahrräder und gefragter Gutachter. Seine Firma erstellt Bedienungsanleitungen und prüft vor Serienanlauf für viele renommierte Hersteller der Fahrradbranche. Außerdem entwickelt und produziert sie Prüfmaschinen, die im Münchener Labor der Magazine BIKE, Freeride, TOUR und Trekkingbike stehen, und deren Ergebnisse das solide Fundament der dortigen Fahrradtests bilden. Mehr unter www.zedler.de

Thomas Musch, Chefredakteur des Radmagazins TOUR, ist zum Thema Rennrad einer der versiertesten und erfahrensten Allrounder Deutschlands. Seine Leidenschaft gilt dem Profisport: Seit vielen Jahren verfolgt er das internationale Peloton bei der Tour de France, bei Klassikern und Weltmeisterschaften. Mit vielen Reportagen und Berichten auch zu den Themen Reise, Medizin & Fitness, Recht & Verkehr hat sich der engagierte Freizeit-Rennradler den Ruf eines unabhängigen, seriösen Fachjournalisten erworben. Die Geschicke von Europas größtem Rennradmagazin bestimmt er seit 1993 an entscheidender Stelle mit.

Bibliografische Information der Deutschen Nationalbibliothek
Die Deutsche Nationalbibliothek verzeichnet diese Publikation
in der Deutschen Nationalbibliografie; detaillierte bibliografische
Daten sind im Internet über http://dnb.dnb.de abrufbar.

2. Auflage 2013
ISBN 978-3-7688-5327-9
© Moby Dick Verlag, Hamburg

Abbildungen: Matthias Borchers, Cannondale, Franz Faltermaier,
Uwe Geißler, Markus Greber, Georg Grieshaber, Dr. Michael Heidelbach,
Robert Kühnen, Daniel Kraus, Thomas Niedermüller/Getty Images,
Thomas Streubel, Daniel Simon, Dirk Zedler
Einbandgestaltung: Dagmar Dörpholz
Layout: Lydia Eylert
Lektorat: Klaus Bartelt
Lithografie: scanlitho.teams, Bielefeld
Druck und Bucheinband: Print Consult, München

Delius Klasing Verlag, Siekerwall 21, D - 33602 Bielefeld
Tel.: 0521/559-0, Fax: 0521/559-115
E-Mail: info@delius-klasing.de
www.delius-klasing.de

Jürgen Löhle
Patchwork
Ein Männerleben mit Rennrad
ISBN 978-3-7688-5286-9

Carola Felchner
Tango Transalp
Radsport-Roman
ISBN 978-3-7688-5313-2

Christoph Elbern
Kettenriss
Starker Auftritt vom Team Nobody
ISBN 978-3-7688-5319-4

Wolfgang Sacher
Der einarmige Bandit
Die Geschichte eines Ausnahmesportlers
ISBN 978-3-7688-5317-0

**Erhältlich im Buch- und Fachhandel
oder unter www.delius-klasing.de**

DELIUS KLASING